U0230453

工程制图及计算机绘图精品课程系列教材

建 筑 制 图
Architectural Drawing

主　编　俞智昆
副主编　胡跃峰　杨　泽

科学出版社
北　京

内 容 简 介

本书是根据最新的建筑制图国家标准及高等学校工程图学教学指导委员会关于"建筑制图"课程教学的基本要求而编写的。本书中涉及的标准均采用了"房屋建筑制图统一标准（GB/T 50001—2010）"、"总图制图标准（GB/T 50103—2010）"、"建筑制图标准（GB/T 50104—2010）"、"建筑结构制图标准（GB/T 50105—2010）"、"给水排水制图标准（GB/T 50106—2010）"等最新的国家标准和相关的规范。

全书共十四章，主要内容包括：绪论，制图的基本知识，正投影法基础，点、直线、平面的投影，曲线与曲面，截交线和相贯线，建筑形体的图示方法，轴测投影，建筑施工图，结构施工图，正投影图中的建筑阴影，透视投影，给水排水施工图，标高投影，机械图等。全书所选内容有适当的富裕量，以满足土建类各专业不同类型的教学需求。

为逐步适应和过渡到双语教学，全书各章名、节名、每节中的各大标题以及有关概念、专业术语均采用中英文对照。并在附录中编写了工程图学及建筑工程中常用词汇及术语的中英文对照，以便阅读和查找相关英文资料。

本书与配套习题集可作为高等学校 40～75 学时土建类各专业"建筑制图"课程的教材，也可供其他类型学校相关专业学生选用。

图书在版编目（CIP）数据

建筑制图/俞智昆主编.—北京：科学出版社，2012.6
工程制图及计算机绘图精品课程系列教材
ISBN 978-7-03-035126-5

Ⅰ.①建…　Ⅱ.①俞…　Ⅲ.①建筑制图—高等学校—教材　Ⅳ.①TU204
中国版本图书馆 CIP 数据核字（2012）第 199612 号

责任编辑：毛　莹　邓　静/责任校对：钟　洋
责任印制：吴兆东/封面设计：迷底书装

科学出版社 出版
北京东黄城根北街 16 号
邮政编码：100717
http://www.sciencep.com
北京富资园科技发展有限公司印刷
科学出版社发行　各地新华书店经销

*

2012 年 6 月第　一　版　开本：787×1092　1/16
2024 年 12 月第十五次印刷　印张：20 3/4
字数：530 000

定价：69.00 元
（如有印装质量问题，我社负责调换）

前　言

　　本书是在 2007 年出版的《建筑制图》（俞智昆主编）的基础上修订而成的。本次修订主要缘于相关国家标准的修订。在 2007 年版的教材中使用的是 2001 版的标准，而这些标准于 2011 年 3 月 1 日起废止，同时开始实施新的国家相关标准。因此对 2007 年版的教材进行修订已势在必行。原书中涉及的相关标准在本次修订中都已全部更新为目前最新的国家标准和相关的规范——"房屋建筑制图统一标准（GB/T 50001—2010）"、"总图制图标准（GB/T 50103—2010）"、"建筑制图标准（GB/T 50104—2010）"、"建筑结构制图标准（GB/T 50105—2010）"、"给水排水制图标准（GB/T 50106—2010）"等。修订过程中还综合研究了教师和学生的反馈意见及建议，并融入了近年来教学改革的发展成果及经验。

　　画法几何是工程图学理论和方法的基础。本书将画法几何与建筑工程图紧密结合，在内容的取舍上既考虑到画法几何的科学性和系统性，又突出了专业的针对性。这次修订保持了 2007 版的主要结构体系、风格与特点，以体为主线、图示法为重点的特色，从注重培养学生具备制图基本能力和基本技能的要求和满足循序渐进教学体系的需要出发，调整、更新、增添及删减了原教材的部分内容，力求精选内容、优化体系；强调投影理论是基础，图示表达为目的，投影理论为图示表达服务的理念，明确体现工程图学的基础性、工程性及应用性的特点；建筑工程图部分全部使用工程实例以及详细介绍当前大量使用的"平法"设计表示法，使教材更为切合当前设计、施工的生产实际，增强教材的实用性；在强调尺规作图严谨性的同时，又注意培养学生具备绘制徒手草图能力的重要性；主张教材的理论性与实用性、趣味性相结合的编写理念。本次修订仍然坚持理论以应用为目的，注重培养学生绘制和阅读工程图的能力；教学内容的选择及结构体系，完全适应应用型本科教学的需要，力求体现应用型本科的教学特色，进一步提高教材质量。

　　全书内容包括：绪论，制图的基本知识，正投影法基础，点、直线、平面的投影，曲线与曲面，截交线和相贯线，建筑形体的图示方法，轴测投影，建筑施工图，结构施工图，正投影图中的建筑阴影，透视投影，给水排水施工图，标高投影，机械图等共十四章，并有相关的附录。

　　本教材内容新、使用的国标及规范新、口径宽、应用性强。本书的主要特色为：

　　（1）深入浅出、概念准确、论述严谨、图例精美、生动活泼、难度适宜，并且紧扣教学基本要求。全书采用最新制定的国家标准及其他一些近期颁布的有关规范。

　　（2）力求教学体系方面有所改进，在投影基础部分贯彻了以立体为主线的新的教学体系。将立体与点、线、面的三投影图融合，而不是孤立地去讲解点、线、面的投影。把点、线、面视为立体上的几何元素，从而增加了感性认识，并且节省了教学学时，同时能尽快地、直接进入立体投影的学习。

　　（3）引入立体造型的基本概念，并与组合体的设计相结合。以加深对组合体的理解，增加实用性、趣味性。

　　（4）建筑工程图部分全部使用工程实例，采用新国标、新规范；详细介绍了国家科委部和建设部重点推广的科技成果"建筑结构施工图平面整体设计表示法"(简称"平法")。

(5)信息大,内容较为丰富。内容上有适当的富裕量,教学中可根据不同专业不同学时进行取舍。

(6)本书采用标题、专用术语等部分内容为英汉对照的编写形式,在附录中编写了工程图学及建筑工程中常用词汇及术语的中英文对照,以适应时代的发展,方便阅读外文资料,并可作为将来双语教学的一个开端。

(7)突出体现了加强对空间思维和创新能力的培养。

本次修订主要的调整与变动之处有:

(1)在第一章中增加了"平面图形的分析和画图步骤"一节,以进一步充实基本知识,扩展基本绘图技能的内容,提高学生绘制复杂图形的能力。

(2)本次修订增添了许多典型工程的图片,力求体现工程图学的工程性、应用性及学习的趣味性,更加注重把理论知识与实际应用相结合。

(3)对原教材中的投影理论进行了补充完善,加强投影理论的学习,并充分考虑了教学内容的合理衔接。如第三章中增加了求"一般位置直线段的实长及倾角"、第四章增加了"圆环"、第五章增加了"同坡屋面的投影"等的相关内容。

(4)对第六章补充了断面、简化画法的相关内容,以加强制图基础的学习,增强工程形体的图示表达能力;增加了"第三角投影法简介"一节,以了解世界上的另一种投影体系,适应现阶段更多对外交流的需求。

(5)第十一章增加了量点法和距点法作透视图,以增强透视作图的实用性。

(6)将第十四章中机械制图的旧国标更新为新国标。

(7)对 2007 版书中的文字、插图等方面的错误与不妥之处,均进行了修改。

本书由俞智昆主编,胡跃峰、杨泽担任副主编。参加本次编写修订工作的有:李莎编写第一章,俞智昆编写第二、三、五、七、八、九、十一、十二章、附录,胡跃峰编写第六章,杨泽编写第四、十三章,叶昆山编写第十章,熊湘晖、俞智昆编写第十四章;书中所有英文由俞智昆翻译。

本书可作为普通高等学校本科土木工程、建筑学、给排水工程、建筑环境、城市规划、建筑管理等各专业 40～75 学时建筑制图的教材;也可作为其他相关专业的教学用书;同时可供有关工程技术人员参考;也可供函授大学、电视大学、网络学院等其他类型学校相关专业选用。

本书编写过程中参考了国内外许多专家学者的著作和文献,在此特向有关作者和译者表示衷心感谢。

在本书的修订和出版过程中,得到了昆明理工大学教务处、昆明理工大学机电工程学院的支持与帮助,得到云南省精品课程"工程制图及计算机绘图"建设项目的资助,在此深表谢意。

书中疏漏及不妥之处,恳请读者批评指正。

与本书配套的胡跃峰主编的《建筑制图习题集》也同时作了相应的修订,可供选用。

编 者

2012 年 5 月于昆明

目　　录

绪　　论

一、本课程的目的、性质和任务

本课程是土木建筑工程及其他相关专业的一门必修的技术基础课。它主要研究空间几何问题以及绘制、阅读土木建筑工程图样的基本理论和方法。

在土木建筑工程中，无论是建造巍峨壮丽的高楼大厦，或是横跨江河天堑变通途的桥梁以及各种构件，都要根据设计完善的图纸进行施工。图纸是工程建设中不可缺少的重要技术资料。所有从事工程技术的人员，都必须掌握制图技能。不会读图，就不能理解别人的设计意图；不会绘图，就无法表达自己的设计构思。因此，工程图样是工程设计、机械制造、科学研究中表达设计思想、指导生产的重要文件，工程图样被誉为工程界的"共同的技术语言"，我们可以用它来表达设计思想和指导生产、施工以及进行技术交流。目前，由于计算机图形技术的不断发展，使得计算机辅助设计和计算机辅助绘图技术得到广泛应用，因此本课程成为进一步学习计算机辅助绘图、计算机辅助设计、物理、力学等后续课程及专业课程的重要基础。

本课程的主要目的，就是培养学生具有良好的绘图和阅读工程图样的能力，以及较强的空间想象和空间构思能力。

本课程主要任务是：

(1) 学习各种投影法（主要是正投影法）的基本理论及其应用。

(2) 培养空间形体的构思能力、分析能力和空间形体的表达能力。

(3) 培养分析问题、解决问题的能力以及创造性思维的能力。

(4) 培养绘制和阅读土木建筑工程图的基本能力。

(5) 学习和贯彻国家制图标准和有关规定。

(6) 培养认真负责的工作态度和严谨细致的工作作风。

二、本课程的内容和要求

本课程主要包括制图基础、画法几何、土木建筑专业图三部分。具体内容和要求如下：

(1) 制图基础。掌握正确使用绘图工具、仪器的方法，贯彻土木工程制图"国家标准"，培养应用绘图工具、仪器和徒手绘图的能力。

(2) 画法几何。画法几何以空间物体与平面图形之间的关系为研究对象，研究空间物体转换为平面图形以及由平面图形构想空间物体的投影理论、方法。通过学习画法几何，掌握表达空间几何形体（点、线、面、体）的基本理论和方法。能图解基本的空间几何问题。

（3）土木建筑专业图。土木建筑专业图以工程应用为背景，研究适用于工程设计、施工及科学研究的图示方法、标准。通过土木建筑专业图的学习，应知悉有关专业的一些基本知识，了解土木建筑专业图（如房屋、给水排水、阴影与透视等图样）的内容和图示特点，遵守有关专业的制图标准和有关规定，初步掌握绘制和阅读专业图的方法。

三、本课程的学习方法

本课程中，画法几何部分是制图的理论基础，比较抽象难懂，系统性和理论性较强，学习中关键是要建立起空间概念，弄清三维的形体是如何在二维的图纸上表达的。土木建筑专业图部分是投影理论的应用，实践性比较强，是本课程的核心内容，也是整个专业的重要基础。

本课程的学习方法有以下几个要点：

（1）本课程是一门既有系统理论又有很强实际性的课程。因此，学习本课程应坚持理论联系实际的学风。在掌握基本概念和理论的基础上必须通过完成大量习题、绘图和看图练习、测绘训练来掌握正确的读图、绘图的方法和步骤，提高读图、绘图的能力。

（2）在学习过程中必须努力培养空间想象和思维能力，并与投影分析和作图过程紧密结合。注意抽象概念的形象化，随时进行三维立体与二维图形的相互转换训练，深入理解三维立体与二维图形之间的转换规律，这是学好本课程的关键。

（3）工程图是施工的依据。往往由于一条线的疏忽或一个数字的错误而造成严重的损失。所以，从初学绘图开始就要养成认真负责、一丝不苟的工作作风。绘制工程图必须符合国家制图标准和有关规定。

（4）课前预习、认真听课、复习巩固、完成作业，是通常的学习方法。自学能力是每个高校学生必须注意培养的能力。

（5）本课程只能为学生的制图、读图能力的培养打下一定的基础，学生还需在以后的各门基础课和专业课、生产实习、课程设计、毕业设计中继续学习和提高，只有这样才能较全面地提高工程图的绘制、阅读能力。

第一章　制图的基本知识
Chapter 1　Fundamental Knowledge of Engineering Drawing

第一节　制图的基本规格
[General Standards of Engineering Drawing]

工程图是表达工程设计的重要技术资料，是施工的依据。为了做到房屋建筑制图规格基本统一，表达清晰简明，保证图面质量，提高制图效率，符合设计、施工、存档等的要求，对于图样的画法、线型、图例、字体、尺寸注法、所用代号等均需要有统一的规定，使绘图和读图都有共同的准则。这些统一规定由国家制订和颁布实施。建筑制图的国家标准包括"房屋建筑制图统一标准（GB/T 50001—2010）"、"建筑制图标准（GB/T 50104—2010）"以及其他有关标准。

对于标准代号，例如 GB/T 50001—2010，其中"GB/T"为推荐性国家标准代号，一般简称"国标"，G、B、T 分别表示"国"、"标"、"推"字汉语拼音的第一个字母；"50001"表示该标准的编号；"2010"表示该标准发布的年号。

本章摘要介绍制图国家标准中有关图纸幅面、比例、字体、图线、尺寸标注，绘图工具的使用、几何作图、平面图形的分析和画图步骤等内容。

一、图纸幅面、格式和标题栏 [Standard Drawing Sheets with Layout and Title Block]

1. 图纸幅面

为了便于绘制、使用和管理，图样均应画在具有一定格式和幅面的图纸上。建筑制图标准规定绘制图样时，应优先采用表 1-1 中规定的基本幅面。必要时可由基本幅面沿长边加长，图纸短边不得加长，加长幅面尺寸可参见国标有关规定。图纸以短边作为垂直边的为横式幅面，以短边作为水平边为立式幅面。A0～A3 图纸宜为横式使用，必要时也可立式使用。

表 1-1　图纸基本幅面尺寸及图框尺寸　　　　　　　　　　　　（mm）

幅面代号	幅面尺寸 $b \times l$	留边宽度	
		a	c
A0	841×1189	25	10
A1	594×841		
A2	420×594		
A3	297×420		5
A4	210×297		

2. 图框

在图样上必须用粗实线画出图框，图框的尺寸按表 1-1 确定，图框的样式按图 1-1 所示的横式幅面或图 1-2 所示的立式幅面绘制。

3. 标题栏装订边和对中标志

以短边为垂直边的幅面称为横式幅面，如图 1-1 所示；以短边为水平边的幅面称为立式幅面，如图 1-2 所示。图样中应有标题栏、图框线、幅面线、装订边和对中标志。

图纸的标题栏及装订边的位置，应符合下列规定：

(1) 横式使用的图纸，应按图 1-1 (a) 或 (b) 所示的形式进行布置。

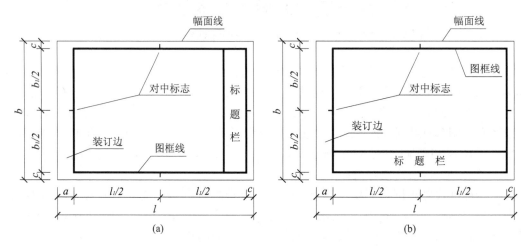

图 1-1　A0～A3 横式幅面

(2) 立式使用的图纸，应按图 1-2 (a) 或 (b) 所示的形式进行布置。

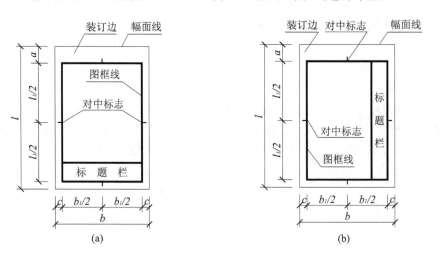

图 1-2　A0～A4 立式幅面

标题栏的格式和尺寸如图 1-3 及图 1-4 所示。在本课程制图作业中，采用图 1-5 所示的简化格式，在图框的右下角绘制标题栏。标题栏中的文字方向为绘图和看图的方向。

对于需要微缩复制的图纸，其一个边上应附有一段准确米制尺度，四个边上均附有对中标志。米制尺度的总长应为 100mm，分格应为 10mm。对中标志应画在图纸内框各边长的中点处，线宽 0.35mm，并应伸入内框边，在框外为 5mm。学生制图作业中无需绘制对中标志。

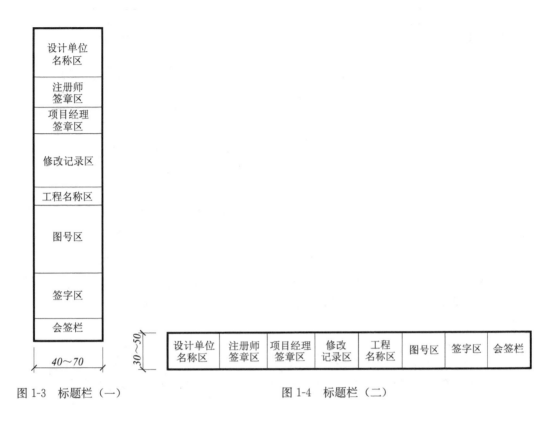

图 1-3 标题栏（一）　　　　　　　　　图 1-4 标题栏（二）

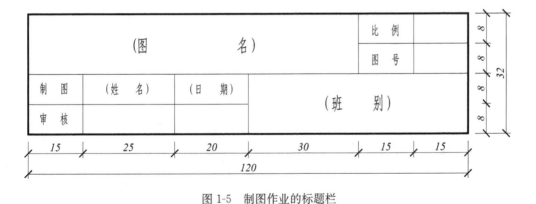

图 1-5 制图作业的标题栏

二、比例 [Scale]

比例是指图中图形与其实物相应要素的线性尺寸之比，用符号"："表示，例如 1:2。比例的大小，是指其比值的大小，如 1:50 大于 1:100。绘图时所用比例，应根据图样的用途与被绘对象的复杂程度从表 1-2 中选用，并应优先选用表中的"常用比例"。必要时也允许从表 1-2 "可用比例"中选取。

表 1-2　绘图所用的比例

种　类	定　义	常用比例			可用比例		
原值比例	比值为 1 的比例	1∶1			—		
缩小比例	比值小于 1 的比例	1∶2 1∶20 1∶100 1∶500	1∶5 1∶30 1∶150 1∶1000	1∶10 1∶50 1∶200 1∶2000	1∶3　　1∶4　　1∶6 1∶15　　1∶25　　1∶40 1∶60　　1∶80　　1∶250 1∶300　　1∶400　　1∶600 1∶5000　　1∶10000　　1∶20000 1∶50000　　1∶100000 1∶200000		

　　当整张图纸只用一种比例时，比例可注写在标题栏中的"比例"栏内；如一张图纸中有几个图形并各自选用不同比例时，比例注写在各自图名的右侧。比例注写在图名的右侧时，与字的底线平齐，比例的字高应比图名小一号到二号。如图 1-6 所示，该图左例是将比例直接写在图名的右边，图名下应加一条水平粗实线；该图右例是用详图符号兼作图名，比例也是写在它的右边，关于详图符号及其意义将在第八章中讲述。

图 1-6　比例的注写

　　不论采用何种比例，图形中所标注的尺寸数值必须是实物的实际大小，与图形的比例无关。

三、字体 [Lettering]

　　在图样中书写汉字、数字、字母必须做到：字体端正、笔画清楚、排列整齐、标点符号应清楚正确。字体的号数（用 h 表示），即字体的高度，分别为 20、14、10、7、5、3.5、2.5mm，汉字高不应小于 3.5mm。图样及说明里的汉字宜采用长仿宋体或黑体，同一图纸中的字体种类不应超过两种，其长仿宋字体宽度一般为字体高度的 2/3，黑体字的宽度和高度应相同。

　　数字和字母分直体和斜体两种。斜体字字头向右倾斜，与水平线成 75°。斜体字的高度与宽度应与相应的直体字相等。数字和字母的字体高度不应小于 2.5mm。

　　分数、百分数和比例的注写，应采用阿拉伯数字和数学符号，例如四分之三、百分之二十五和一比二十五应分别写成 3/4、25％和 1∶25。

　　汉字、数字和字母示例见表 1-3。

表 1-3 字体示例

字 体		示 例
长方宋体汉字	10 号	字体工整笔画清楚
	7 号	横平竖直 注意起落 结构均匀
	5 号	徒手绘图尺规绘图计算机绘图
	3.5 号	图样是工程技术人员表达设计意图和交流技术思想的语言和工具
黑体汉字	10 号	字体工整笔画清楚
	7 号	横平竖直 注意起落
拉丁字母	大写斜体	ABCDEFGHIJKLMNOPQRSIUVWXYZ
	小写斜体	abcdefghijklmnopqrstuvwxyz
阿拉伯数字	斜体	0123456789
	正体	0123456789
罗马数字	斜体	I II III IV V VI VII VIII IX X
	正体	I II III IV V VI VII VIII IX X
字体应用		2.100 1 : 50 R15

四、图线及其画法 [Line Styles and Further Notes for Drawing Lines]

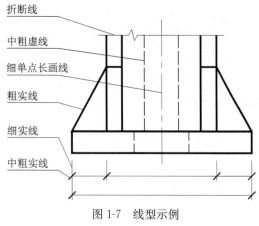

图 1-7　线型示例

在工程建设制图中，实线和虚线分为粗、中粗、中、细四种规格，单点长画线及双点长画线分为粗、中、细三种规格。图线的宽度 b 宜从 1.4、1.0、0.7、0.5、0.35、0.25、0.18、0.13mm 线宽系列中选取，中粗线的宽度约为 $0.7b$，中线的宽度约为 $0.5b$，细线的宽度约为 $0.25b$。每个图样，应根据复杂程度与比例大小，先选取粗线宽度 b，再确定其他线宽。图线的名称、线型、宽度以及一般应用，见图 1-7 和表 1-4。

表 1-4　线型及应用

名称		线型	线宽	在图样中的一般应用
实线	粗		b	主要可见轮廓线
	中粗		$0.7b$	可见轮廓线、尺寸起止符号
	中		$0.5b$	(1) 可见轮廓线、变更运线 (2) 尺寸线、尺寸界线、引出线
	细		$0.25b$	图例填充线、家具线
虚线	粗		b	见各有关专业制图标准
	中粗		$0.7b$	不可见轮廓线
	中		$0.5b$	(1) 不可见轮廓线 (2) 图例线
	细		$0.25b$	图例填充线、家具线
单点长画线	粗		b	(1) 吊车轨道线 (2) 结构图中的支撑线 (3) 平面图中梁的中心线
	中		$0.5b$	土方填挖区的零点线
	细		$0.25b$	中心线、对称线、定位辆线
双点长画线	粗		b	预应力钢筋线
	中		$0.5b$	见有关专业制图标准
	细		$0.25b$	假想轮廓线、成型前原始轮廓线
波浪线	细		$0.25b$	(1) 断裂处的边界线 (2) 投影图与剖面图的分界线
折断线	细		$0.25b$	(1) 断裂处的边界线 (2) 投影图与剖面图的分界线

绘图时通常应遵守以下几点（图1-8）：

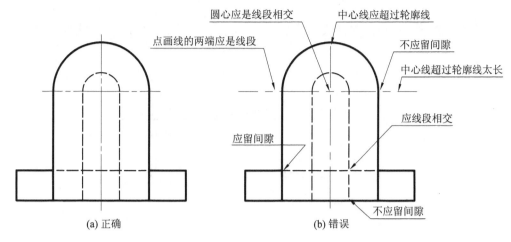

图 1-8　图线的画法

（1）在同一图样中，同类图线的宽度应一致。虚线、单点长画线或双点长画线的线段长度和间隔应各自相等。

（2）两条平行线之间的距离应不小于其中的粗实线的宽度，其最小距离不得小于 0.7mm。

（3）绘制圆的对称中心线时，圆心应为线段的交点。单点长画线与双点长画线的首末两端应是线段而不是短画。

（4）在较小的图形上绘制单点长画线、双点长画线有困难时，可用实线代替。

（5）轴线、对称中心线、折断线和作为中断线的双点长画线，应超出轮廓线2~5mm。

（6）当虚线处于粗实线延长线上时，粗实线应画到分界点，而虚线应留有间隔。单点长画线、双点长画线、虚线和其他图线相交时，都应在线段处相交。

（7）A0、A1 幅面的图纸，图框线、标题栏外框线、标题栏分格线的宽度分别为 b、$0.5b$、$0.25b$；A2、A3、A4 幅面的图纸，图框线、标题栏外框线、标题栏分格线的宽度分别为 b、$0.7b$、$0.35b$。

五、尺寸标注 [Dimension]

图样除画出建筑物的形状外，还必须正确、完整、清晰地标注尺寸。下面介绍国标"尺寸注法"中的一些基本内容，有些内容将在后面的有关章节中讲述，其他有关内容可查阅国标。

（一）基本规则

（1）建筑物的真实大小应以图样上所注的尺寸数值为依据，与图形的大小及绘图的准确度无关。

（2）图样中的尺寸，除标高及总平面图以米（m）为单位外，其余一律以毫米（mm）为单位，图上尺寸数字都不再标注单位名称或符号。

（二）尺寸组成

一个完整的尺寸一般应包括尺寸界线、尺寸线、尺寸起止符号及尺寸数字，如图 1-9 所示。

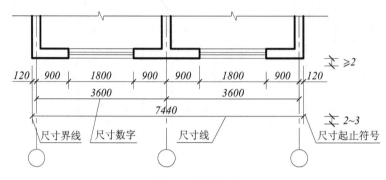

图 1-9　尺寸组成

1. 尺寸界线

尺寸界线用细实线绘制，并应由图形的轮廓线、轴线或对称中心线处引出。也可利用轮廓线、轴线或对称中心线做尺寸界线。尺寸界线一般应与尺寸线垂直，其一端应离开图样轮廓线不小于 2mm，另一端宜超出尺寸线 2～3mm。

2. 尺寸线

尺寸线用细实线绘制。尺寸线不能用其他图线代替，一般也不得与其他图线重合或画在其延长线上。标注线性尺寸时，尺寸线应与所标注的线段平行。

3. 尺寸起止符号

尺寸起止符号一般用中粗斜短线绘制，其倾斜方向应与尺寸界线成顺时针 45°，长度宜为 2～3mm。圆的直径、圆弧半径、角度与弧长的尺寸起止符号画成箭头，如图 1-10 所示。

图 1-10　箭头及斜线的画法

4. 尺寸数字

线性尺寸数字的方向以标题栏文字方向为准。当尺寸线水平时，一般尺寸数字写在尺寸线的上方，字头朝上；当尺寸线铅垂时，尺寸数字写在尺寸线的左方，字头朝左；当尺寸线倾斜时，尺寸数字写在尺寸线上方，如图 1-11（a）所示。尽量避免在如图 1-11（a）所示的 30°斜线区内注写尺寸。若尺寸数字在 30°斜线区内，宜按从左方读数的方向来注写尺寸数字，如图 1-11（a）所示 30°斜线区内的尺寸。也可按图 1-11（b）所示的形式注写。

为保证图上的尺寸数字清晰，任何图线不得穿过尺寸数字；不可避免时，应将图线断开，如图 1-11（a）所示 30°斜线区内的数字"100"。

尺寸数字一般应依据其方向注写在靠近尺寸线的上方中部。如没有足够的注写位置，

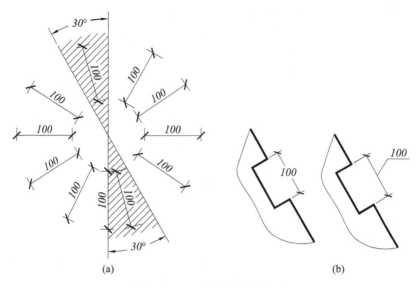

图 1-11　尺寸数字的注写方向

最外边的尺寸数字可注写在尺寸界线的外侧，中间相邻的尺寸数字可错开注写，或利用引出线将数字引出后标注，如图 1-12 所示。

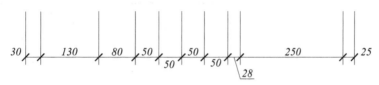

图 1-12　尺寸数字的注写位置

（三）尺寸的排列与布置

（1）尺寸宜注写在图样轮廓线以外，不宜与图线、文字及符号相交。必要时，也可标注在图样轮廓线以内。

（2）互相平行的尺寸线，应从被注写的图样轮廓线由里向外整齐排列，小尺寸在里面，大尺寸在外面。排在最里面的小尺寸的尺寸线距图样轮廓线距离不小于 10mm，其余平行排列的尺寸线的间距宜为 7～10mm，以便注写数字。

（3）总尺寸的尺寸界线应靠近所指部位，中间的分尺寸的尺寸界线可稍短，但其长度应相等。如图 1-13 所示。

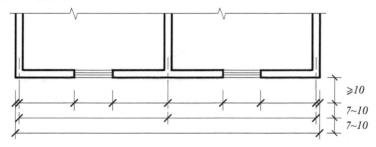

图 1-13　尺寸的布置

表 1-5 中列举了标注尺寸时应该注意的一些问题。

表 1-5　标注尺寸时应注意的问题

说　明	正　确	错　误
同一张纸内的尺寸数字应大小一样	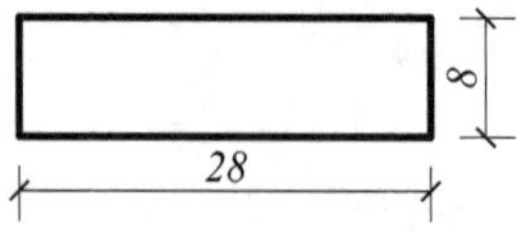	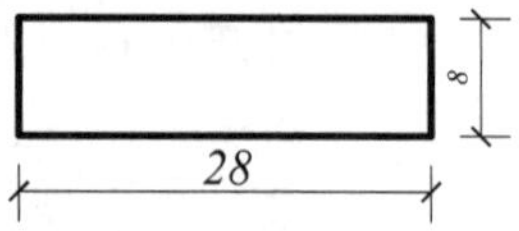
两尺寸界线之间比较窄时，尺寸数字可注在尺寸界线外侧，或上下错开，或用引出线引出再标注	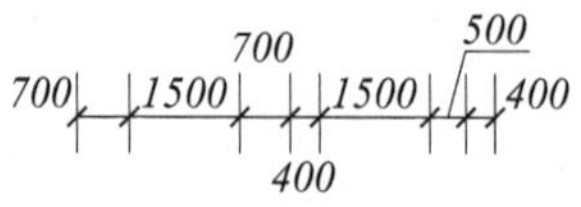	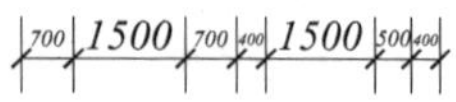
尺寸数字应写在尺寸线中间，在水平尺寸线上的，应从左到右写在尺寸线上方；在铅垂尺寸线上的，应从下到上写在尺寸线左方	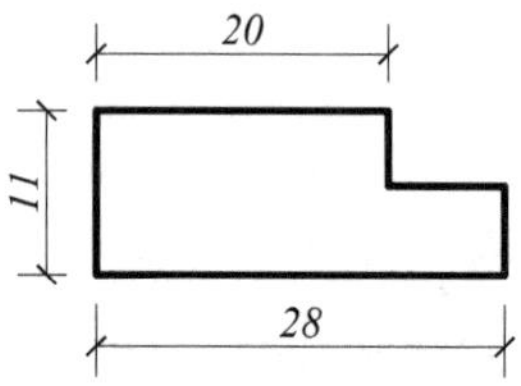	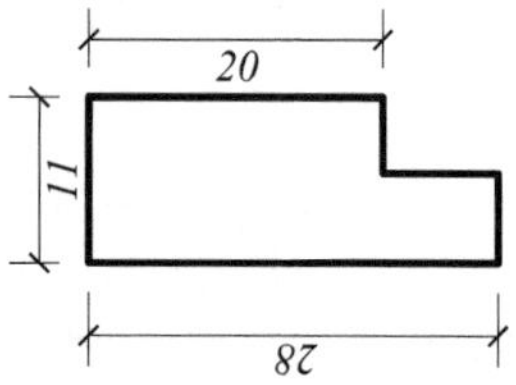
尺寸排列时，大尺寸应排在外，小尺寸排在内	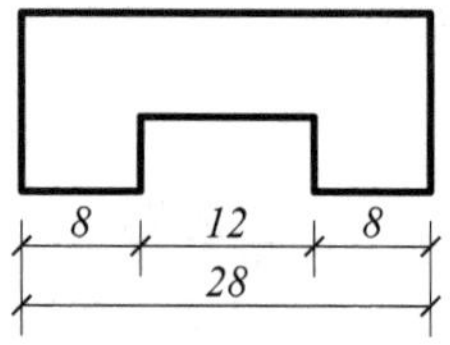	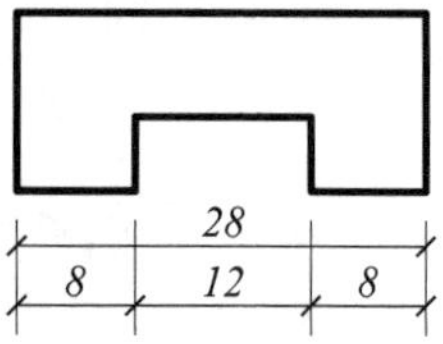
不能用尺寸界线作为尺寸线	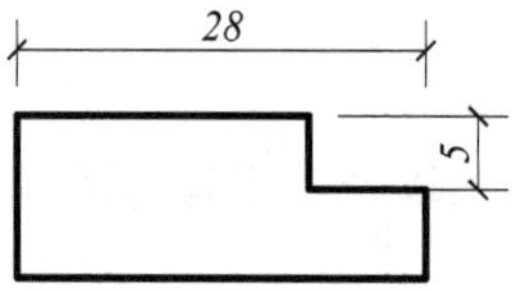	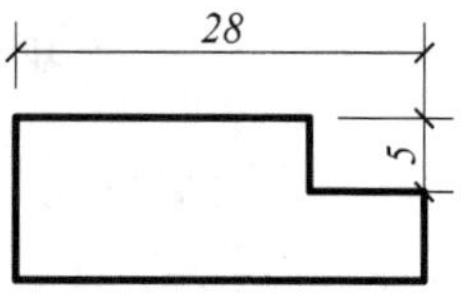
尺寸线必须单独绘制，而不能用其他图线代替。轮廓线、中心线或其延长线不可作尺寸线使用。尺寸线要与轮廓线平行	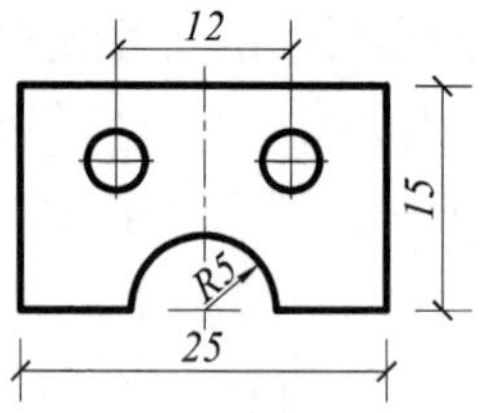	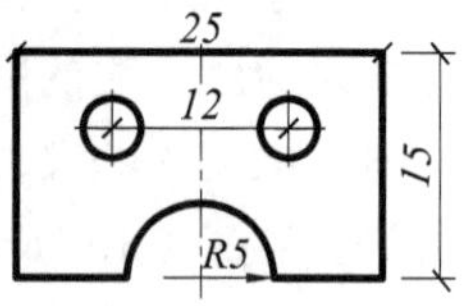
在断面图中的尺寸数字四周应留空不画材料图例符号	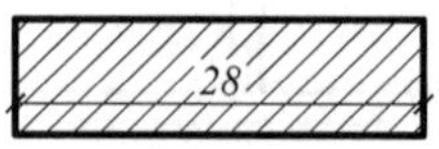	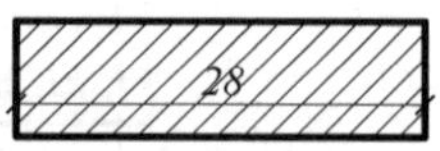

（四）尺寸标注的其他规定

尺寸标注的其他规定，如表 1-6 所示。尺寸标注的简化标注，如表 1-7 所示。

表 1-6 尺寸标注示例的其他规定

项目	示 例	说 明
直径	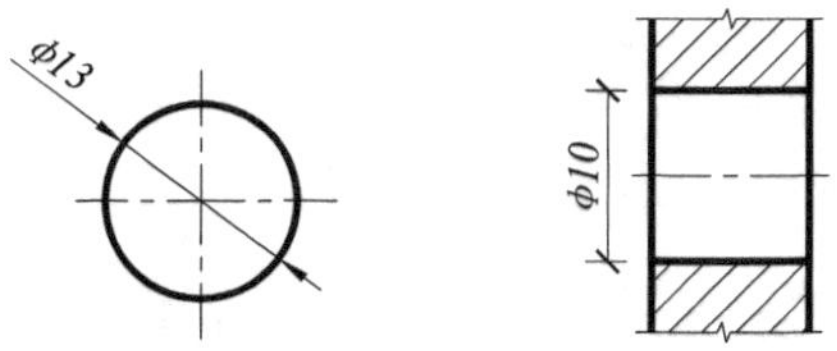 φ13 φ10	对于圆及大于半圆的圆弧，左标注尺寸时，应在尺寸数字前加注符号"φ"
半径	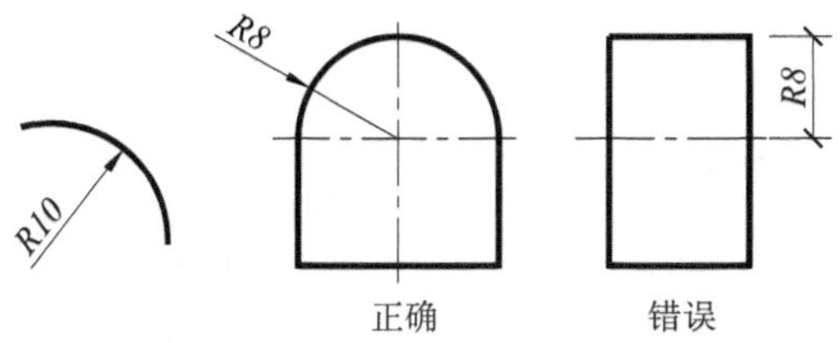 R8 R10 R8 正确 错误	对于半圆及小于半圆的圆弧，在标注尺寸时，应在尺寸数字前加注符号"R"，且尺寸线或尺寸线的延长线应通过圆心
	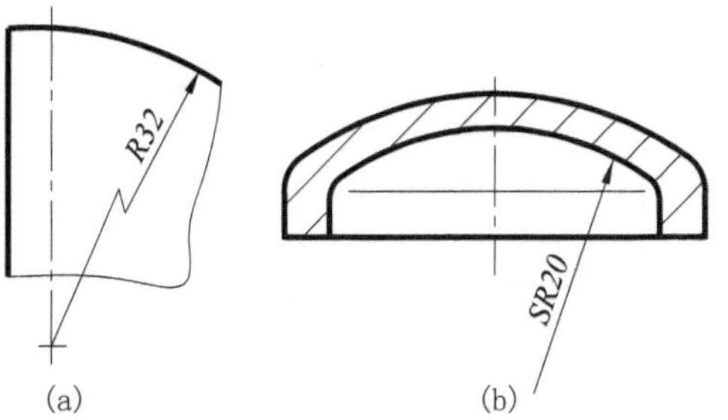 R32 SR20 (a) (b)	当圆弧的半径过大或在图纸范围内无法标出圆心位置时，可按图（a）的形式标注。若不需要标注圆心位置时，可按图（b）的形式标注
狭小部位	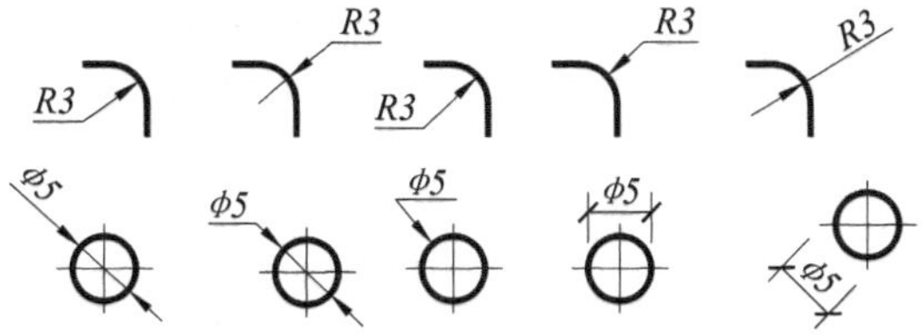 R3 R3 R3 R3 φ5 φ5 φ5 φ5 φ5	标注半径时，其尺寸线或尺寸线的延长线必须通过圆心
球面	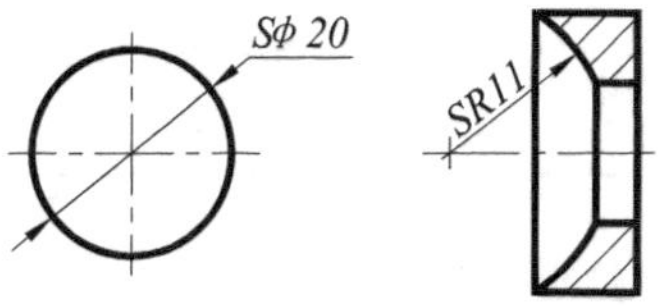 Sφ20 SR11	标注球面的直径或半径时，应在符号"φ"或"R"前再加注符号"S"
角度	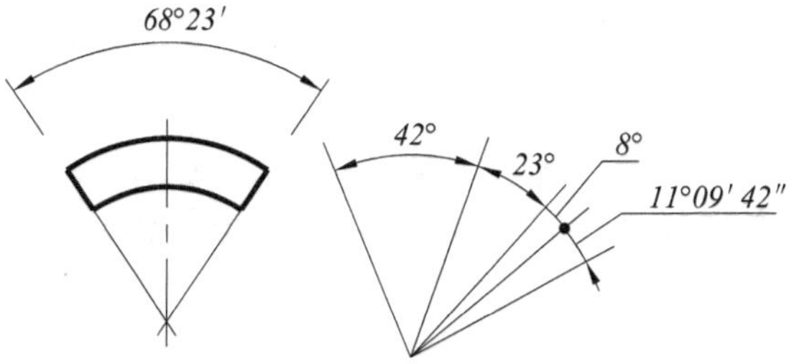 68°23′ 42° 23° 8° 11°09′42″	角度数字一律写成水平方向，字头朝上。尺寸线应以圆弧表示，该圆弧的圆心应是该角的顶点。角的两条边为尺寸界线。起止符号应以箭头表示，若没有足够位置画箭头，可用圆点代替

续表 1-6

项目	示　　例	说　　明
弧长与弦长	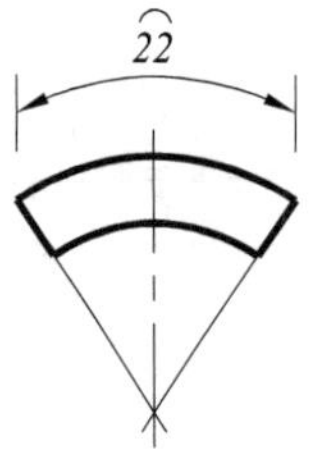 22　　　19 弧长注法 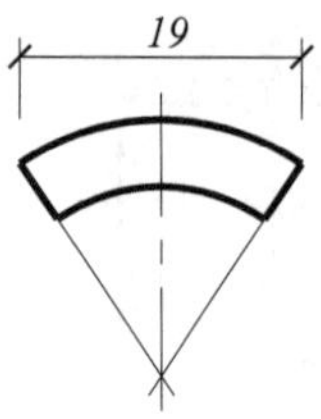　　　弦长注法	标注弧长时，应在尺寸数字上方加注符号"⌒"。 弧长及弦长的尺寸界线应平行于该弦的垂直平分线
薄板厚度	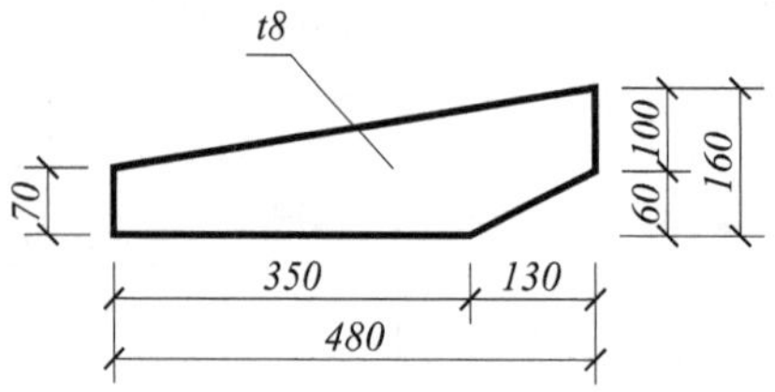 t8 70　350　130　480　160 100 60	当形体为薄板时，可在厚度尺寸数字前加厚度符号"t"
正方形	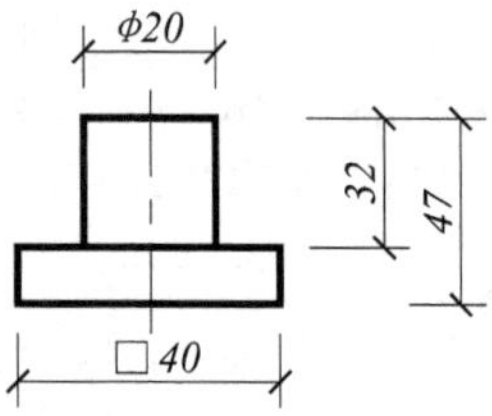 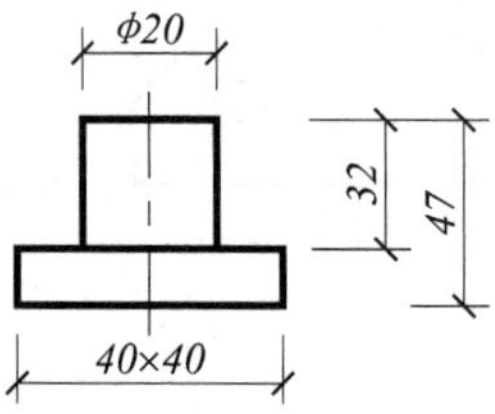 φ20　φ20 32 47　32 47 □40　40×40	形体为正方形时，可在边长尺寸数字前加注符号"□"，或用"边长×边长"代替"□边长"
坡度	 2%　1:2　2.5 1 2% (a) 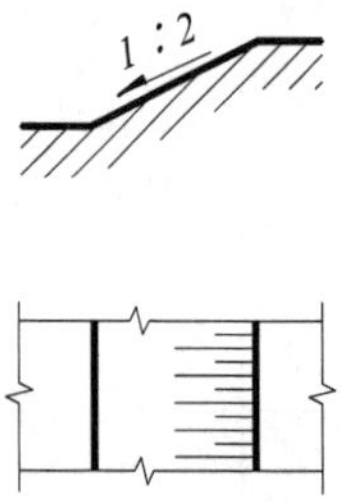　(b) 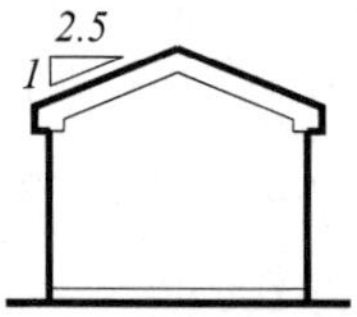　(c)	标注坡度时，应加注坡度符号"←"，该符号为单面箭头，箭头应指向下坡方向，如图（a）（b）所示。 坡度也可用直角三角形形式标注，如图（c）所示。 如图（b）所示，在坡面高的一侧水平边上所画的垂直于水平边的长短相间的等距细实线称为示坡线，也可用它来表示坡面

表 1-7　尺寸的简化标注

项目	简化注法	说　　明
单线图尺寸	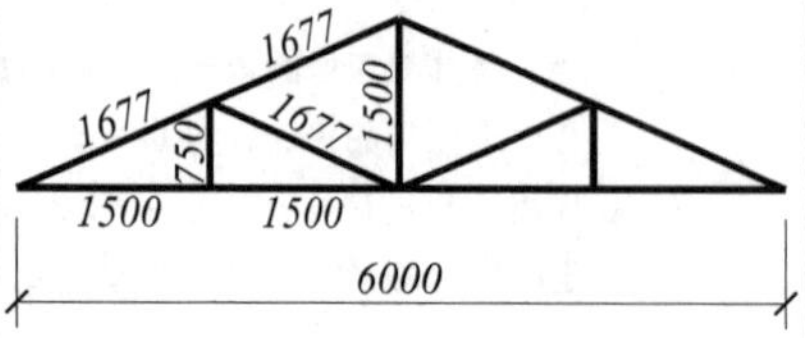 1677 1677 1500 1677 750 1500 1500 1500 6000	杆件或管线的长度，在单线图（桁架简图、钢筋简图、管线简图）上，可直接将尺寸数字沿杆件或管线的一侧注写

续表1-7

项目	简化注法	说 明
等长尺寸	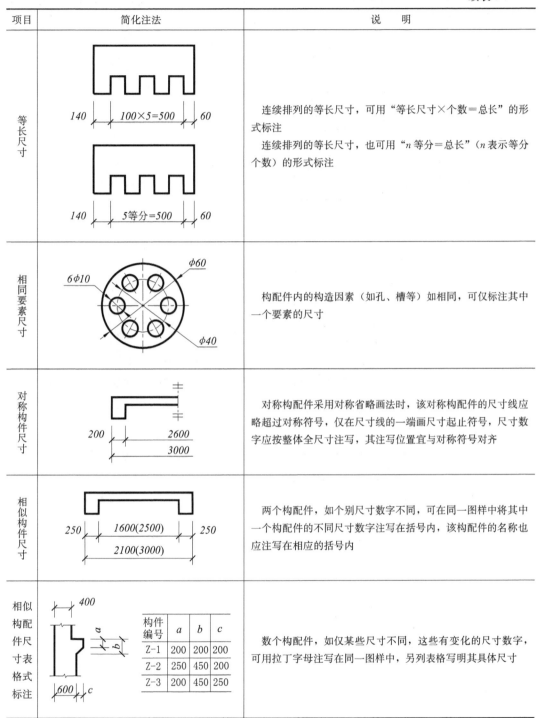	连续排列的等长尺寸，可用"等长尺寸×个数＝总长"的形式标注 连续排列的等长尺寸，也可用"n等分＝总长"（n表示等分个数）的形式标注
相同要素尺寸		构配件内的构造因素（如孔、槽等）如相同，可仅标注其中一个要素的尺寸
对称构配件尺寸		对称构配件采用对称省略画法时，该对称构配件的尺寸线应略超过对称符号，仅在尺寸线的一端画尺寸起止符号，尺寸数字应按整体全尺寸注写，其注写位置宜与对称符号对齐
相似构件尺寸		两个构配件，如个别尺寸数字不同，可在同一图样中将其中一个构配件的不同尺寸数字注写在括号内，该构配件的名称也应注写在相应的括号内
相似构配件尺寸表格式标注		数个构配件，如仅某些尺寸不同，这些有变化的尺寸数字，可用拉丁字母注写在同一图样中，另列表格写明其具体尺寸

六、常用建筑材料图例 [Symbols of Commonly used Building Materials]

建筑物或建筑构配件被剖切时，通常在图样中的断面轮廓线内画出建筑材料图例，表

1-8 中列出了部分常用建筑材料图例。国标只规定了常用建筑材料图例的画法，对其尺度比例不作具体规定，绘图时可根据图样大小而定。

表 1-8　常用建筑材料图例

材料名称	图 例	备 注
自然土壤		包括各种自然土壤
夯实土壤		
砂、灰土		靠近轮廓线绘较密的点
砂砾石、碎砖三合土	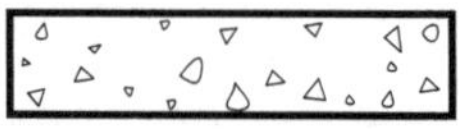	
石材	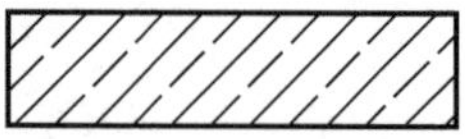	
毛石	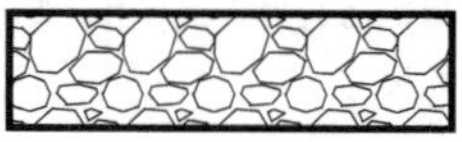	
普通砖	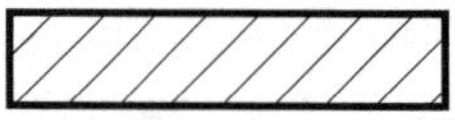	(1) 包括实心砖、多孔砖、砌块等砌体 (2) 断面较窄不易绘出图例线时，可涂红
混凝土	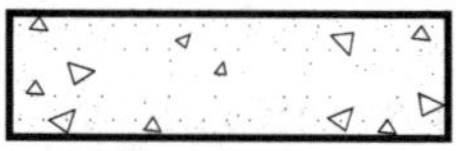	(1) 本图例指能承重的混凝土及钢筋混凝土 (2) 包括各种强度等级、骨料、添加剂的混凝土
钢筋混凝土		(3) 在剖面图上画出钢筋时，不画图例线 (4) 断面图形小，不易画出图例线时，可涂黑
多孔材料	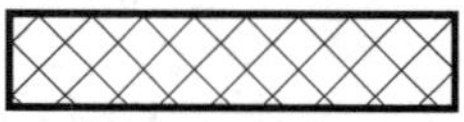	包括水泥珍珠岩、沥青珍珠岩、泡沫混凝土、非承重加气混凝土、软木、蛭石制品等
木材	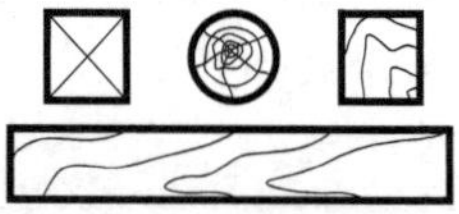	(1) 上图为横断面，左上图为垫木、木砖或木龙骨 (2) 下图为纵断面
金　属	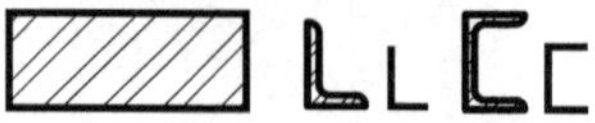	(1) 包括各种金属 (2) 图形小时，可涂黑
空心砖	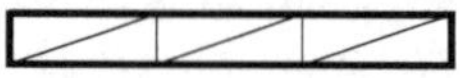	指非承重砖砌体
饰面砖		包括铺地砖、马赛克、陶瓷锦砖、人造大理石等
耐火砖		包括耐酸砖等砌体
焦渣、矿渣	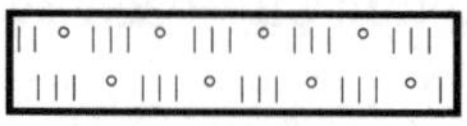	包括与水泥、石灰等混合而成的材料

材料名称	图 例	备 注
泡沫塑料材料	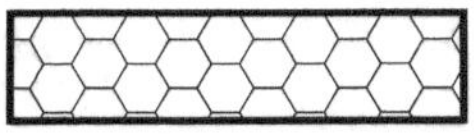	包括聚苯乙烯、聚乙烯、聚氨酯等多孔聚合物类材料
石膏板	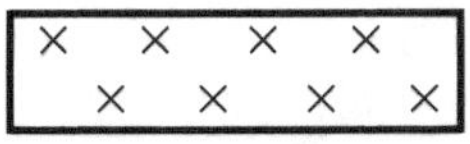	包括圆孔、方孔石膏板、防水石膏板、硅钙板、防火板等
胶合板		应注明为"n层胶合板"（n表示层数）
防水材料		构造层次多或比例大时，采用上图例

第二节 手工绘图工具的使用方法
[Common Drawing Tools and Their Utilization]

绘制图样有两种方法：手工绘图和计算机绘图。本书只介绍手工绘图方法。正确使用手工绘图工具和仪器是保证手工绘图质量和加快绘图速度的一个重要方面。常用的手工绘图工具和仪器有：图板、丁字尺、三角板、圆规、分规、比例尺、曲线板、铅笔等。现将常用的手工绘图工具和仪器的使用方法简介如下。

1. 图板、丁字尺和三角板

图板是画图时铺放图纸的垫板。图板的左边是导向边。

丁字尺是画水平线的长尺。画图时，应使尺头紧靠图板左侧的导向边。水平线必须自左向右画，如图1-14（a）所示。

三角板除直接用来画直线外，也可配合丁字尺画铅垂线。三角板的直角边紧靠着丁字尺，自下而上画线，如图1-14（b）所示。画线时铅笔笔芯与尺子的位置，如图1-14（c）所示。三角板还可配合丁字尺画与水平线成15°倍角的斜线，如图1-14（d）所示。

使用铅笔绘图时，用力要均匀，用力过大会刮破图纸或在图纸上留下无法擦除的凹痕，甚至折断铅芯。画长线时要一边画一边旋转铅笔，使线条保持粗细一致。画线时，从侧面看笔身要垂直纸面，从正面看，笔身要与纸面成约60°，如图1-14（a）、（b）所示。

2. 圆规和分规

圆规是画圆及圆弧的工具，也可当作分规来量取长度和等分线段。圆规种类有：大圆规、弹簧圆规、点圆规。使用圆规时应使圆规的针尖略长于铅芯，如图1-15（a）所示。画大圆时，圆规的针脚和铅芯均应保持与纸面垂直，如图1-15（b）所示。

分规是用来正确量取线段和分割线段的工具。为了量度尺寸准确，分规的两个针尖应调整得一样长，并使两针尖合拢时能成为一点。用分规分割线段时，将分规的两针尖调整到所需距离，然后，使分规两针尖沿线段交替做圆心顺序摆动行进，如图1-16所示。

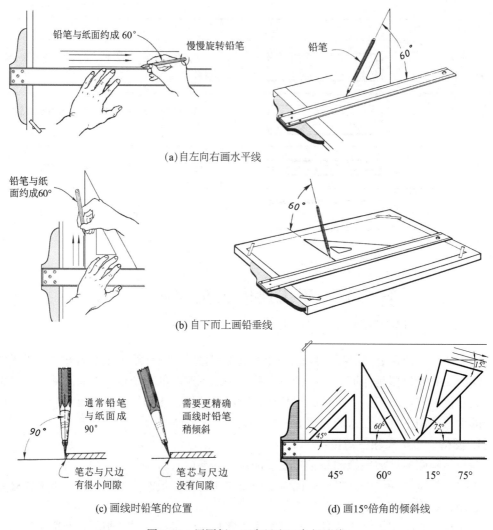

(a) 自左向右画水平线

(b) 自下而上画铅垂线

(c) 画线时铅笔的位置

(d) 画15°倍角的倾斜线

图 1-14 用图板、丁字尺和三角板画线

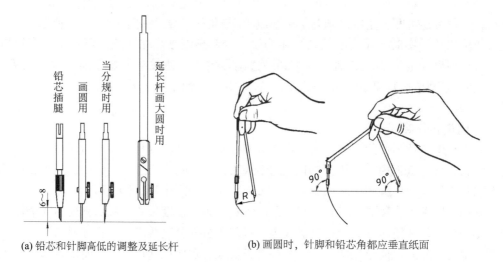

(a) 铅芯和针脚高低的调整及延长杆

(b) 画圆时,针脚和铅芯角都应垂直纸面

图 1-15 圆规的用法

3. 比例尺

建筑物的实际尺寸比图纸大得多，它的图形不可能也没有必要按其实际的大小画出来。应该根据实际需要和图纸大小，选用适当的比例将图形缩小。比例尺就是用来缩小或放大图形用的。比例尺（或三棱尺）仅用于量取不同比例的尺寸。绘图时，不必计算，按所需要的比例，在比例尺上直接量取长度来画图。其使用方法如图1-17所示。

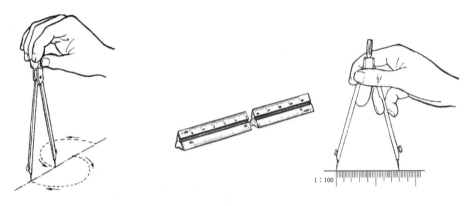

图 1-16 用分规等分线段   图 1-17 比例尺及其用法

4. 曲线板

曲线板用来描绘各种非圆曲线。用曲线板描绘曲线时，首先要把求出的各点徒手轻轻地勾描出来，然后根据曲线的曲率变化，选择曲线板上合适部分（至少吻合 3～4 点），如图 1-18 所示，前一段重复前次所描，中间一段是本次描，后一段留待下次描。以此类推。

5. 铅笔

铅笔有木质铅笔和活动铅笔两种。铅笔铅芯有软硬之分，"B"表示软铅，标号有 B、2B、…、6B，数字越大表示铅芯越软；"H"表示硬铅，标号有 H、2H、…、6H，数字越大表示铅芯越硬；"HB"表示中软铅。画细线用 H 或 HB 铅笔（或铅芯），一般削（磨）成锥形，如图 1-19（a）所示。画粗实线用 B 或 2B 铅笔（或铅芯），一般削（磨）成扁形，如图 1-19（b）所示。加深圆弧时用的铅芯一般要比画粗实线的铅芯软一些。图 1-20 为各种绘图铅笔。

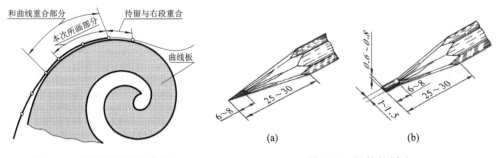

图 1-18 用曲线板描绘曲线   图 1-19 铅笔的削法

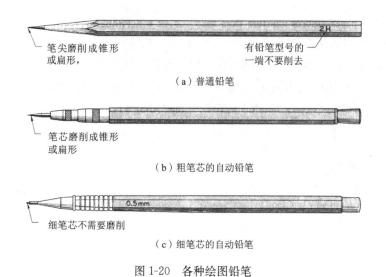

（a）普通铅笔

笔尖磨削成锥形
或扁形，

有铅笔型号的
一端不要削去

笔芯磨削成锥形
或扁形

（b）粗笔芯的自动铅笔

细笔芯不需要磨削

（c）细笔芯的自动铅笔

图 1-20　各种绘图铅笔

第三节　几 何 作 图
[Geometrical Construction]

一、等分直线段 [Dividing a Line into Equal Parts]

将 AB 直线段 n 等份，作图方法如图 1-21 所示。

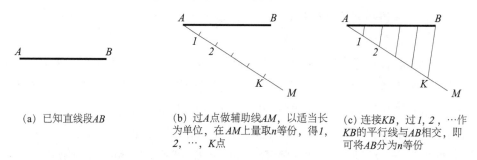

(a) 已知直线段 AB

(b) 过 A 点做辅助线 AM，以适当长为单位，在 AM 上量取 n 等份，得 1，2，…，K 点

(c) 连接 KB，过 1，2，…作 KB 的平行线与 AB 相交，即可将 AB 分为 n 等份

图 1-21　等分线段为 n 等份

二、等分两平行线间的距离 [Dividing the Distance Between Two Parallel Lines into Equal Parts]

等分两平行线 AB、CD 之间的距离的作图方法如图 1-22 所示（以五等分为例）。

等分两平行线之间的距离的作图方法，常用于画台阶或楼梯。如图 1-23 所示，画图时先按台阶或楼梯的级数等分该梯段的总高度，画出每级高度，若踏面总长度为 EF，则可作 E_1F_1，过 E_1F_1 与各水平线的交点作垂线，即得各踏步。

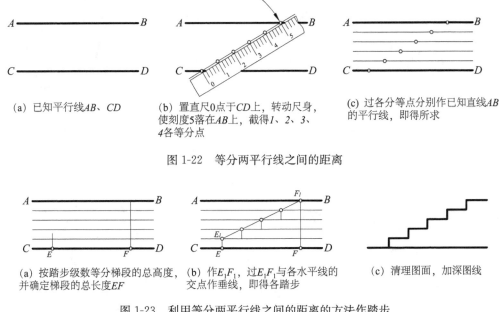

(a) 已知平行线AB、CD

(b) 置直尺0点于CD上，转动尺身，使刻度5落在AB上，截得1、2、3、4各等分点

(c) 过各分等点分别作已知直线AB的平行线，即得所求

图 1-22　等分两平行线之间的距离

(a) 按踏步级数等分梯段的总高度，并确定梯段的总长度EF

(b) 作E_1F_1，过E_1F_1与各水平线的交点作垂线，即得各踏步

(c) 清理图面，加深图线

图 1-23　利用等分两平行线之间的距离的方法作踏步

三、坡度的画法 [Drawing a Slope]

坡度是指一直线或平面对另一直线或平面的倾斜程度，其大小用直线或平面间夹角的正切来表示。在图样中以 $1:n$ 的形式标注。图 1-24 为坡度 $1:n$ 的标注及作图方法。

标注坡度时应加注坡度符号"←"，该符号为单面箭头，箭头应指向下坡方向。标注坡度的详细图例可参阅表 1-6 中的"坡度"。

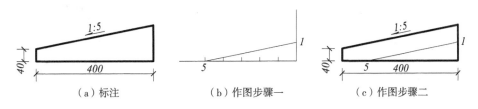

（a）标注　　　　　（b）作图步骤一　　　　　（c）作图步骤二

图 1-24　坡度的标注与作图步骤

四、正多边形的画法 [Drawing Regular Polygons]

由于正多边形的边数不同，其画法各异。等边三角形、正方形很容易用两个三角板与丁字尺配合来画出，这里从略。只介绍正五边形、正六边形的画法及一般正 n 边形的近似画法。

1. 正五边形
正五边形的作法如图 1-25 所示。

2. 正六边形
正六边形的作法如图 1-26 所示。正六边形的画法有内接和外切正六边形两种。

内接正六边形，即已知对角线长度 D 画正六边形，如图 1-26（a）、（b）所示。图 1-26（a）是直接六等分圆周所得；图 1-26（b）则是利用三角板与丁字尺配合，作出正六

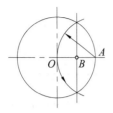 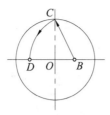 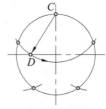 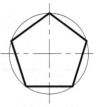

| (a) 作半径的中点B | (b) 以B为圆心，BC为
半径画弧得D点 | (c) CD即为五边形边长，
等分圆周得五个顶点 | (d) 连接五个顶点
即为正五边形 |

图 1-25　正五边形的画法

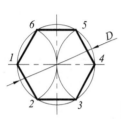 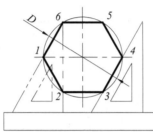 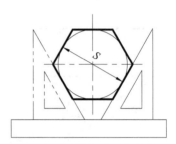

| (a) 已知对角线长度D，
作正六边形方法一 | (b) 已知对角线长度D，
作正六边形方法二 | (c) 已知对边距离S作正六边形 |

图 1-26　正六边形的作法

边形。外切正六边形是在已知对边距离 S 时作正六边形，如图 1-26（c）所示。

3. 正七边形（正 n 边形）

正七边形的作法如图 1-27 所示。

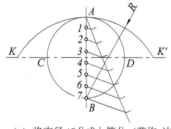 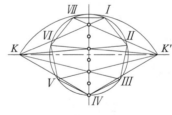

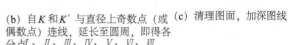

| (a) 将直径AB分成七等分（若作n边形，
可分成n等分）。以B为圆心，AB为半
径，画弧交CD延长线于K和对称点K′ | (b) 自K和K′与直径上奇数点（或
偶数点）连线，延长至圆周，即得各
分点I、II、III、IV、V、VI、VII | (c) 清理图面，加深图线 |

图 1-27　正七边形的近似作法

五、圆弧连接 [Tangency Principle]

建筑工程图中也常用到圆弧连接。圆弧连接，是用已知半径的圆弧光滑地连接两已知直线或圆弧。这种起连接作用的圆弧称为连接弧。作图时要达到光滑连接，就必须准确地求出连接圆弧的圆心及连接点（切点）的位置。

1. 圆弧连接的基本几何原理

（1）与已知直线相切的连接圆弧的圆心轨迹是一条直线，该直线与已知直线平行，且

距离为圆弧半径 R。垂足即切点，通过圆弧圆心作已知直线的垂线求得，如图 1-28（a）所示。

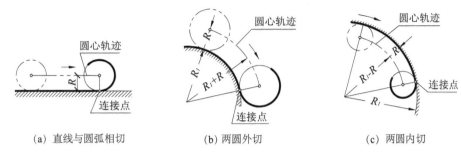

| （a）直线与圆弧相切 | （b）两圆外切 | （c）两圆内切 |

图 1-28　圆弧连接的基本轨迹

（2）与已知圆弧（半径为 R_1）相切的圆弧（半径为 R）圆心轨迹为已知圆弧的同心圆。该同心圆的半径 R_x 要根据相切的情形而定：当两圆弧外切时 $R_x = R_1 + R$，当两圆弧内切时 $R_x = |R_1 - R|$。其切点必在两圆弧连心线或其延长线上，如图 1-28（b）、（c）所示。

2. 圆弧连接的作图举例

表 1-9 列举了典型圆弧连接的作图方法和步骤。

表 1-9　常见的圆弧连接作图

连接要求	作图方法和步骤		
	求圆心 O	求切点 K_1、K_2	画连接圆弧
连接相交的两直线			
连接一直线和一圆弧			
外切两圆弧			

续表 1-9

连接要求	作图方法和步骤		
	求圆心 O	求切点 K_1、K_2	画连接圆弧
外切圆弧和内切圆弧			
连接垂直相交的两直线			

六、椭圆的画法 [Drawing an Ellipse]

绘图时，除了直线和圆弧外，也会遇到一些非圆曲线。其中常见的有椭圆、抛物线、双曲线、渐开线、阿基米德螺旋线、摆线等。椭圆的画法很多，这里仅介绍椭圆的同心圆画法和一种近似画法（四心圆弧法），分别如图 1-29 和图 1-30 所示。其余的各种曲线的画法，这里从略，需要时请查阅数学手册。

1. 椭圆的同心圆画法

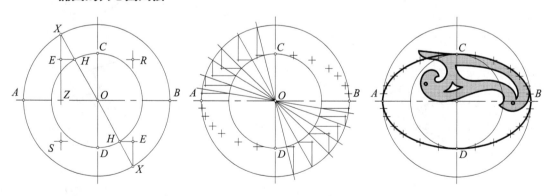

(a) 已知椭圆的长轴 AB 和短轴 CD。分别以长轴、短轴为直径作两个圆；作一直径分别与大圆、小圆交于 X、H；过 H 作水平线，过 X 作铅垂线交于 E 点，即为椭圆的点；据 E 点再作出椭圆的对称点

(b) 再作出一定数量的直径，即可得到更多椭圆上的点；同时注意可直接作出椭圆的对称点

(c) 用曲线板将这些点连接起来，即得所求椭圆

图 1-29 用同心圆法作椭圆

2. 椭圆的四心圆弧画法

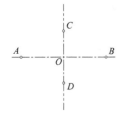
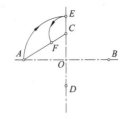
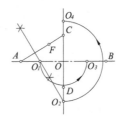
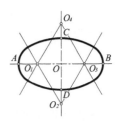

(a) 已知椭圆长轴 AB和短轴CD

(b) 以O为圆心，OA为半径画弧交短轴于点E；再以C为圆心，CE为半径画弧交AC于点F

(c) 作线段AF的垂直平分线，与长、短轴分别交于O₁、O₂，再取O₁、O₂的对称点O₃、O₄

(d) 连接O₁O₂、O₂O₃、O₃O₄、O₁O₄；分别以O₁、O₃为圆心，O₁A为半径画弧；再以O₂、O₄为圆心，O₂C为半径画圆弧，即得近似椭圆

图 1-30　用四心圆弧法作近似椭圆

第四节　平面图形的分析和画图步骤

[Analysis of 2D Objects and General Drawing Procedures]

要确定画图步骤及正确画出平面图形，必须对平面图形进行尺寸分析和线段分析。

一、平面图形的尺寸分析 [Analysis of Known Dimensions]

平面图形中的尺寸按其作用，可分为定形尺寸和定位尺寸。

1. 定形尺寸

确定平面图形中形状大小的尺寸称为定形尺寸。如图 1-31 中的 10、60、$R13$、$R27$、$R18$、$R3$ 及 $R11$。

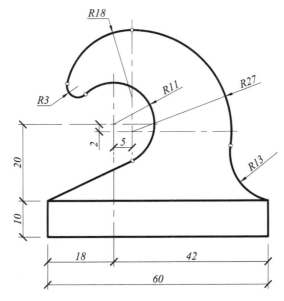

图 1-31　平面图形的尺寸分析和线段分析

2. 定位尺寸

确定平面图形中相互位置关系的尺寸称为定位尺寸。如图 1-31 中尺寸 18 (42)、20 是 R11 圆心的定位尺寸；5、2 是 R27 圆心的定位尺寸。

二、平面图形的线段分析 [Analysis of Individual Segements of the 2D Object]

平面图形中的线段，根据所标注的尺寸，可分为已知线段、中间线段和连接线段三类。

1. 已知线段

图样中的已知线段应首先画出。根据所给尺寸能直接画出的线段（圆弧或直线）称为已知线段。给出了圆弧半径（或直径）以及圆心两个方向的定位尺寸的圆弧即为已知圆弧，如图 1-32 中的 R11、R27，应首先画出。

2. 中间线段

中间线段必须根据与相邻已知线段相切关系才能完全确定其位置，其作图要比已知线段稍后一步。给出圆弧半径（或直径）以及圆心一个方向的定位尺寸的圆弧为中间圆弧，如图 1-31 中的 R18。确定 R18 圆弧的圆心有两个条件：一是该圆心落在圆弧 R27 的圆心所在的铅垂中心线上；另一个是与 R27 的圆弧相内切。其圆心的求法为：以 R27 的圆心为圆心，以 R(27－18) 为半径画弧，交中心线于一点即为圆心，如图 1-33 所示。

过一已知点或已知直线方向，且与定圆（或定圆弧）相切的直线为中间直线，如图 1-33 中从矩形左上端点出发且与 R11 相切的线段。

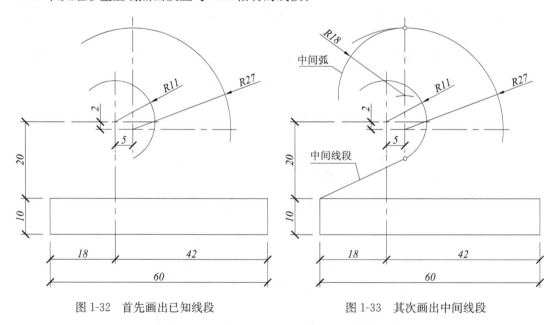

图 1-32 首先画出已知线段　　　　　图 1-33 其次画出中间线段

3. 连接线段

只给出半径（或直径）的圆弧为连接圆弧。两端都与定圆弧（或定圆）相切而不必标注任何尺寸的直线为连接直线。

连接线段只能根据相邻两线段与之相切关系才能确定其位置，因而只能最后画出，如图 1-31 中的 $R3$、$R13$，其画法如图 1-34 所示。其中连接弧 $R3$ 的圆心求解需利用两个条件：由于 $R3$ 的圆弧与 $R18$ 相内切，所以一个条件是以 $R18$ 的圆心为圆心，以 $R(18-3)$ 为半径画弧；由于 $R3$ 的圆弧与 $R11$ 相外切，另一条件是以 $R11$ 的圆心为圆心，以 $R(11+3)$ 为半径画弧，两弧交于一点即为圆心。连接圆弧 $R13$ 的圆心求法：以 $R27$ 的圆心为圆心，以 $R(27+13)$ 为半径画弧；以矩形框右上角点为圆心，以 $R13$ 为半径画弧，两弧交于一点即为圆心。

三、平面图形的画图步骤 [General Drawing Procedures of 2D Object]

（1）对平面图形进行尺寸分析和线段分析。

（2）画出平面图形的对称线、中心线。

（3）首先画出全部的已知线段，如图 1-32 所示；然后再画中间线段，如图 1-33 所示；最后画出连接线段，如图 1-34 所示。

（4）加深图线和标注尺寸，完成全图，如图 1-31 所示。

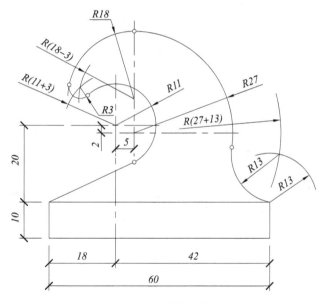

图 1-34　最后求作连接线段

第二章　正投影法基础

Chapter 2　The Fundamentals of Orthographic Projection

第一节　投影方法概述

[Introduction of Projection Methods]

空间物体在灯光或日光的照射下，在墙壁或地面上就会出现物体的影子。投影法与这种自然现象相类似。如图 2-1 所示，有平面 P 和不在该平面上的一点 S，需作出点 A 在平面 P 上的图像。将 S、A 连成直线，作出 SA 与平面 P 的交点 a，即为点 A 的图像。平面 P 称为投影面，点 S 称为投射中心，直线 SA 称为投射线，点 a 称为点 A 的投影。这种产生图像的方法称为投影法。

一、投影法的分类 [Classification of Projections]

投影法分为两类：中心投影法和平行投影法。

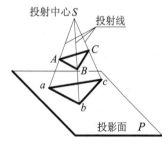

图 2-1　中心投影法

1. 中心投影法

如图 2-1 所示，由投影中心 S 作出了 $\triangle ABC$ 在投影面 P 上的投影：投射线 SA、SB、SC 分别与投影面交出点 A、B、C 的投影 a、b、c；直线 ab、bc、ca 分别是直线 AB、BC、CA 的投影；$\triangle abc$ 就是 $\triangle ABC$ 的投影。这种投射线都从投射中心出发的投影法，称为中心投影法，所得的投影称为中心投影。中心投影也称透视投影。

2. 平行投影法

如图 2-2 所示，投影线 Aa、Bb、Cc 按给定的投影方向互相平行，分别与投影面 P 交出点 A、B、C 的投影 a、b、c，$\triangle abc$ 是 $\triangle ABC$ 在投影面 P 上的投影。这种投射线都互相平行的投影法，称为平行投影法，所得的投影称为平行投影。

平行投影法分为正投影法和斜投影法：图 2-2（a）是投射方向垂直于投影面的正投影法，所得的投影称为正投影；图 2-2（b）是投射方向倾斜于投影面的斜投影法，所得的投影称为斜投影。

工程技术中常用投影图的分

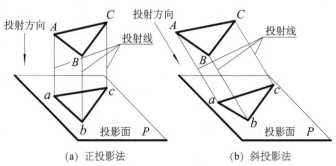

(a) 正投影法　　　(b) 斜投影法

图 2-2　平行投影法

类法，如图 2-3 所示。

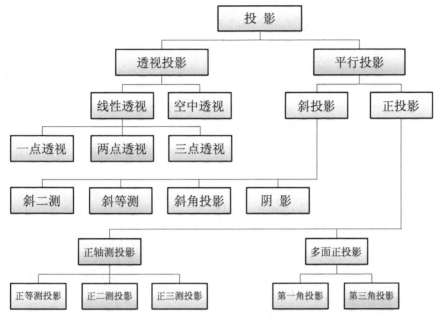

图 2-3 投影法分类图

二、建筑工程中常用的投影法 [Commonly Used Projections in Architecture Engineering]

中心投影和平行投影（包括斜投影和正投影）在建筑工程中应用最广。同一物体用不同的投影法，可以画出建筑工程中最常用的四种投影图，如图 2-4 所示。

（1）透视投影图。用中心投影法可绘制透视投影图。一般用于表达较大的场景或目标，如地貌、建筑物等。透视图形象逼真，直观性强。透视图一般注重反映物体或场景的立体形状，不注重表达尺寸情况。

（2）斜轴测图。用斜投影法可绘制斜轴测图。斜轴测图能反映物体的长、宽、高，有一定的立体感。

（3）正轴测图。用正投影法可在一个不平行物体任一向度的投影面上作出正轴测图。

（4）正投影图。用正投影法在两个或两个以上相互垂直的投影面上，分别作出几何形体的正投影。这种由两个或两个以上正投影组合而成，用以确定空间唯一的形体的一组投

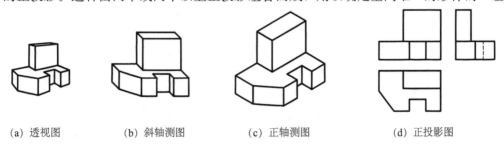

(a) 透视图   (b) 斜轴测图   (c) 正轴测图   (d) 正投影图

图 2-4 建筑工程中常用的投影图

影，称为多面正投影图，简称正投影。这种图能反映物体的主要侧面的形状和大小，便于度量、作图及按图建造，是主要使用的一种工程图。

（5）标高投影图。用正投影法把地形的等高线投影到水平投影面上，并标上相应的标高，即可得到标高投影图。

三、平面与直线的投影特点 [Characteristics of Plane and Line Projection]

正投影法中，平面与直线的投影有以下三个特点。

（1）实形性。如图 2-5（a）所示，物体上与投影面平行的平面 P 的投影 p 反映其实形，与投影面平行的直线 AB 的投影 ab 反映其实长。

（2）积聚性。如图 2-5（b）所示，物体上与投影面垂直的平面 Q 的投影 q 积聚为一直线，与投影面垂直的直线 CD 的投影 cd 积聚为一点。

（3）类似性。如图 2-5（c）所示，物体上倾斜于投影面的平面 R 的投影 r 成为缩小的类似形，倾斜于投影面的直线 EF 的投影 ef 比实长短。

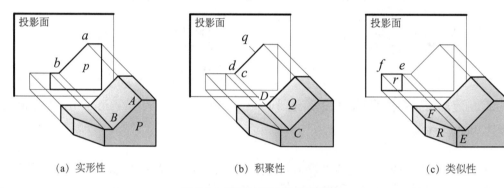

（a）实形性　　　　　　　　（b）积聚性　　　　　　　　（c）类似性

图 2-5　平面与直线的投影特点

物体的形状是由其表面的形状决定的，因此，绘制物体的投影，就是绘制物体表面的投影，也就是绘制表面上所有轮廓线的投影。从上述平面与直线的投影特点可以看出：画物体的投影时，为了使投影反映物体表面的真实形状，并使画图简便，应该让物体上尽可能多的平面和直线平行或垂直于投影面。

第二节　三投影图的形成及其投影规律
[Formation and Rules of Three-Projection Drawings]

图 2-6 表示形状不同的物体，但它们在同一投影面上的投影却是相同的，这说明仅有一个投影是不能唯一地表达物体的形状的。因此，经常把物体放在三个互相垂直的投影面所组成的投影面体系中，如图 2-7（a）所示，这样就可以得到物体的三个投影。

三个互相垂直的投影面所组成的投影面体系称为三投影面体系。在三投影面体系中，三个投影面分别称为正立投影面（简称正面或 V 面）、水平投影面（简称水平面或 H 面）和侧立投影面（简称侧面或 W 面）。物体在这三个投影面上的投影分别称为正面投影、水平投影和侧面投影。这三个投影面分别两两相交于三条投影轴。V 面和 H 面的交线称为

OX 轴；H 面和 W 面的交线称为 OY 轴；V 面和 W 面的交线称为 OZ 轴；三轴线的交点称为原点 O。

　　为使三个视图能画在一张图纸上，国家标准规定正面保持不动，水平投影面绕 OY 轴向下旋转 $90°$，把侧立投影面绕 OZ 轴向右旋转 $90°$，这时 OY 轴分为两条，一条随 H 面转到与 OZ 轴在同一铅垂线上，标注为 OY_H；另一条随 W 面转到与 OX 轴在同一水平线上，标注为 OY_W，如图 2-7（b）所示。这样，就得到在同一平面上的三个投影图，如图 2-7（c）所示。为了简化作图，在三个投影图中不画投影面的边框线，投影图的名称也不必标出，如图 2-7（d）所示。在投影图中，规定物体的可见轮廓线画成实线，不可见的轮廓线画成虚线，如图 2-7（a）的正面投影所示。

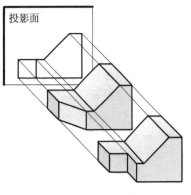

图 2-6　物体的单面投影

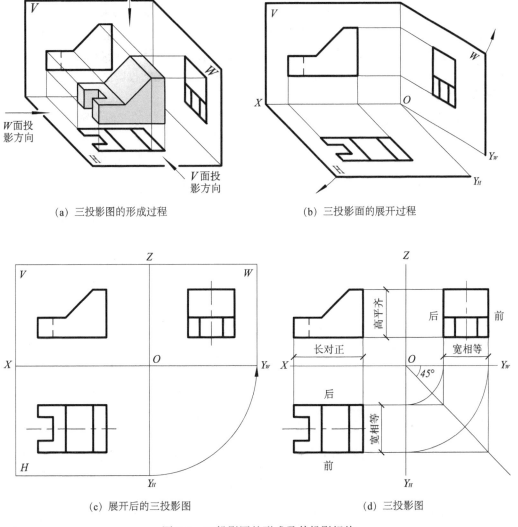

(a) 三投影图的形成过程　　　　　　　　　　(b) 三投影面的展开过程

(c) 展开后的三投影图　　　　　　　　(d) 三投影图

图 2-7　三投影图的形成及其投影规律

根据三个投影面的相对位置及其展开的规定，三个投影图的位置关系是：以正面投影为准，水平投影在正面投影的正下方，侧面投影在正面投影的正右方。如果把物体左右方向的尺寸称为长，前后方向的尺寸称为宽，上下方向的尺寸称为高，那么，正面投影图和水平投影图都反映了物体的长度，正面投影图和侧面投影图都反映了物体的高度，水平投影图和侧面投影图都反映了物体的宽度。因此，三个投影图间存在下述关系：

正面投影与水平投影——长对正；

正面投影与侧面投影——高平齐；

水平投影与侧面投影——宽相等。

"长对正、高平齐、宽相等"是三个视图之间的投影规律，此规律简称为"三等"关系。它不仅适用于整个物体的投影，也适用于物体的每个局部的投影。例如，图 2-7 中物体左端缺口的三个投影，也同样符合这一规律。在应用这一投影规律画图和看图时，特别要注意，水平投影、侧面投影除了反映宽相等外，还有前、后位置应符合对应关系：水平投影的下方和侧面投影的右方，表示物体的前方；水平投影的上方和侧面投影的左方，表示物体的后方。

在作图时，"宽相等"可以利用以原点 O 为圆心所作的圆弧，或利用从原点引出 $45°$ 线将宽度在 H 面投影与 W 面投影之间相互转换（图 2-7（d）），但一般是用分规直接量度来转移最为方便。在画立体的投影图时，如果只要求表示出形体的形状和大小，而不需反映形体与各投影面的距离，坐标轴即可不必画出。但在这种无轴投影图中，各个投影之间仍须保持正投影的投影关系。

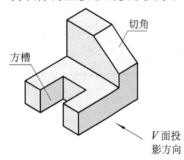

图 2-8　立体图

例 2-1　画出图 2-8 所示物体的三面投影图。

分析与作图步骤如下：

该物体是在左边长方形底板的左端中部开了一个方槽，右边长方形折板切去一个斜角后形成的。根据分析，按图 2-8 中所选的方向作为 V 面投影的投影方向，当 V 面投影确定之后，H 面和 W 面也就随之确定。画图步骤如图 2-9 所示。

（1）如图 2-9（a）所示，画底板的三投影图。应先画反映底板形状特征的正面投影图，再按三投影图的投影规律画出水平投影图及侧立面投影图。在画水平投影图及侧立面投影图时，需特别注意"宽相等"。保持"宽相等"可采用直接用分规度量宽度的方法。

（2）如图 2-9（b）所示，画出底板左端方槽的三面投影。由于构成方槽的三个平面的水平投影面都积聚成直线，反映了方槽的形状特征，所以应先画出其水平投影，然后再画出其他投影。它的 V 面投影不可见，应画为虚线。在画 W 面投影时，应保持各个部分的"宽相等"，即 H 面投影图中的 y_1、y_2 与 W 面投影图中的相等。

（3）如图 2-9（c）所示，画出右边折板切角的投影。由于被切角后形成的平面垂直于侧面，所以应先画出其侧面投影，根据侧面投影画水平投影时，要注意量取尺寸的起点和方向及其"宽相等"。

（4）最后进行加深，如图 2-9（d）所示。

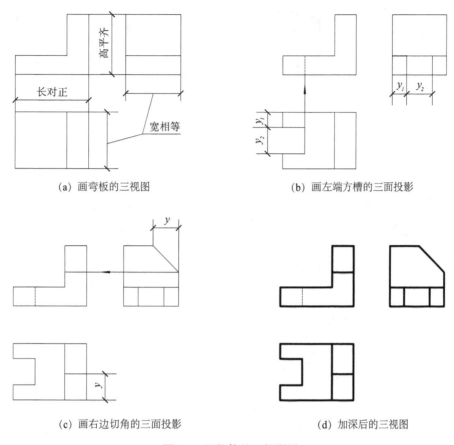

(a) 画弯板的三视图　　　　　　　　　　(b) 画左端方槽的三面投影

(c) 画右边切角的三面投影　　　　　　　(d) 加深后的三视图

图 2-9　画物体的三投影图

第三节　平面立体投影图的画法

[Three-Projection Drawing Representation of Polyhedral Solids]

表面由若干平面围成的立体，称为平面立体。常见的平面立体有棱柱和棱锥（棱台）等。棱柱、棱锥及圆柱、圆锥、圆球等称为基本立体。棱柱和棱锥是由棱面和底面围成的，相邻两棱面的交线称为棱线，底面和棱面的交线就是底面的边。画平面立体的投影图时，只要画出组成平面立体的各个平面和棱线的投影，然后判别可见性即可。

利用直线与平面的投影特点和三投影图的投影规律，就能画出简单立体的三投影图。

一、棱柱、棱锥的投影 [Projection of Prism and Pyramid]

一个平面立体，如果有两个面互相平行，而其余每相邻的两个面的交线互相平行，这样的平面立体称为棱柱。棱柱中互相平行的两个面称为底面，其余各个面称为棱柱的侧面。侧面与侧面的公共棱称为棱柱的侧棱，如图 2-10 所示。

侧棱和底面斜交的棱柱称为斜棱柱，如图 2-10（a）所示；侧棱和底面垂直的棱柱称为直棱柱，如图 2-10（b）所示。如果直棱柱的底面是正多边形，这样的直棱柱称为正棱

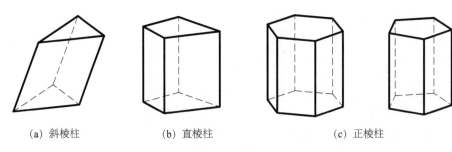

(a) 斜棱柱　　　　　　　(b) 直棱柱　　　　　　　(c) 正棱柱

图 2-10　棱柱

柱，如图 2-10（c）所示。通常以棱柱底边的边数来命名，如三棱柱、四棱柱等。

　　一个平面立体中，有一个面是多边形，其余各面是有公共顶点的三角形，这样的平面立体称为棱锥。在棱锥上，多边形的面叫做棱锥的底面；有公共顶点的各个三角形的面叫做棱锥的侧面。两个相邻侧面的公共边叫做棱锥的侧棱，如图 2-11 所示。各侧面的公共点叫做棱锥的顶点。通常以棱锥底边的边数来命名，如三棱锥、四棱锥等。

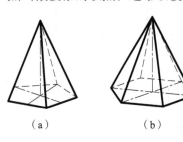

（a）　　　　　　（b）

图 2-11　棱锥

　　如果棱锥的底面是一个正多边形，并且从顶点到底面的垂线足正好是底面正多边形的中心，这个棱锥称为正棱锥，如图 2-11 所示。

　　图 2-12 和图 2-13 分别表示正六棱柱和四棱锥的三投影图及其画法。画法步骤如下：

　　（1）如图 2-12（b）和 2-13（b）所示，先画出三投影图的中心线或对称中心线。

　　（2）如图 2-12（c）和 2-13（c）所示，画三投影图。应先画反映底面实形的投影图，再画其余两投影图。注意在画六棱柱时，底面和顶面的投影在 H 面上重合，在 V 面、W 面上为两条水平直线，然后再连接各个顶点的同面投影，即可得到六棱柱的各条棱线的投影；在画四棱锥时，底面投影画出后，再求锥顶的投影，然后连接各个顶点的同面投影即可。最后检查并清理底稿后加粗、加深。

　　在投影图中，当粗实线和虚线或单点长画线重合时，应画成粗实线，如图 2-12（c）中的主、左两投影图所示。

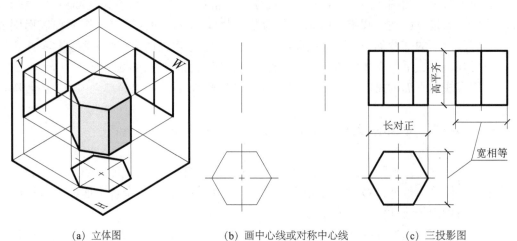

(a) 立体图　　　　　　(b) 画中心线或对称中心线　　　　　　(c) 三投影图

图 2-12　正六棱柱的三投影图及其画法

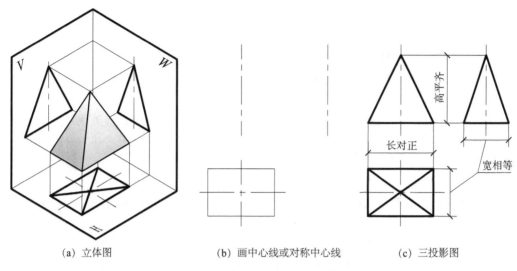

(a) 立体图　　　　　(b) 画中心线或对称中心线　　　　　(c) 三投影图

图 2-13　四棱锥的三投影图及其画法

二、几种常见平面立体 [Some Commonly used Polyhedral Solids]

几种常见的平面立体的立体图及投影图，如表 2-1 所示。

表 2-1　几种常见的平面立体

名称	立体示意图	投 影 图	投 影 特 征
四棱柱			三个投影都是矩形
四棱锥			两个投影的外形是同一高度的三角形，另一个投影的外形是四边形，且反映其实形
四棱台			两个投影的外形是同一高度的梯形，另一个投影是内外两个矩形，分别反映顶面、底面的实形，两矩形顶点相连

第四节　立体造型的基本方法
[Basic Methods of Solid Construction]

本节主要介绍如何由基本立体构成复杂立体，从而进一步形成具有美观外形的建筑作品的过程及其构成的一般规律。旨在更好地理解立体以及立体的投影，并为今后学习建筑造型设计打下一定的基础。

一、立体及造型的基本概念 [Basic Concept of Solid and its Construction]

立体是指实际占据三维空间的实体，从任意角度都能观看，同时又可用手直接触摸。所以立体不能叫"形"，而要叫做"型"。型不是轮廓的概念，而是从不同角度观看时产生的不同型限。因此，对立体造型的欣赏要求考虑时间因素，即从不同角度观看时产生不同的型限。从而更加充分地显示出立体所独具的时间空间美。

立体的造型是将功能、结构等物质条件及艺术内容有机组合的空间形象。因此造型是将科学技术与美学原理结合实现建筑物或产品的立体造型的科学。

二、立体造型的方法 [General Methods of Solid Construction]

无论建筑物、工业产品的造型怎样复杂多变，它们的构成都有其规律，即都是由一些基本几何体按一定组合方式的组合。组合所形成的立体也称为组合体。

立体造型的基本方法主要有削减法、添加法和组合法三种。这些方法多用于建筑、产品设计及雕刻等艺术造型。当然也常常把几种方法综合起来使用。

1. 削减法

所谓削减法，顾名思义是把基本立体按照形式构图规律和原则加以削减，从而创造出美的造型形式。在削减的过程中会出现层次的变化，棱角的突出或削弱以及截交线的产生。这些都可以使形体在形象上产生变化，且满足功能的要求。削减法一般用于实体的块状立体。这种造型形式具有一定的量感、稳定感和厚重感，处理的难度较大，其创作过程要求严格遵守层次性，要严格遵守从整体到局部再到细部的操作程序。如图 2-14（a）、（b）为美国华裔建筑大师贝聿铭（1917～）的作品——华盛顿国家美术馆东馆的基本造型图和全景图。其基本形体为两个三棱柱，利用削减法造型而成。造型上简洁而明快，醒目而清新，且同原有规划、建筑、环境又十分协调，可谓既突出于环境而又与之相辅相成，甚至还为之增色。

2. 添加法

同削减法相反，添加法就是在特定的立体上面增加新的体积，是使形式更加充实、完美和丰富的一种造型手段。添加体对整体是处于从属地位，绝不能为了添加而改变和干扰主体的性状和基本造型特征。相反的，添加是为了更加反衬和加强主体的特征。在构成时，对于这一点必须有明确的认识，如图 2-15 所示。

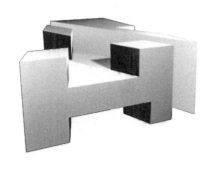

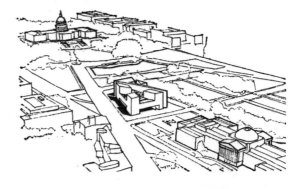

(a) 造型图　　　　　　　　　　　　　　　(b) 全景图

图 2-14　削减法

图 2-15　用添加法造型的纪念碑　　　　　图 2-16　连接造型（一）

　　构型时经常采用重复形（相似形）、对比形的添加方法。重复不仅增强韵律，而且它所产生韵味还可以使立体形象具有明显的个性。对比形则是一种更为自由的构型方法。对比的范围，主要有形状大小、粗细、疏密、轻重、垂直与水平等。

　　在构型过程中，必然要遇到体的连接问题。在连接时，要注意连接体的"过渡性"这个特点。所以要求连接体要弱于被连接体。一般来说，连接体要求：明度、色彩纯度要低、体积要小、质地要软。这样才能在各组合体之间起过渡作用，从而使之融为一体。同时也有加强和烘托被连体的作用，如图 2-16 和图 2-17 所示。图 2-18 为一个显示器的造型，显示屏与底座采用色彩、形体大小等都较弱的连接体加以过渡，使造型整体效果层次分明，形象生动。

图 2-17　连接造型（二）　　　　　　　　图 2-18　显示器的造型

此外，运用虚空间也是处理连接体的常用手法。具体地说，就是使两个立体间凹进一段空间，使之产生阴影，以此来缓和连接体与被连体的对立，从而起到过渡的调和作用。

在连接立体时也有另一种情形，即直接连接。直接连接必须使各连接体之间有着某种同一的联系：如同一中心、相同的弧线、相同的基本形等。当然也可以使形体产生和谐的连接关系，如图 2-19 所示。

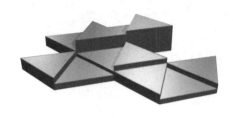

图 2-19 连接造型（三）

3. 组合法

所谓组合法，是指一种立体群的构成法，即三个以上的单独立体的构成方法。在处理这种构成时，要按照形式构图规律和原则对各单独立体加以有机的组合。如对群体中的主体和附属体的主从、距离，高低、方向，明暗、位置等关系，都必须给予综合的考虑，以求进行辩证的处理。这是任何立体群构成时都不可忽视的问题。这种构成多见于建筑和工业品造型。图 2-20 为美国现代建筑大师赖特（Frank Lloyd Wrignt，1869～1959）的作品——流水别墅，在建筑外形上最突出的是一道道横墙和几条竖向的石墙，组成横竖交错的构图。栏墙色白而光洁，石墙色暗而粗犷，在水平和垂直的对比上又添上颜色和质感的对比，再加上光影的变化，使这座建筑的体形更富有变化而生动活泼。图 2-21 是用组合法构型的组合音响，该造型在重复中富有变化，对比中具有和谐。

图 2-20 流水别墅

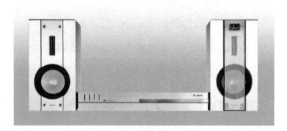

图 2-21 组合音响

三、组合体投影图的画法举例 ［Examples of Projections of Geometric Combination］

绘制组合体的投影图时，常常采用形体分析法和线面分析法。

将一个组合形体分析为由若干基本形体所组成，以便于画图和读图的方法，称为形体分析法。

分析三投影上相互对应的投影，就可以认识组成该组合形体的基本形体的形状和整个形体的形状，这种方法称为线面分析法

例 2-2 画出图 2-22 所示台阶的三投影图。

分析及作图步骤如下：

由形体分析法可确定，台阶由三大部分采用添加法造型而成，如图 2-22（a）所示。其中两边的栏板可看成是由四棱柱切去一角而成。中间的三级踏步则可看成为一个横卧的

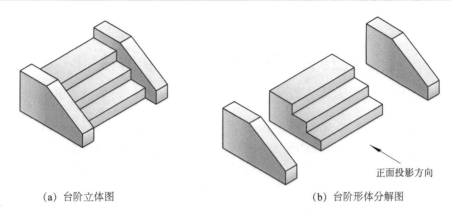

正面投影方向

(a) 台阶立体图　　　　　　　　　　(b) 台阶形体分解图

图 2-22　台阶的形体分析

八棱柱，如图 2-22（b）所示。

（1）根据台阶长度确定两边栏板的位置，按照栏板的尺寸画出两个四棱柱的三面投影，如图 2-23（a）所示。

（2）画出以四棱柱为基础削去一角后的栏板的三面投影图，如图 2-23（b）所示。

（3）画出中间台阶部分八棱柱的三面投影图，如图 2-23（c）所以。画图时应注意台阶各面的实形性与积聚性；各部分也必须保持"长对正、高平齐、宽相等"的投影原则；并判定可见性：在 W 面投影中，由于台阶已被栏板遮挡，因此应画为虚线。

（4）检查校核，整理加粗完成全图，如图 2-23（d）所示。

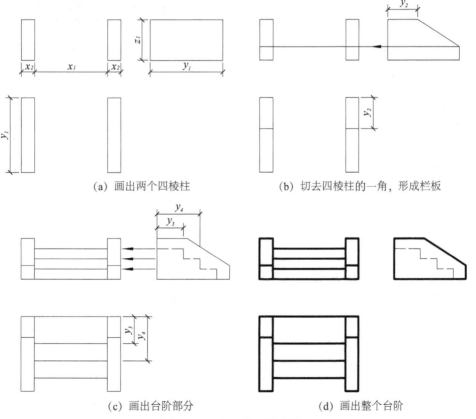

(a) 画出两个四棱柱　　　　　　　　(b) 切去四棱柱的一角，形成栏板

(c) 画出台阶部分　　　　　　　　　(d) 画出整个台阶

图 2-23　台阶的画图步骤

第五节　徒手草图的绘制方法
[Methods of Sketching]

　　工程制图中，一般要用仪器绘图或计算机辅助设计（Computer Aided Design，CAD）。但无论采用手工仪器绘图还是采用 CAD 绘图，徒手草图绘制对于工程设计人员来说都是一种非常重要的、必不可少绘图技能。徒手草图是一种设计人员之间交流设计思想的最为方便、快捷方法。当设计者企图抓住一闪念的设计灵感；或者是到现场测绘时，在没有计算机或绘图仪器的场合，而又要适时交流自己的设计思想时；或者在用计算机绘图之前，都常常要用徒手草图的方式先绘制各种构思的设计方案。如正投影草图、轴测草图、透视草图等。因此，工程设计时，一般都是先绘制徒手草图，并对草图进行修改，再根据草图用仪器或计算机绘制工程图。掌握了徒手草图绘制的技能将给工作带来很大的方便。图 2-24 为昆明"一二一"陈列馆的徒手设计草图。包括透视图、平面图、轴测图等。

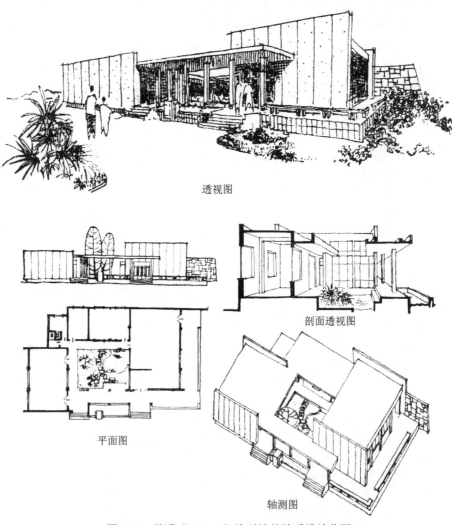

透视图

剖面透视图

平面图

轴测图

图 2-24　昆明"一二一"陈列馆的徒手设计草图

对于徒手作图而言，绘制徒手草图并不意味着容许潦草。徒手草图的线条也要粗细分明，基本平直，长短大致符合比例，线型符合国家标准。

一、徒手草图的绘图工具及基本要求 [Drawing Tools and Basic Requirements for Sketching]

徒手草图只需一支铅笔、一张纸和一块橡皮即可开始绘图。铅笔一般为 HB、B 型的铅芯的铅笔，铅芯头磨成锥状，要削得长一点。画粗线的笔芯不要过尖，要圆滑些，如图 2-25 所示。最好采用方格纸来绘制，方格纸是 5mm 见方的网格纸，如图 2-26 所示。也可用白纸。徒手绘制草图的要点：徒手目测，先绘后量，画线力均，横平竖直，曲线光顺。对徒手草图的要求是：比例正确，图面工整，这里的比例是指所画物体自身各部分的比例。

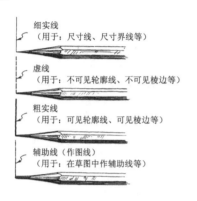

图 2-25　绘制草图所用铅笔及线型　　　　图 2-26　用方格纸所画的建筑立面草图

二、徒手草图的类型 [Types of Sketches]

与仪器图一样，徒手草图可根据需要采用多面正投影图、正轴测图、斜轴测图和透视图来表达三维物体，如图 2-27 所示。

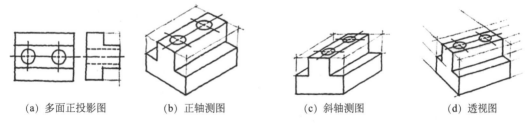

(a) 多面正投影图　　(b) 正轴测图　　(c) 斜轴测图　　(d) 透视图

图 2-27　徒手草图种类

三、徒手草图的技法 [Sketching Technique]

所画表达物体的图形，都由直线、圆或圆弧和曲线组成。下面对徒手草图的图线画法及技巧做一些介绍。

1. **直线的画法**

徒手图的线与仪器图不同，线条无须画得笔直，边缘清晰整齐，而是较为活泼并富有变化。徒手画直线时，握笔的手指离笔尖约 30 ～ 40mm，比平时写字时握笔要稍远。手腕、小指轻压纸面，铅笔与笔的运行方向保持大致直角的关系。在画图过程中，眼睛随时看着所画直线的终点，慢慢移动手腕和手臂。在画竖线时，笔随手腕和手臂移动，并在笔运行的方向上要作一定转动。注意手握笔要自然放松，不可攥得太死，如图 2-28 所示。

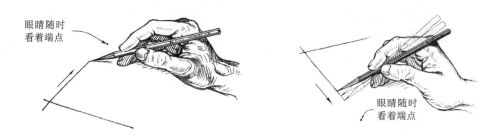

图 2-28　徒手草图中水平线和垂直线的画法

画斜线也可仿照水平线和垂直线的方法去画，也可以将图纸转平当成水平线画，如图 2-29 所示。画特殊角度的斜线可参考图 2-30。

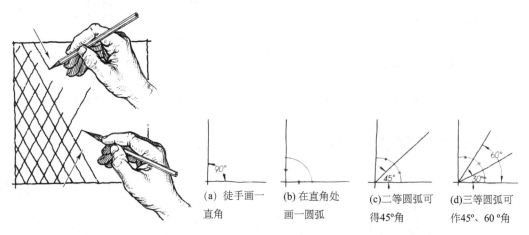

图 2-29　徒手草图中斜线的画法　　　图 2-30　徒手草图中特殊角度的画法

2. **圆的画法**

画圆时，应先画中心线以确定圆心位置。如果画较大的圆，则可取给定半径，用目测的方式在中心线上定出四点，再增加两条过圆心的 45° 斜线，以半径长再定出四点，以此八点近似画圆。一般画粗实线圆时，往往先画细实线圆，然后加粗，这样可在加粗过程中调整其不圆度，如图 2-31 所示。

如果是画小圆，则可只取中心线上四点，再徒手画圆。如果画大圆，则可用一条长纸条，上取两点为半径长，让一点对准圆心，将另一点旋转，每转一定角度以纸条上所定的两点距离为半径，用铅笔画出定圆上的一点，这种办法画圆时转角越小，取的点越多，就画得越圆，如图 2-32（a）所示。

当圆不是很大时，也可用小拇指尖压住中心，其他手指适当用力握住铅笔，笔尖压在

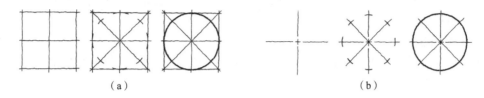

图 2-31 徒手画圆（一）

纸上，一只手将纸向上转动，旋转一圈后，圆就画出来了，如图 2-32（b）所示。也可借助两支铅笔来画圆，一只手拿两支铅笔，笔尖分开作圆规状，一支笔尖压在圆心处，另一支压在随手转动的图纸上来画圆，如图 2-32（c）所示。

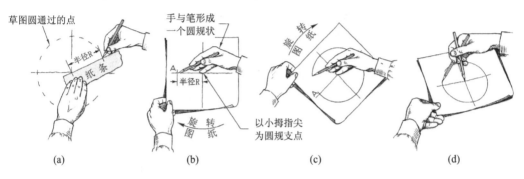

图 2-32 徒手画圆（二）

3. 椭圆的画法

绘制草图时时常需要画椭圆，这里介绍三种画法。如图 2-33 所示。

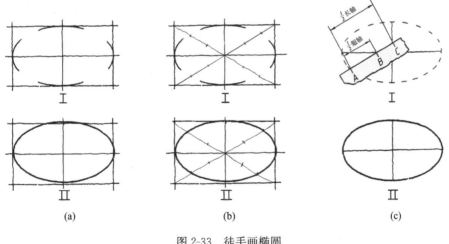

图 2-33 徒手画椭圆

（1）第一种方法：先画出椭圆中心线，再根据椭圆长、短轴画一个矩形；在矩形中点处画四条与矩形边相切的圆弧；用光滑曲线连接。如图 2-33（a）所示。

（2）第二种方法：先画出椭圆中心线，再根据椭圆长、短轴画一个矩形，并连接对角线；三等分对角线，标出三等分点，按照图 2-33（b）所示的方法光滑连接即可。

（3）第三种方法：这种方法较为准确。图 2-33（c）中，先做一纸条，AB＝半短轴，

$AC=$半长轴，在画椭圆时，使纸条上的 B 点、C 点分别在长轴、短轴上滑动，A 点运动位置便是椭圆上的点。

4. 徒手画法实例

徒手画时，要从整体入手，不要急于刻画细节。要注意图形总体与细节的比例是否正确。如用方格纸上，图形各部分之间的比例可借助方格数的比例来解决。

图 2-34 所示是画一幢房屋立面图的绘制过程。

第一步：按房屋的高宽比，画出各部分的矩形轮廓线、地坪线，并确定右侧坡屋顶高度及中线位置，如图 2-34（a）所示。

第二步：画出房屋分层线、门窗分格线、底层地面线等，如图 2-34（b）所示。

第三步：画出房屋的坡屋顶，随后逐步细化立面，如图 2-34（c）所示。

第四步：按房屋尺寸、结构进一步细化、具体化各部分，画上阴影及花草、树木等配景，丰富画面，如图 2-34（d）所示

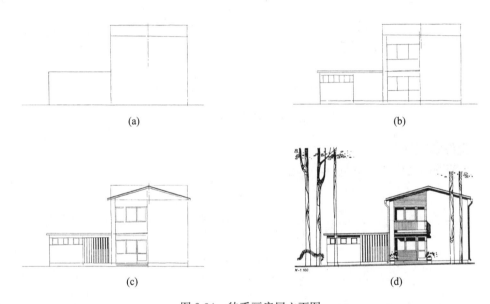

图 2-34　徒手画房屋立面图

5. 立体图的画法

在构思、创作、交流过程中，画立体草图也是一种常采用的方法。包括透视图、轴测投影图。它们的绘制方法只需以前面所学的草图绘制方法为基础，再通过学习第七章、第十一章的有关内容后，即可掌握。

第三章 点、直线、平面的投影

Chapter 3 Projection of a Point, Straight Lines, Planes

第一节 点 的 投 影

[Projection of a Point]

点是组成立体最基本的几何要素。为了迅速而正确地画出立体的三面投影，必须掌握点的投影规律。

一、点的三面投影 [The Projections of a Point in Three-Projection Planes System]

如图 3-1 （a）所示，由点 A 分别作垂直于 V 面、H 面、W 面的投射线，交得点 A 的正面投影 a'、水平投影 a、侧面投影 a''[①]。每两条投射线分别确定一个平面，与三投影面分别相交，构成一个长方体 $Aaa_xa'a_za''a_yO$。

将 H、W 面按箭头所指的方向绕对应轴 OX，OZ 旋转，使与 V 面重合，即得点的三面投影图，如图 3-1 （b）所示。这时，OY 轴成为 H 面上的 OY_H 轴和 W 面上 OY_W 轴，点 a_y 成为 H 面上的 a_{yH} 和 W 面上 a_{yW}。通常在投影图上只画出其投影轴，不画出投影面的边界，实际的投影图如图 3-1 （c）所示。

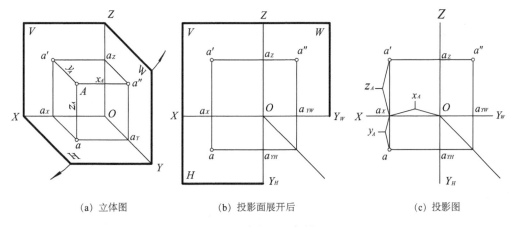

| (a) 立体图 | (b) 投影面展开后 | (c) 投影图 |

图 3-1 点的三面投影

---

① 本书用大写拼音字母作为空间点的符号，分别用相应的小写拼音字母加一撇、小写拼音字母和小写拼音字母加两撇作为该点的正面投影、水平投影和侧面投影的符号。

二、点的三面投影与直角坐标的关系 [The Relation Between the Projection of a Point and Rectangular Coordinate System]

若把三投影面体系看作直角坐标系，则 V、H、W 面即为坐标面，X、Y、Z 轴即为坐标轴，O 点即为坐标原点。由图 3-1 可知，A 点的三个直角坐标 x_A、y_A、z_A 即为 A 点到三个坐标面的距离，它们与 A 点的投影 a、a'、a'' 的关系如下：

$$x_A = a_z a' = a_{yH}a = \text{点} A \text{ 与 } W \text{ 面的距离 } a''A$$
$$y_A = a_x a = a_z a'' = \text{点} A \text{ 与 } V \text{ 面的距离 } a'A$$
$$z_A = a_x a' = a_{yW}a'' = \text{点} A \text{ 与 } H \text{ 面的距离 } Aa$$

三、点的三面投影的投影规律 [The Rules for a Point Projected in The Three-Projection Planes System]

根据以上分析可以得出点的投影规律如下。

（1）点的正面投影和水平投影的连线垂直于 OX 轴。这两个投影都反映空间点的 x 坐标，即

$$a'a \perp OX, \quad a_z a' = a_{yH}a = x_A$$

（2）点的正面投影和侧面投影的连线垂直于 OZ 轴。这两个投影都反映空间点的 z 坐标，即

$$a'a'' \perp OZ, \quad a_x a' = a_{yW}a'' = z_A$$

（3）点的水平投影到 OX 轴的距离等于侧面投影到 OZ 轴的距离。这两个投影都反映空间点的 y 坐标，即

$$a_x a = a_z a'' = y_A$$

如图 3-1（c）所示，为了作图方便，可用过点 O 的 45°辅助线，$a_{yH}a$、$a_{yW}a''$ 的延长线必与这条辅助线交会于一点。

点的投影规律是"长对正、高平齐、宽相等"的投影规律的另一表述。

例 3-1 如图 3-2（a）所示，已知 A 点的两个投影 a 和 a'，求 a''。

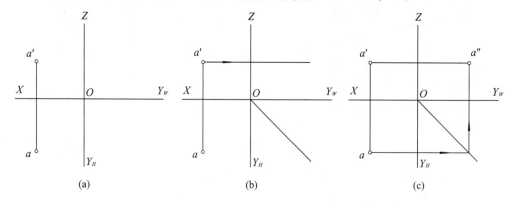

图 3-2 已知 A 点的两个投影 a 和 a'求作 a''

分析：由点的投影规律可知，已知点的两个投影，便可确定点的空间位置，因此，点

的第三个投影是唯一确定的。

作图步骤：

（1）过 a' 向右作水平线，过 O 点作 45°辅助线，如图 3-2（b）所示。

（2）过 a 作水平线与 45°辅助线相交，并由交点向上引铅垂线，与过 a' 的水平线的交点即为 a''，如图 3-2（c）所示。

四、两点之间的相对位置 [Relative Position of Two Points]

两点在空间的相对位置，由两点的坐标差来确定，如图 3-3 所示。

两点的左、右相对位置由 x 坐标差（$x_A - x_B$）确定。由于 $x_A > x_B$，因此点 A 在点 B 的左方。

两点的前、后相对位置由 y 坐标差（$y_A - y_B$）确定。由于 $y_A > y_B$，因此点 A 在点 B 的前方。

两点的上、下相对位置由 z 坐标差（$z_A - z_B$）确定。由于 $z_A < z_B$，因此点 A 在点 B 的下方。

故点 A 在点 B 的左、前、下方，反过来说，就是点 B 在点 A 的右、后、上方。

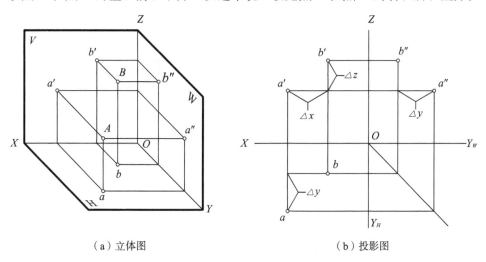

（a）立体图　　　　　　　　　　　（b）投影图

图 3-3　两个点的相对位置

五、重影点 [Coincident Points]

在图 3-4 所示 A、B 两点的投影中，a' 和 b' 重合，这说明 A、B 两点的 x、z 坐标相等同，即：$x_A = x_B$、$z_A = z_B$，A、B 两点处于对正面的同一条投射线上。

可见，共处于同一条投射线上的两点，必在相应的投影面上具有重合的投影。这两个点被称为对该投影面的一对重影点。

重影点的可见性需根据两点不重影的投影的坐标大小来判断。即

当两点在 V 面的投影重合时，需比较其 y 坐标，y 坐标大者可见；

当两点在 H 面的投影重合时，需比较其 z 坐标，z 坐标大者可见；

当两点在 W 面的投影重合时，需比较其 x 坐标，x 坐标大者可见。

例如图 3-4 中，a'、b' 重合，从水平和侧面投影可知，A 在前，B 在后，即：$y_A > y_B$，所以对 V 面来说，A 可见，B 不可见。在投影图中，对不可见的点，需用括号表示，因此，对不可见点 B 的 V 面投影，加括号表示为 (b')。

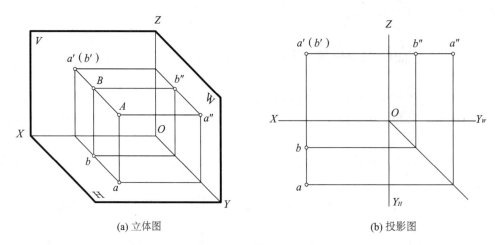

(a) 立体图   (b) 投影图

图 3-4 重影点间的投影

第二节 直线的投影
[Projection of Straight Lines]

一、直线投影的基本特性 [General Characteristics of Line Projection]

（1）当直线 AB 垂直于投影面时，如图 3-5（a）所示，它在该投影面上的投影 ab 积聚为一个点 $a(b)$。直线上所有点的投影都与 $a(b)$ 重合。

（2）当直线 AB 平行于投影面时，如图 3-5（b）所示，它在该投影面上的投影 ab 反映实长，即投影长度与空间长度相等。

（3）当直线 AB 倾斜于投影面时，如图 3-5（c）所示，它在该投影面上的投影 ab 长度缩短。缩短多少，根据直线对投影面的夹角 α 的大小而定，即：$ab = AB \cdot \cos\alpha$。

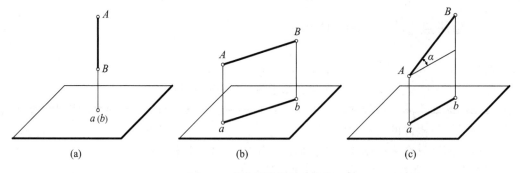

(a)   (b)   (c)

图 3-5 直线投影的基本特性

二、直线的三面投影 [Three-Projection Drawing of Lines]

（1）直线的投影一般仍为直线。如图 3-6（a）所示，直线 AB 的水平投影 ab、正面投影 $a'b'$、侧面投影 $a''b''$ 均为直线。

（2）直线的投影可由直线上两点的同面投影来确定。因空间一直线可由直线上的两点来确定，所以直线的投影也可由直线上任意两点的投影来确定。

图 3-6（b）为线段上两端点 A、B 的三面投影，连接 A、B 两点的同面投影得到 ab、$a'b'$ 和 $a''b''$，就是直线的三面投影。

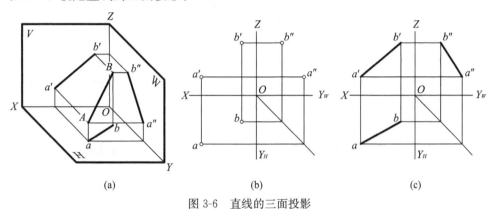

图 3-6 直线的三面投影

例 3-2 如图 3-7（a）所示，求作三棱锥的 W 面投影。

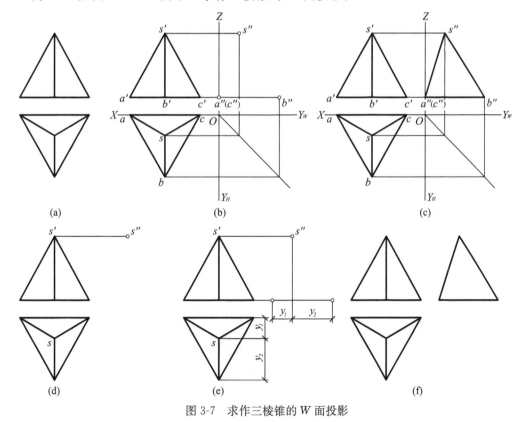

图 3-7 求作三棱锥的 W 面投影

分析：求作平面立体的投影图，可归结为求作它的所有顶点和棱线的投影。

作图步骤如下。

方法一：

（1）绘制投影轴，求作三棱锥各顶点的 W 面投影，如图 3-7（b）所示。

（2）连接各顶点的 W 面投影，并判别可见性，即得三棱锥的 W 面投影，如图 3-7（c）所示。

方法二：

（1）过 s' 向右作水平线，并在右方适当位置确定 s''，如图 3-7（d）所示。

（2）过其余三顶点的正面投影向右作水平线，将水平投影上的 y_1、y_2 值移至侧面投影上，得到其余三顶点的 W 面投影，如图 3-7（e）所示。

（3）连接各顶点的 W 面投影，判别可见性，即得三棱锥的 W 面投影，如图 3-7（f）所示。

方法一与方法二作图原理完全相同，只是方法二采用无轴投影。在实际应用中使用无轴投影最为方便。

三、直线对投影面的相对位置 [Relative Position of a Line to Projection Plane]

（一）一般位置的直线

对三个投影面都倾斜的直线，称为一般位置直线。图 3-6 所示即为一般位置直线其投影特征。

（1）一般位置直线的各面投影均与投影轴倾斜。

（2）一般位置直线的各面投影的长度均小于实长。

（二）特殊位置直线

1. 投影面平行线

平行于一个投影面而对其他两个投影面倾斜的直线，统称为投影面平行线。

直线与投影面的夹角，叫直线对投影面的倾角，并以 α、β、γ 分别表示对 H、V、W 面的倾角，见表 3-1。

表 3-1 投影面平行线的投影特征

名称	水平线	正平线	侧平线
轴测图	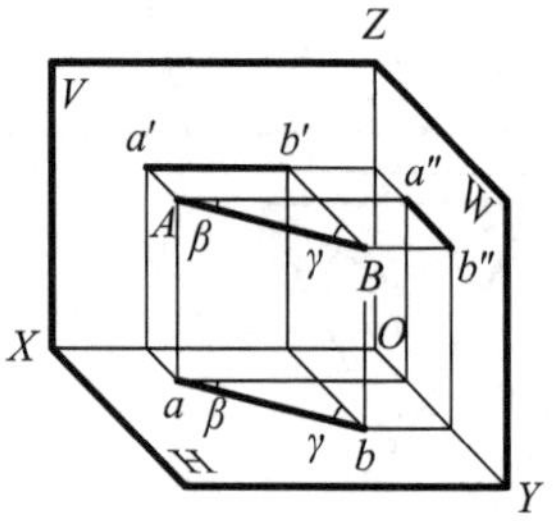	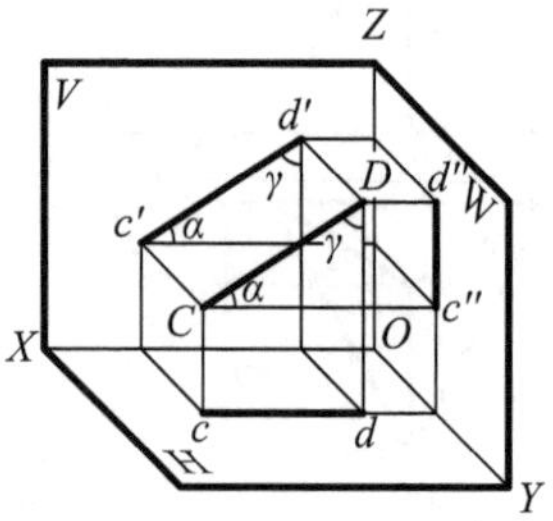	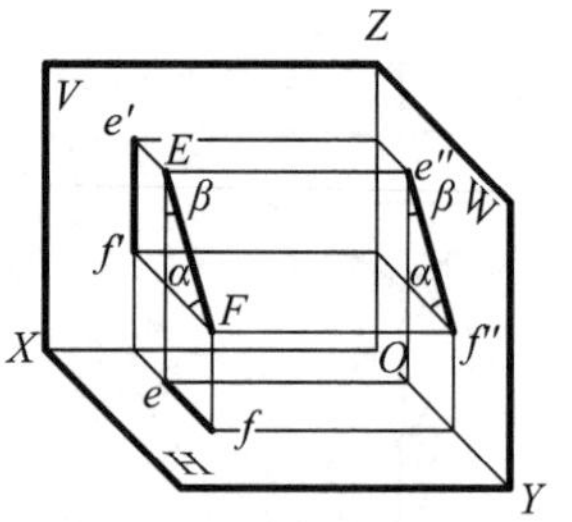

续表 3-1

名称	水平线	正平线	侧平线
投影图			
投影特征	(1) 水平投影 $ab=AB$ (2) 正面投影 $a'b' /\!/ OX$，侧面投影 $a''b'' /\!/ OY_W$，都不反映实长 (3) ab 与 OX 和 OY_W 的夹角等于 AB 对 V、W 面的倾角 β、γ	(1) 正面投影 $c'd'=CD$ (2) 水平投影 $cd /\!/ OX$，侧面投影 $c''d'' /\!/ OZ$，都不反映实长 (3) $c'd'$ 与 OX 和 OZ 的夹角等于 CD 对 H、W 面的倾角 α、γ	(1) 侧平投影 $e''f''=EF$ (2) 水平投影 $ef /\!/ OY_W$，正面投影 $e'f' /\!/ OZ$，都不反映实长 (3) $e''f''$ 与 OY_W 和 OZ 的夹角等于 EF 对 H、V 面的倾角 α、β
小结	小结：(1) 在所平行的投影面上的投影反映实长 (2) 其他投影平行于相应的投影轴 (3) 反映实长的投影与投影轴的夹角，等于空间直线对相应投影面的倾角		

平行于 H 面，对 V、W 面倾斜的直线，称为水平线；平行于 V 面，对 H、W 面倾斜的直线，称为正平线；平行于 W 面，对 H、V 面倾斜的直线，称为侧平线。它们的投影特性列于表 3-1 中。

2. 投影面垂直线

垂直于一个投影面的直线，统称为投影面垂直线。

垂直于 H 面的直线，称为铅垂线，垂直于 V 面的直线，称为正垂线，垂直于 W 面的直线，称为侧垂线。它们的投影特性列于表 3-2 中。

表 3-2 投影面垂直线的投影特征

名称	铅垂线	正垂线	侧垂线
轴测图			
投影图			

续表 3-2

名称	铅垂线	正垂线	侧垂线
投影特征	（1）水平投影 a（b）积聚为一点 （2）正面投影 $a'b'\perp OX$，侧面投影 $a''b''\perp OY_W$，都反映实长	（1）正面投影 c'（d'）积聚为一点 （2）水平投影 $cd\perp OX$，侧面投影 $c''d''\perp OZ$，都反映实长	（1）侧平投影 e''（f''）积聚为一点 （2）水平投影 $ef\perp OY_H$，正面投影 $e'f'\perp OZ$，都反映实长
	小结：（1）在所垂直的投影面上的投影积聚为一点 （2）其他投影反映空间线段实长，且垂直于相应的投影轴		

立体上各种位置的直线如图 3-8 所示。

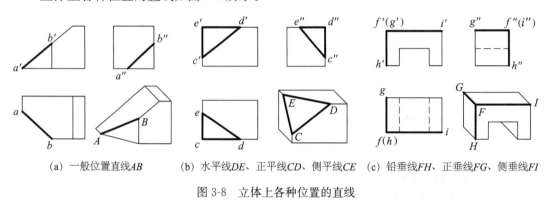

(a) 一般位置直线 AB (b) 水平线 DE、正平线 CD、侧平线 CE (c) 铅垂线 FH、正垂线 FG、侧垂线 FI

图 3-8　立体上各种位置的直线

四、直线上点的投影 [The Projection of Points on a Line]

由正投影的基本性质可知，直线上点的投影必然同时满足从属性和定比性。

（1）从属性：点在直线上，则点的各个投影必定在直线的同面投影上，反之，点的各个投影在直线的同面投影上，则点一定在直线上。如图 3-9 所示，直线 AB 上有一点 C，则 C 点的三面投影 c、c'、c'' 必定分别在直线 AB 的同面投影 ab、$a'b'$、$a''b''$ 上。

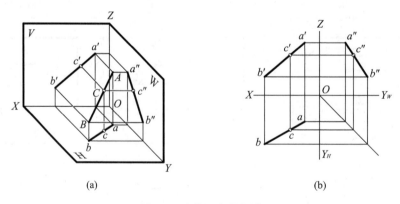

(a)　　　　　(b)

图 3-9　直线上点的投影

（2）定比性：点分割线段成比例投影后保持不变。如图 3-9 所示，点 C 把线段 AB 分成 AC 和 CB 两段，则 $AC:CB=ac:cb=a'c':c'b'=a''c'':c''b''$。

例 3-3　如图 3-10（a）所示，求作三棱锥的三条棱线 SA、SB、SC 上的点 D、E、F

的另两面投影。

分析：点 D、E、F 分别在直线 SA、SB、SC 上，其中 SA、SC 为一般位置直线，可根据直线上点的"从属性"直接求解；SB 为侧平线，应根据"从属性"先求 E 点的侧面投影，再根据"宽相等"求其水平投影，也可根据直线上点的"定比性"作比例直接求其水平投影。

作图步骤：

（1）分别过 d'、f' 向右作水平线，与 $s''a''$、$s''c''$ 的交点就是 d''、f''；分别过 d'、f' 向下作铅垂线，与 sa、sc 的交点就是 d、f，如图 3-10（b）所示。

（2）过 e' 向右作水平线，与 $s''b''$ 的交点就是 e''；将侧面投影的 y 值移至 sb 上，得 e，如图 3-10（b）所示；或过 b 任作一斜线，在斜线上量取 $bE_0 = b'e'$、$E_0 S_0 = e's'$，连 $S_0 s$，并过 E_0 作 $E_0 e /\!/ S_0 s$，交点就是 e，如图 3-10（c）所示。

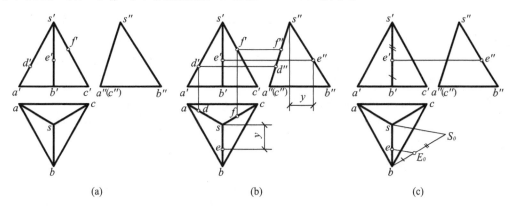

（a）　　　　　　　　　（b）　　　　　　　　　（c）

图 3-10　求作直线上点的投影

五、一般位置直线段的实长及倾角［True Length and Slope Angle of Line Segment］

一般位置直线与投影面成任意角度，因此一般位置直线的投影并不能直接反映其实长，也不能反映其与投影面的倾角。但一般位置直线的投影已完全确定了该直线的空间位置，利用直角三角形法可以求解一般位置直线的实长及其与投影面所成角度。

1. 求直线与 H 面倾角 α 及线段的实长

如图 3-11（a）所示，过 A 点作 AC 平行于 ab 则得一个直角三角形 ABC。其中直角边 $AC = ab$，也就是直线段在投影面上的投影长度，另一直角边 BC 等于 A、B 两点的 z 坐标差，即 $BC = \Delta z = z_A - z_B$，所形成的直角三角形的斜边 AB 就是该直线段的实长；斜边 AB 与 AC 的夹角就是该直线对该投影面的倾角。这种求实长及倾角的方法称为直角三角形法。

直角三角形法中有四个参数，即线段的实长、投影长度、坐标差及直线对投影面的倾角。只要知道其中任两个参数即可作出直角三角形从而求出其他两个参数。也就是说，用直角形法不仅可由直线段两投影求实长及倾角，还可以已知一投影实长（或倾角）求线段的另一投影及倾角（或实长）。

作图步骤：如图 3-11（b）所示。

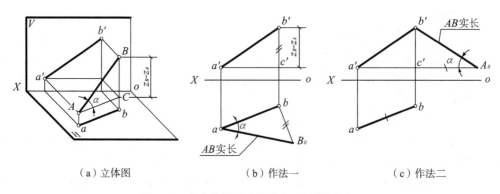

（a）立体图　　　　　　　（b）作法一　　　　　　　（c）作法二

图 3-11　求直线段的实长及与 H 面的夹角 α

（1）过水平投影 b 或 a 作 ab 的垂线。

（2）在此垂线上量取 Δz，则斜边 aB_0 即是 AB 实长，斜边 aB_0 与 ab 的夹角，即为直线 AB 对 H 面的倾角 α。

应该特别注意的是，在求直线对某投影面的倾角时，所作直角三角形必须以直线在该投影面的投影为一直角边。

图 3-11（c）为另一种作图方式，延长 $a'c'$ 使 $c'A_0=ab$，$c'b'$ 也就是 $\Delta z = z_A - z_B$，直角三角形 $A_0b'c'$ 的斜边 A_0b' 即是 AB 实长，斜边 A_0b' 与 $c'A_0$ 的夹角，即为直线 AB 对 H 面的倾角 α。

2. 求直线与 V 面倾角 β 及线段的实长

按类似的分析方法，利用线段的正面投影和线段两端点 A 和 B 的 y 坐标差（$\Delta y = y_A - y_B$），所构成的直角三角形，可以同时求出线段的实长和对 V 面的倾角。具体作图方法如图 3-12（b）、（c）所示。

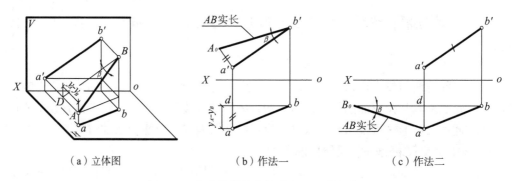

（a）立体图　　　　　　　（b）作法一　　　　　　　（c）作法二

图 3-12　求直线段的实长及与 V 面的夹角 β

同理可求直线对 W 面的倾角 γ。

例 3-4　已知直线 AB 的正面投影 $a'b'$ 和点 A 的水平投影 a，且直线 $AB=22$，求 AB 的水平投影 ab 及 AB 对 V 面的倾角 β，如图 3-13（a）所示。

分析：如图 3-13（b）所示，由直角三角形法的原理可知，以 $a'b'$ 为一直角边，过 a' 点适当长度作另一直角边，再以 b' 为圆心 22 为半径与该直角边交于 A_0，$a'A_0$ 即为 A、B 两点的 y 坐标差。根据点的投影规律可知，b 点应在过 b' 点的投影连线上，向前或向后取 $cb = y_A - y_B$，即得 b 点。本题有两个解。

作图步骤：

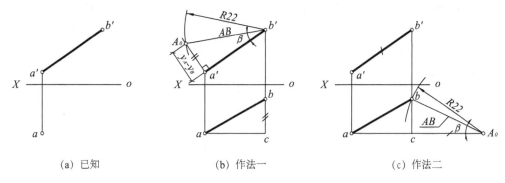

(a) 已知　　　　　　　(b) 作法一　　　　　　　(c) 作法二

图 3-13　已知正面投影 $a'b'$、水平投影 a 及 $AB=22$，求 b、β

（1）以 $a'b'$ 为一直角边，22 为斜边，作一直角三角形 $A_0\,a'b'$，则 $A_0\,a'=y_A-y_B$，$A_0\,a'$ 所对的角 $\angle A_0 b'a'=\beta$。

（2）过 b' 点作投影连线，过 a 点作 OX 轴的平行线，两者交于 c，取 $cb=A_0\,a'$，即得 b 点；如果向前量取可得另一解，图中未作出。

（3）连接 a、b，即得 AB 的水平投影 ab。

图 3-13（c）所示为另一种作图方式，原理相同。

六、两直线的相对位置 [Relative Position of Two Lines]

空间两条直线间的相对位置有平行、相交和交叉三种情况，其投影特性如下。

1. 平行两直线

若空间两直线相互平行，则它们的同面投影也一定相互平行。

如图 3-14（a）、（b）所示，若 $AB\,/\!/\,CD$，则 $ab\,/\!/\,cd$、$a'b'\,/\!/\,c'd'$、$a''b''\,/\!/\,c''d''$。

反之，如果两直线的三个投影都互相平行，则可判定它们在空间互相平行。

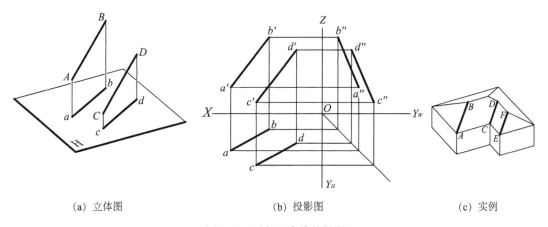

(a) 立体图　　　　　　　(b) 投影图　　　　　　　(c) 实例

图 3-14　平行两直线的投影

图 3-14（c）所示为房屋实例中的一组平行线，其中 $AB\,/\!/\,CD\,/\!/\,EF$。

2. 相交两直线

空间相交的两直线，它们的三个投影都具有交点且交点为同一点的三个投影。

如图 3-15（a）、（b）所示，直线 AB 和 CD 相交于 K，则 k 一定是 ab 和 cd 的交点，

k'一定是$a'b'$和$c'd'$的交点，k''一定是$a''b''$和$c''d''$的交点。由于k、k'和k''是同一点K的3个投影，因此，k、k'的连线垂直于OX轴，k'、k''的连线垂直于OZ轴。

反之，如果两直线的三个投影都相交，且交点符合点的投影规律，则可判定它们在空间一定相交。

图 3-15（c）所示为房屋实例中的一组相交线，其中$AB \cap CB \cap BD$。

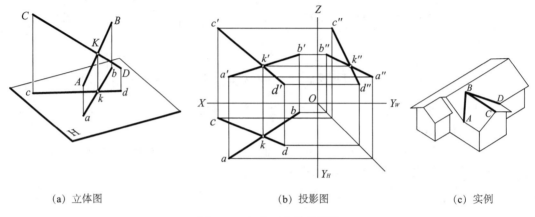

| (a) 立体图 | (b) 投影图 | (c) 实例 |

图 3-15 相交两直线的投影

3. 交叉两直线

在空间既不平行又不相交的两直线，叫交叉两直线，如图 3-16（a）、（b）所示。

因为空间两直线不平行，所以交叉两直线的投影可能会有一组或两组是互相平行，但决不会三组同面投影都互相平行；因为空间两直线不相交，所以交叉两直线的投影亦可以会有一组、两组甚至三组是相交的，但它们交点一定不符合点的投影规律。

反之，如果两直线的投影不符合平行或相交两直线的投影规律，则可判定为空间交叉两直线。

从图 3-16（a）、（b）中可以看出：ab、cd 的交点实际上是AB上的II点和CD上的I点这对重影点在H面上的投影。由于$z_{II} > z_I$，对水平投影来说，II是可见的，I是不可见的，故记为 2（1）。$a'b'$、$c'd'$的交点是CD上的III点和AB上的IV点这对重影点在V面上的投影。由于$y_{III} > y_{IV}$，对正面投影来说，III是可见而IV不可见的，故记为 3'（4'）。

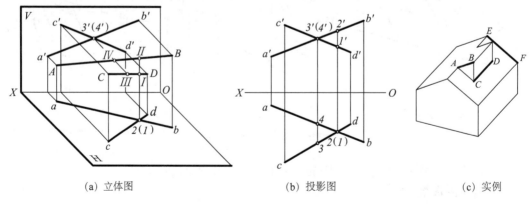

| (a) 立体图 | (b) 投影图 | (c) 实例 |

图 3-16 交叉两直线的投影

图 3-16（c）所示为房屋实例中的交叉线，其中 AB 与 CD，AB 与 EF 为两组交叉直线。

我们已经知道，共处于同一投射线上的点，在该投射方向上是重影点。对于交叉两直线来说，在三个方向上都可能有重影点。重影点这一概念常用来判别可见性。

4. 两直线所成角度的投影

此处讨论平面角的投影问题，并着重讨论直角的投影在什么条件下仍为直角的问题。

（1）任意角的投影特性。当任意一个锐角、钝角或直角的两边都平行于某一投影面时，它在该投影面上反映该角的真实大小。因为两条相交直线组成的平面与投影面平行时，该平面在此投影面上必然反映实形。

任意一个角的两边都不平行于某一投影面，则在一般情况下它的投影不反映该角的真实大小。

（2）空间相交或交叉两直线成直角，若两边都与某一投影面倾斜，则在该投影面上的投影不是直角；若一边平行于某一投影面，则在该投影面上的投影仍是直角。

如图 3-17（a）所示，$BC /\!/ H$ 面，相交两直线 $AB \perp BC$，AB 倾斜于 H 面。由于 $BC \perp AB$，$BC \perp Bb$，所以 $BC \perp$ 平面 $ABba$。由于 $BC /\!/ bc$，所以 $bc \perp$ 平面 $ABba$，因此，水平投影 $bc \perp ab$，即 $\angle abc$ 仍为直角。

反之，若相交或交叉两直线在某一投影面上的投影互相垂直，且其中一直线平行于该投影面，则此两直线在空间必互相垂直。如图 3-17（b）所示，在相交两直线 AB 与 BC 的正面投影中，$b'c' /\!/ OX$ 轴，所以 BC 为水平线；又 $\angle abc = 90°$，则空间两直线 $AB \perp BC$。

例 3-5 如图 3-18（a）所示，过 C 点求作正平线 AB 的垂线 CD 及其垂足 D。

分析：

因为 CD 与 AB 垂直相交，D 为交点，AB 为正平线，所以 $c'd' \perp a'b'$，d' 为交点；由 d' 可在 ab 上求得交点 d，从而连得 cd。

作图步骤：如图 3-18（b）所示。

（1）过 c' 作 $c'd' \perp a'b'$，与 $a'b'$ 交得 d'；

（2）由 d' 引投影连线，与 ab 交得 d；

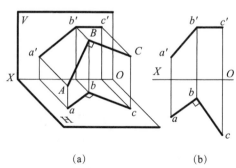

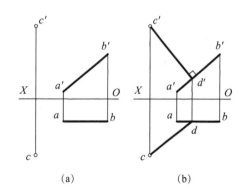

图 3-17 一边平行于投影面的直角的投影　　图 3-18 过 C 作 AB 的垂线 CD 及其垂足 D

（3）连接 cd，$c'd'$、cd 即为垂线 CD 的两面投影；d'、d 则是垂足 D 的两面投影。

第三节　平面的投影
[Projection of Planes]

不属于同一直线的三点可确定一个平面。因此，平面可以用图 3-19 所示的任何一组几何要素的投影来表示。

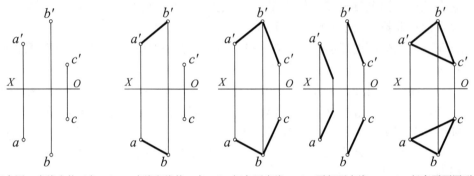

(a) 不在同一直线上的三点　(b) 一直线和线外一点　(c) 相交两直线　(d) 平行两直线　(e) 任意平面图形

图 3-19　平面的表示法

本节所研究的平面，多用平面图形表示。

平面图形的边和顶点，是由一些线段及其交点组成的。因此，这些线段投影的集合，就表示了该平面。先画出平面图形各顶点的投影，然后将各点同面投影依次连接，即为平面图形的投影，如图 3-20 所示。

一、平面的投影基本特性 [General Characteristics of Plane Projection]

（1）平面倾斜于投影面时，它在投影面上的投影与平面图形类似，称为类似性，如图 3-20（a）所示。

（2）平面垂直于投影面时，它在投影面上的投影积聚为一条直线，称为积聚性，如图 3-20（b）所示。

（3）平面平行于投影面时，它在投影面上的投影反映实形，称为实形性，如图 3-20（c）所示。

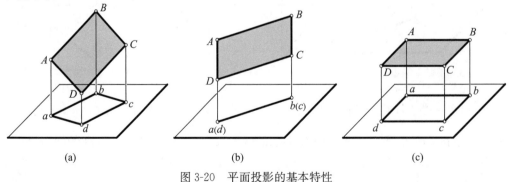

(a)　　　　　　　　(b)　　　　　　　　(c)

图 3-20　平面投影的基本特性

二、平面对投影面的各种相对位置 [Relative Positions of a Plane to All of the Three-Projection Planes]

（一）一般位置平面

对三个投影面都倾斜的平面，称为一般位置平面。

图 3-21 中，△ABC 为一般位置平面。由于△ABC 对三个投影面都倾斜，所以它的三面投影虽然仍为三角形，但都不反映实形，而是原平面图形的类似形。

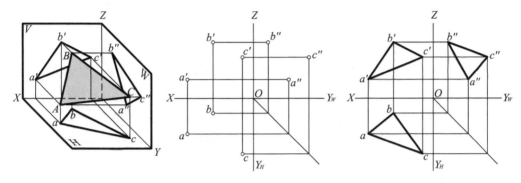

图 3-21 平面图形的投影

（二）特殊位置平面

1. 投影面平行面

平行于一个投影面的平面，统称为投影面平行面。

平行于 H 面的平面，称为水平面；平行于 V 面的平面，称为正平面；平行于 W 面的平面，称为侧平面。它们的投影特性列于表 3-3 中。

表 3-3 投影平行面的投影特征

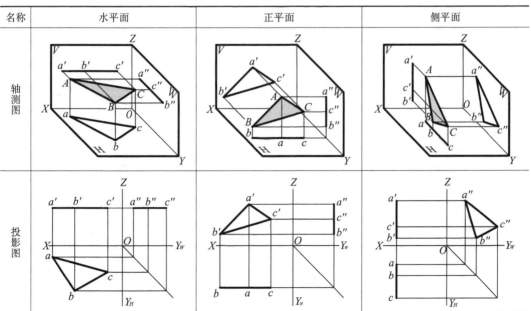

名称	水平面	正平面	侧平面
投影特征	(1) 水平投影反映实形 (2) 正面投影积聚成直线，且平行于 OX 轴 (3) 侧面投影积聚为直线，且平行于 OY_W 轴	(1) 正面投影反映实形 (2) 水平投影积聚成直线，且平行于 OX 轴 (3) 侧面投影积聚为直线，且平行于 OZ 轴	(1) 侧面投影反映实形 (2) 水平投影积聚成直线，且平行于 OY_H 轴 (3) 正面投影积聚为直线，且平行于 OZ 轴
	小结：(1) 在所平行的投影面上的投影反映实长 (2) 另两投影积聚成直线，且平行于相应的投影轴		

2. 投影面垂直面

垂直于一个投影面而对其他两个投影面倾斜的平面，统称为投影面垂直面。

平面与投影面的夹角，叫平面对投影面的倾角，并以 α、β、γ 分别表示对 H、V、W 面的倾角，见表 3-4。

垂直于 H 面，对 V、W 面倾斜的平面，称为铅垂面；垂直于 V 面，对 H、W 面倾斜的平面，称为正垂面；垂直于 W 面，对 H、V 面倾斜的平面，称为侧垂面。它们的投影特性列于表 3-4 中。

立体上的各种位置平面如图 3-22 所示。

表 3-4　投影垂直面的投影特征

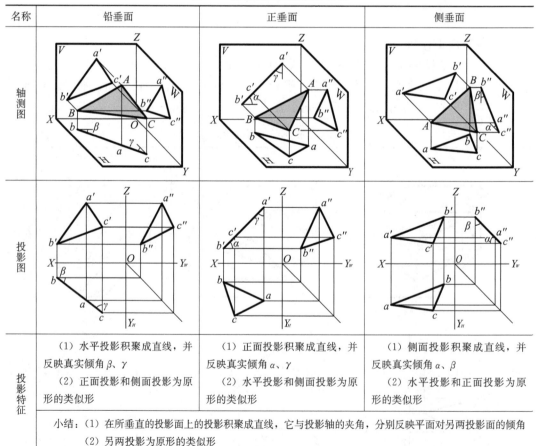

名称	铅垂面	正垂面	侧垂面
轴测图			
投影图			
投影特征	(1) 水平投影积聚成直线，并反映真实倾角 β、γ (2) 正面投影和侧面投影为原形的类似形	(1) 正面投影积聚成直线，并反映真实倾角 α、γ (2) 水平投影和侧面投影为原形的类似形	(1) 侧面投影积聚成直线，并反映真实倾角 α、β (2) 水平投影和正面投影为原形的类似形
	小结：(1) 在所垂直的投影面上的投影积聚成直线，它与投影轴的夹角，分别反映平面对另两投影面的倾角 (2) 另两投影为原形的类似形		

请读者自行分析图 3-22（b）所示立体上的正垂面和侧垂面以及图 3-22（c）所示立体上的正平面和侧平面。

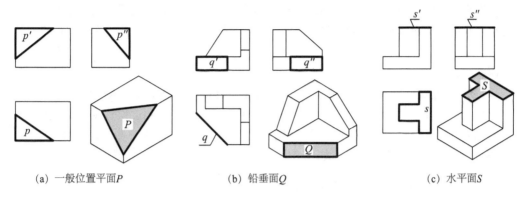

(a) 一般位置平面P   (b) 铅垂面Q   (c) 水平面S

图 3-22 立体上各种位置的平面

例 3-6 如图 3-23（a）所示，求作三棱柱的 W 面投影。

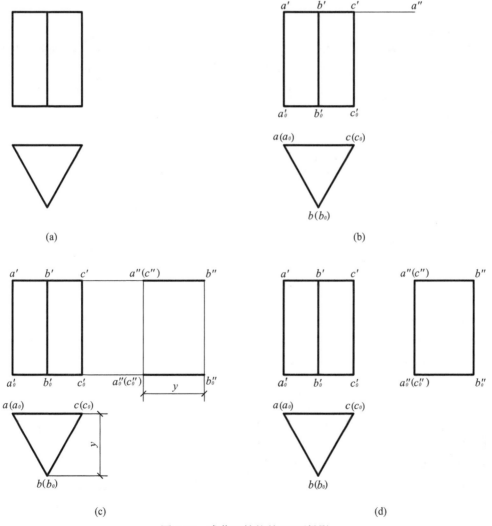

图 3-23 求作三棱柱的 W 面投影

分析：

由于平面立体是由平面围成。因此绘制平面立体的投影图就可归结为绘制各个表面的投影。由于平面图形系由直线段组成，而每条线段都可由其两端点确定，因此作平面立体的投影图，又可归结为作其各顶点及各棱线的投影。图 3-23（a）所示的三棱柱，它的三角形顶面和底面为水平面；三个侧棱面均为矩形，其中后面为正平面，其余两侧面为铅垂面。

作图步骤：

（1）过 a' 向右作水平线，并在右方适当位置确定 a''，如图 3-23（b）所示；

（2）c'' 与 a'' 重合。过 $a''(c'')$ 向下作垂线，再过 a'、c' 向右作水平线，交点就是 a''_0（c''_0）；将水平投影上的 y 值移至侧面投影上，得到 b''、b''_0；连接 $a''(c'')$、b'' 和 a''_0（c''_0）、b''_0，得顶面和底面的 W 面投影，如图 3-23（c）示；

（3）连接 $a''a''_0$、$b''b''_0$ 和 $c''c''_0$，得三个侧棱面的 W 面投影，如图 3-23（d）所示。

三棱柱的 W 面投影如图 3-23（d）所示。

三、平面的迹线表示法 [Representation of a Plane by its Traces]

1. 平面迹线的概念

平面与投影面的交线，称为平面的迹线。图 3-24 中的平面 P，它与 H 面的交线叫做水平迹线，用 P_H 表示；与 V 面的交线叫做正面迹线，用 P_V 表示；与 W 面的交线叫做侧面迹线，用 P_W 表示。由于任何两条迹线如 P_H 和 P_V 都是属于平面 P 的相交两直线，故可以用迹线来表示平面。

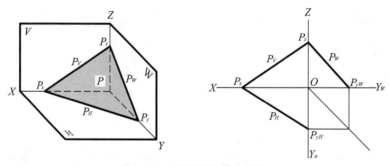

图 3-24　平面的迹线表示法

2. 特殊位置平面的迹线

在实际应用中，经常用迹线表示特殊位置平面。如图 3-25 所示，用正面迹线表示正垂面；如图 3-26 所示，用水平或侧面迹线表示正平面。

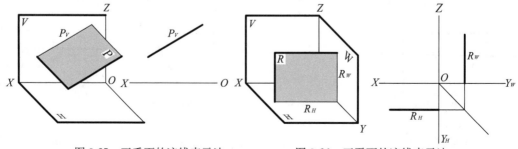

图 3-25　正垂面的迹线表示法　　　图 3-26　正平面的迹线表示法

四、平面上的直线和点 [Lines and Points in a Plane]

1. 在平面上取直线

在平面上取直线是以下面两个几何定理为依据的。

（1）若一直线通过平面上的两个点，则此直线必在该平面上。

在图 3-27（a）中，由于 A、B 为平面 ABCD 上的两个点，则通过 A、C 两点的直线 AB 一定在平面 ABCD 上。这种作图方法称为两点法。

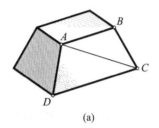 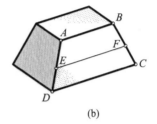

（a）　　　　　　　　　　　　　　　　（b）

图 3-27　平面上取直线（一）

（2）若一直线通过平面上的一点，并且平行于平面上的另一直线，则此直线必在该平面上。

在图 3-27（b）中，过点 E 作直线 EF 平行于 DC 边，则 EF 一定在平面 ABCD 上。这种作图方法称为一点一方向法。

图 3-28（a）是把上述条件用投影图表示的点 D 位于相交两直线 AB、BC 所确定的平面上；图 3-28（b）、（c）是表示直线 DE 位于相交两直线 AB、BC 所确定的平面上。

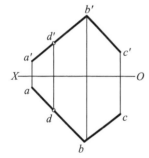 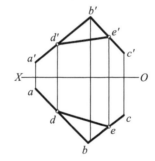 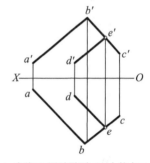

（a）点 D 在平面 ABC 的直线 AB 上　　（b）直线 DE 通过平面 ABC 上的　　（c）直线 DE 通过平面 ABC 上的点 E，
　　　　　　　　　　　　　　　　两个点 D、E　　　　　　　　　　　且平行平面 ABC 上的直线 AB

图 3-28　平面上取直线（二）

当平面为特殊位置平面时，该平面上的点和直线的投影一定与平面的有积聚性的投影重合，如图 3-29 所示。

2. 在平面上取点

要在平面上取点，必须先在平面上取直线，然后在此直线上取点。这样，由于该直线在平面上，则直线上的各点必然在平面上。

例 3-7　如图 3-30（a）所示，已知两坡屋顶面上有一点 e′，求水平投影 e、侧面投影 e″。

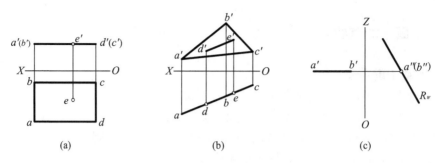

图 3-29　平面上取直线（三）

分析：

由于点 e' 为可见点，故可判别 E 点在坡屋面 $ABCD$ 上。由于平面 $ABCD$ 是一侧垂面，其 W 投影有积聚性，所以 e'' 可直接在 W 面上求出，然后再求其他投影。

作图步骤：

（1）过 a' 引水平线与屋面的 W 的投影相交于 a''，即点 A 的 W 面投影，如图 3-30（b）所示。

（2）截取 a'' 与屋檐的距离 y，利用"宽相等"移置到 H 面上，作一水平线，与过 a' 所引的铅垂线相交，即得所求的 a，如图 3-30（c）所示。作图过程也可用 45°辅助线来完成。

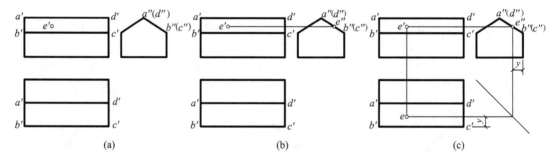

图 3-30　在两坡屋面上取点

例 3-8　如图 3-31（a）所示，已知三棱锥表面上有一点 K 及一直线 RT 的正面投影 k'、$r't'$，求点 K 及直线 RT 的水平投影、侧面投影。

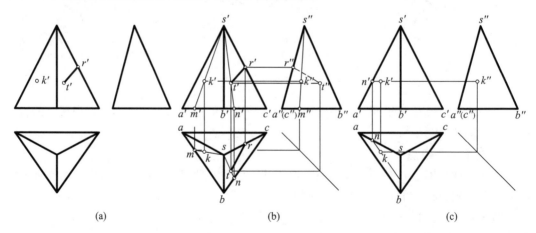

图 3-31　平面上的直线

分析：

由于点 k' 为可见点，故可判别 K 点在三棱锥的左棱面上，即平面 ABS 上。因为平面 ABS 是一般位置平面，其投影无积聚性，所以求点时需用辅助线。因为平面 ABS 的 H 面及 W 面投影都可见，故 K 点的 H 面及 W 面投影都可见。

R 点在棱线上，可利用点的从属性求解。同样因为 t' 可见，故 T 点在三棱锥的右棱面上，即平面 BCS 上。注意由于平面 BCS 的 H 面投影可见，而 W 面投影不可见，故该直线 RT 的 H 面投影可见，W 面投影也就不可见。

在平面立体上常用的辅助线有以下两种。

第一种方法：过锥顶 S 和待求点 K 作直线，交底边 AB 于 M，SM 即为所作辅助线；

第二种方法：过待求点 K 作底边 AB 的平行线 KN 交 SA 于 N 点，KN 也可用于作为辅助线求解。

作图步骤：

(1) 如图 3-31 (b) 所示，从 V 面投影开始，过 s' 及 k' 作直线，交底边 $a'b'$ 于 m'；过 m' 作铅垂线交 ab 边于 m，并连接 $s'm'$ 和 sm，从而作出了辅助线的 V 面及 H 面投影，再过 k' 作铅垂线并交于 sm 得 k 点。

(2) 利用 $45°$ 辅助线可在 W 面上求出 m''，连接 $s''m''$，并由 k' 作水平线交 $s''m''$ 得 k''。

(3) 求 r 点可直接由 r' 分别向 H 面和 W 面作投影连线与 sc 及 $s''c''$ 交得 r、r''。

(4) T 点的求法与 K 的相同，在此不再赘述。

(5) 最后连接直线。由于 rt 可见，画为粗实线，$r''t''$ 不可见画为虚线。

图 3-31 (c) 所示是用另一种辅助线的方法求点的投影，读者可自行分析作图。

第四节 直线与平面、平面与平面相交

[Intersection of Line and Plane，Intersection of Two Planes]

本节将讨论直线与平面交点、两平面交线的求法。

一、直线与特殊位置平面 [Intersection of an Oblique line and a Special Position Plane]

直线和平面相交只有一个交点，它是直线和平面的共有点。该交点既属于直线，又属于平面。

若所给平面是投影面平行面或垂直面时，可以利用平面的积聚性，直接从图上定出交点的位置。图 3-32 (a) 为直线 MN 和铅垂面 $\triangle ABC$ 相交。$\triangle ABC$ 平面的水平投影 abc 积聚成一直线。由于交点 K 是平面与直线的共有点，则 K 属于平面的点，那么它的水平投影一定属于该直线。而交点 K 又属于直线 MN，它的投影必属于 MN 的同面投影。因此 MN 的水平投影 mn 与 abc 的交点 k，便是交点 K 的水平投影。然后，在 $m'n'$ 上找出对应于 k 的正面投影 k'。点 K（k，k'）即为直线 MN 和 $\triangle ABC$ 平面的交点。图 3-32 (b) 所示为投影图。

直线与平面相交，直线会被平面遮住一部分而变为不可见，因此就有判别其可见性的

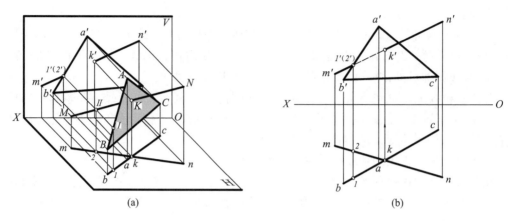

图 3-32 直线与特殊位置平面相交

问题。投影图上，不可见的部分投影用虚线表示，可见的部分用粗实线表示。且交点是可见与不可见部分的分界点。可见性分析可利用直线与平面的重影点来判别。如图 3-32（a）所示，平面△ABC 与直线 MN 的重影点 I、II 在水平投影中，平面上 AB 边的点 I 在直线 MN 上点 II 之前，由此可见，直线的左侧 KM 位于△ABC 之后，所以在正面投影中，直线 k'2' 不可见，用虚线表示；而 k'n' 为可见，用粗实线表示。对于直线与特殊位置平面相交的情况，由于平面的有积聚性的投影图中，能直接反映出平面的方位及直线与平面之间的相对位置，其可见性可直接判别；直线 MN 在交点 K 的右侧部分处于平面之前，因此正面投影右侧直线为可见；而直线 MN 在交点 K 的左侧部分处于平面之后，则直线的正面投影左侧部分为不可见。

例 3-9 如图 3-33（a）所示，求三棱锥 S-ABC 与正垂面 P 的相截所得交线（截交线）的投影。

分析：

由空间情况来看，如图 3-33（a）所示，截交线的三个顶点就是三棱锥的各条侧棱与正垂面 P 的交点。

作图步骤：

（1）在投影图上，P_V 有积聚性，各交点的 V 投影都在 P_V 上，即 P_V 与各侧棱 V 投影

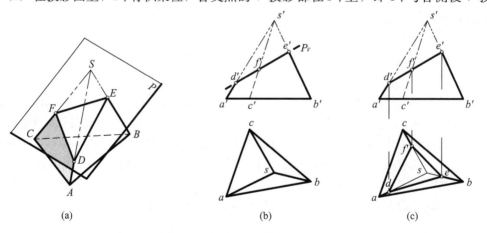

图 3-33 求平面与三棱锥的交线

的交点。据此可按求直线与平面的交点的方法，求得交点得 H 面投影 d、e、f，如图 3-33（b）所示。

（2）将各交点的 H 面投影连接起来，就是所求截交线的 H 面投影。截交线的 V 面投影与 P_V 重合，如图 3-33（c）所示。

二、一般位置平面与特殊位置平面相交 [Intersection of an Oblique Plane and a Special Position Plane]

求解两平面交线的问题可看作是求两个共有点的问题。欲求出两平面 $\triangle ABC$ 和 $\triangle DEF$ 的交线，如图 3-34 所示，从立体图分析（见图 3-34（a）），只要求出属于交线的任意两点即可。显然，K、L 是 AC、BC 两边与 $\triangle DEF$ 的交点。因此，求两平面交线的问题，可转换为两直线与平面求交点的问题来加以处理。

$\triangle DEF$ 是铅垂面，直线 AC、BC 与特殊位置平面的求法在前面已讨论过，其作图过程见图 3-34（b），所得的 KL 即为两平面的交线，然后再进行可见性判别即可，方法与前面相同。

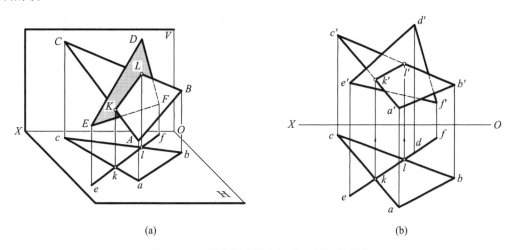

(a)　　　　(b)

图 3-34　一般位置直线与特殊位置平面相交

三、一般位置直线与一般位置平面相交 [Intersection of an Oblique Line and an Oblique Plane]

如直线与平面都处于一般位置，此时只能应用作辅助平面的方法来求交点，其原理如图 3-35 所示。一般位置直线 DE 与一般位置平面 $\triangle ABC$ 相交，假如包含直线 DE 作一辅助平面 R，则 R 面与平面 $\triangle ABC$ 必有一交线 MN，它是两个平面的公有线，因此 DE 与 MN 的交点就是 DE 与平面 $\triangle ABC$ 的公有点，也就是 DE 与平面 $\triangle ABC$ 的交点。由此可看出，求直线与平面的交点的一般步骤如下：

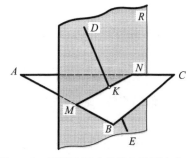

图 3-35　用辅助面求直线与平面交点

(1) 包含已知直线作一辅助平面。

(2) 求出辅助平面与已知平面的交线。

(3) 求出此交线与已知直线的交点，即为所求直线与平面的交点。

为了使作图简化，一般都选择投影面的垂直面为辅助平面。

下面是在投影图中作图的方法。

例 3-10　求直线 DE 与平面 $\triangle ABC$ 的交点，如图 3-36（a）所示。

根据前面的分析，可以按如下四步求出交点。

第一步：包含直线 DE 作铅垂面 R 为辅助平面。因为 R 的水平投影有积聚性，所以 R_H 与 de 重合，如图 3-36（b）所示。

第二步：求 R 与平面 $\triangle ABC$ 的交线 MN（mn，$m'n'$）。交线 MN 的水平投影应与 R_H 重合，它的端点 m、n 是 R_H 与 ac 及 bc 的交点。由此可求出 $m'n'$，如图 3-36（b）所示。

第三步：求交线 MN 与直线 DE 的交点 K（k，k'）。由 $m'n'$ 与 $d'e'$ 的交点 k'，在 de 上求出 k，则 K（k，k'）即所求直线与平面的交点，如图 3-36（c）所示。

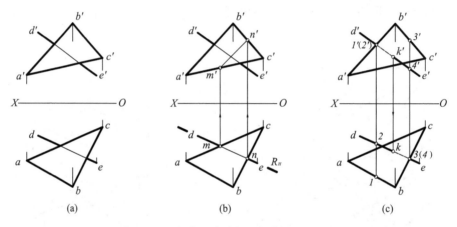

图 3-36　一般位置直线与一般位置平面相交

第四步：判别直线的可见性。由于直线、平面均为一般位置，很难用直观的方法判别，只能利用重影法来判别。如图 3-36（c）所示，先判别正面投影的可见性：分析正面投影中位于同一正垂线上的重影点 I（1，$1'$）和 II（2，$2'$）。在水平投影中，由于 1 在 2 之前，说明平面的 AB 边上的点 I（1，$1'$）在直线 DE 上的点 II（2，$2'$）的前面，即正面投影 $2'k'$ 不可见，画为虚线，另一部分 $k'e'$ 则都可见，画为粗实线；同理，利用同一铅垂线上的一对重影点 III（3，$3'$）和 IV（4，$4'$），可判定 $\triangle ABC$ 在 KE 的上面，即从上往下看 KIV 不可见。因此在水平投影上 $k4$ 画成虚线，另一部分画成粗实线。

四、两个一般位置平面相交 [Intersection of Two Oblique Planes]

对两个一般位置的平面来说，同样也可用属于一平面的直线与另一平面求交点的方法求解它们的交线。而直线与一般位置的平面的交点必须经前述的四个步骤才能求出。

图 3-37（a）所示为两三角形平面 $\triangle ABC$ 和 $\triangle DEF$ 相交。可分别求出 DE 及 DF 与 $\triangle ABC$ 的两个交点 K（k，k'）及 L（l，l'）。KL 便是两个平面的交线。由于 $\triangle ABC$ 是一般位置平面，所以求交点时，需过 DE 及 DF 分别作两个正垂面 P 和 Q 作为辅助面，

如图 3-37（b）所示。图 3-37（c）所示为判别可见性后的所得结果。

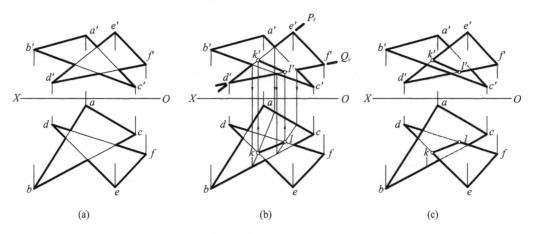

(a)　　　　　　　　　　(b)　　　　　　　　　　(c)

图 3-37　两个一般位置平面相交

第四章 曲线与曲面
Chapter 4　Curve and Curved Surface

　　建筑工程中常会遇到由曲面或曲面与平面围成的曲面体，如圆柱、壳体屋盖、隧道的拱顶等。图 4-1 为悉尼歌剧院的鸟瞰图，既像风帆，又像贝壳的曲面构成屋盖，其轮廓曲线流畅而优雅。本章主要研究建筑上常用的一些曲线、曲面的形成、投影特性及其图示方法。

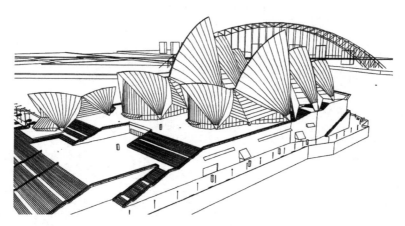

图 4-1　悉尼歌剧院

第一节　曲　　线
［Curve］

一、曲线的投影特性 ［Characteristics of Curve Projection］

1. 曲线的形成
　　曲线可以看作是一个动点在连续运动中不断改变方向所形成的轨迹，如图 4-2 （a）所示；也可以是平面与曲面相交的交线，如图 4-2 （b）所示；或两曲面相交形成的交线，如图 4-2 （c）所示。

2. 曲线的分类
　　（1）平面曲线。曲线上所有点都在同一平面上，如圆、椭圆、抛物线、双曲线、及任一曲面与平面的交线。
　　（2）空间曲线。曲线上任意连续的四个点不在同一平面上，如螺旋线或曲面与曲面的交线。

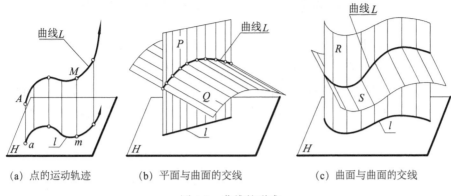

(a) 点的运动轨迹　　　　(b) 平面与曲面的交线　　　　(c) 曲面与曲面的交线

图 4-2　曲线的形成

3. 曲线的投影特性

曲线上的点，其投影必落在该曲线的同面投影之上，如图 4-2（a）中，曲线上 M 点，其投影 m 落在曲线的投影 l 上。

曲线的投影一般仍为曲线。在对曲线 L 进行投射时，通过曲线的光线形成一个光曲面，该光曲面与投影面的交线必为一曲线，如图 4-3（a）所示。

若曲线是一平面曲线，且它所在平面为投影面垂直面时，则曲线在所垂直的投影上的投影为一直线，且位于平面的积聚投影上，如图 4-3（b）所示；其他两投影仍为曲线。

若曲线是一平面曲线，且它所在平面为投影面平行面时，则该曲线在所平行的投影面上的投影为曲线的实形，如图 4-3（c）所示；其他两投影均为直线且平行于投影轴。

空间曲线在三个投影面上的投影仍为曲线。

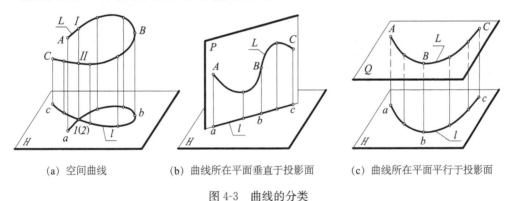

(a) 空间曲线　　　　(b) 曲线所在平面垂直于投影面　　　　(c) 曲线所在平面平行于投影面

图 4-3　曲线的分类

二、圆的投影 [Projection of Circle]

圆是平面曲线之一，其投影由于圆面与投影面相对位置不同有以下三种情况。

（1）圆面平行于某一投影面时，则圆在该投影面上的投影为圆（实形）；另外两个投影积聚为一直线段（长度等于圆的直径），且平行于投影轴。

（2）圆面垂直于某一投影面时，则圆在该投影面上的投影积聚为一倾斜于投影轴的直线段（长度等于圆的直径）；另外两个投影为椭圆。

（3）圆面倾斜于投影面时，投影为椭圆（椭圆长轴等于圆的直径）。

如图 4-4（a）所示，圆属于正垂面 P，因此，正面投影为一直线，水平投影为一椭圆。

其投影图作法如下：

（1）定 OX 轴及圆心的 V、H 投影 o'、o，如图 4-4（b）所示。

（2）作圆的 V 面投影，即过 o' 作 $c'd'$ 与 OX 轴的夹角为 α，取 $c'd'=\phi$（直径）。

（3）作圆的 H 面投影椭圆。先作椭圆的长、短轴，即过 o 作长轴 $ab \perp OX$，$ab=\phi$；过 o 作短轴 $cd \parallel OX$，长度由 $c'd'$ 对正确定，如图 4-4（c）所示。

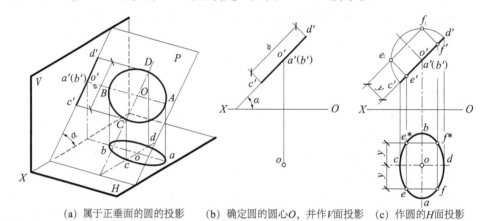

(a) 属于正垂面的圆的投影　　(b) 确定圆的圆心 O，并作 V 面投影　　(c) 作圆的 H 面投影

图 4-4　属于正垂面的圆的投影

（4）以 o' 为圆心、$c'd'$ 为直径作半圆，并在半圆上取两点 e_1、f_1 与 $c'd'$ 的距离为 y；过 e_1、f_1 分别作 $c'd'$ 的垂线，交 $c'd'$ 于 e'、f' 两点，如图 4-4（c）所示。

（5）画一直线 $ef \parallel OX$，且距 cd 的距离等于 y；与由 e'、f' 两点向 H 面所引投影连线相交于 e、f 两点。找到相应对称点 e^*、f^* 两点。

（6）光滑连接各点，画出椭圆。

三、圆柱螺旋线 [Cylindrical Helix]

1. 圆柱螺旋线的形成

圆柱面上一动点沿着圆柱轴线方向做匀速直线运动，同时该动点绕着圆柱轴线作匀速圆周运动，则该动点在圆柱面上的轨迹曲线就是一圆柱螺旋线，如图 4-5（a）所示，该圆柱称为导圆柱。形成圆柱螺旋线必须具备以下三个要素。

（1）导圆柱（直径是 d）。

（2）导程（Ph）。动点回转一周，沿轴线方向移动的距离。

（3）旋向。分右旋、左旋两种旋向。以大拇指指向动点沿着轴线前进的方向，握紧柱面的四指方向表示动点绕轴线的回转方向。若符合右手规则时称为右旋，如图 4-5（a）所示；若符合左手规则时称为左旋，如图 4-5（b）所示。

2. 圆柱螺旋线的投影作法

（1）根据导圆柱的直径 d 和导程 S 画出导圆柱的 H、V 面投影（图中导圆柱轴线垂直 H 面），如图 4-6（a）所示。

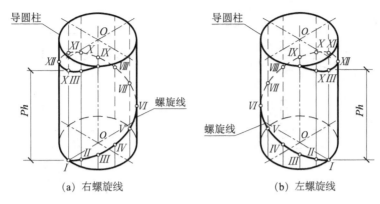

(a) 右螺旋线　　　　　　　　(b) 左螺旋线

图 4-5　圆柱螺旋线的形成

　　（2）将 H 面投影的圆等分为 n 等分（图中为 12 等分），注上各等分点的顺序号 1、2、…、13；画右旋时，如图 4-6（b）所示，按逆时针方向顺序标注；画左旋时，如图 4-6（c）所示，按顺时针方向顺序标注。

　　（3）将 V 面投影的导程作与圆相同的 n 等分（图中为 12 等分），过各等分点自下而上顺序编号 1、2、…、13。

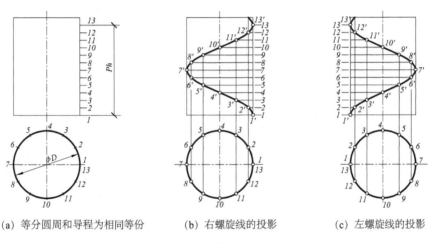

(a) 等分圆周和导程为相同等份　　(b) 右螺旋线的投影　　(c) 左螺旋线的投影

图 4-6　圆柱螺旋线的作法

　　（4）由 H 面投影上各等分点向上分别引铅垂线，与 V 面投影的各同名等分点 1、2、…、13 的水平引出线相交于 1′、2′、…、13′，即为螺旋线上的点的 V 面投影。

　　（5）顺序将 1′、2′、…、13′各点光滑连接即得螺旋线 V 面投影。若柱面不存在，则整条螺旋线都可见，如图 4-6 中所示；若柱面存在，则位于后半柱面上的螺旋线不可见。

　　（6）螺旋线的 H 面投影与导圆柱重合，为一个圆。

3. 圆柱螺旋线的可见性的判别法

　　若螺旋线在圆柱面上，圆柱面可见，则之上的螺旋线可见；圆柱面不可见，则之上的螺旋线不可见；可见与不可见的分界线是圆柱面的转向轮廓线。

　　如图 4-7 所示，图 4-7（a）为右旋螺旋线、图 4-7（b）为左旋螺旋线。螺旋线起始由 1′ 到 7′ 在后半个柱面上，因柱面不可见，所以该段螺旋线不可见，画成虚线；螺旋线由 7′ 到 13′ 在前半个柱面上，因柱面可见，所以该段螺旋线可见，画成实线。

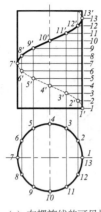

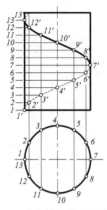

(a) 右螺旋线的可见性　　　　　　　(b) 左螺旋线的可见性

图 4-7　圆柱螺旋线的可见性

第二节　曲面的基本概念
[Basic Concept of Curved Surface]

一、曲面的形成 [Formation of Curved Surface]

曲面可看作是一动线（直线或曲线）在一定约束条件下的运动的轨迹。该动线称为母线，母线的任一位置称为素线。约束母线运动的条件，称为约束条件。其中，点、线（直线、曲线）、面（平面、曲面）分别称为导点、导线和导面。

由于母线形状、位置的不同或是母线运动的约束条件不同，便可形成不同的曲面，例如，图 4-8（a）～（c）所示圆柱面、圆锥面、单叶双曲回转面，它们的母线都是直线，运动的约束条件都是回转轴线，由于母线与回转轴的相对位置不同，所形成的曲面也不相同。

图 4-8（d）所示圆球面，是圆母线绕着圆的直径回转形成。

图 4-8（e）所示柱面，是直母线 MN 沿着曲导线 L 运动且始终平行于直导线 AB 而形成。

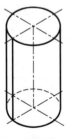

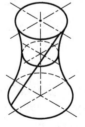

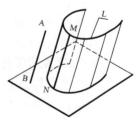

(a) 圆柱面　　(b) 圆锥面　　(c) 单叶双曲回转面　　(d) 球面　　(e) 直纹曲面

图 4-8　常见的几种曲面

二、曲面的分类 [Classification of Curved Surface]

曲线分类的方法有三种：按母线性质的不同可分为直线面和曲线面；按母线运动方式不同可分为回转面和非回转面；按曲面能否不皱折地展开在一平面上可分为可展曲面和不可展曲面。

工程上常常按母线运动方式的不同，将曲面分为回转面和非回转面两大类。

（1）回转面。母线绕一轴线作回转运动而形成，如图 4-8（a）～（d）所示。

（2）非回转面。母线在其他一些约束条件下运动而形成，如图 4-8（e）所示。

第三节 回 转 面
[Curved Surface of Revolution]

直母线或曲母线绕一轴线旋转所形成的曲面，称为回转曲面。按母线性质不同可分为两类：

（1）直线回转面。母线均为直线。如圆柱面、圆锥面和单叶双曲回转面。

（2）曲线回转面。母线均为曲线。如圆球面、圆环面和其他平面曲线绕轴线形成的曲面。

回转体是由回转面或回转面与平面围成，其投影与回转面的投影基本相同。回转体是一实体，而回转面是一曲面。由于圆柱面、圆锥面、圆球面分别与圆柱体、圆锥体、圆球体的投影画法相同。因此，本章也将圆柱体、圆锥体、圆球体一起讨论。

一、圆柱面（体）[Circle Cylindrical Surface (Cylinder)]

1. 圆柱面形成

一直母线 AB 绕与它相互平行的轴线 O—O 旋转而形成，如图 4-9（a）所示。

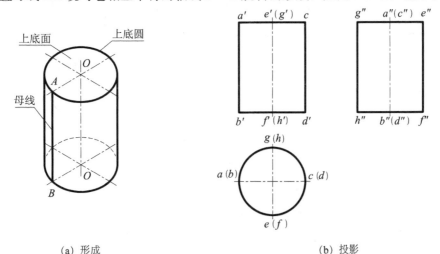

(a) 形成　　　　　　　　　　　　　　　　(b) 投影

图 4-9　圆柱的形成及投影

母线 AB 在空间形成的曲面即为圆柱面。该曲面可看作是由一系列直素线所组成，每一根素线都与轴线平行且等距。相邻两素线是平行二直线。若使轴线垂直于 H 面，则母线的上、下端点 A、B 旋转所形成的纬圆，分别称为上底圆、下底圆。上底圆、下底圆围成的平面就是圆柱体的上底面、下底面。由圆柱面以及上底面、下底面围成的空间称为圆柱体。

2. 圆柱的投影

若使圆柱轴线 $O—O$ 垂直于 H 面时，它的三面投影如图 4-9（b）所示。

H 面投影为一圆。圆周是柱面积聚投影，圆周上的每一个点是柱面上的一条直素线的积聚投影。凡柱面上的点、线的 H 面投影必落在该积聚投影上；圆面为上、下底面实形的重合投影，且上底面可见，下底面不可见。

V 面投影为一矩形。由上、下底圆的积聚投影和圆柱面的最左、最右两条素线的投影（$a'b'$、$c'd'$）围成。$a'b'$、$c'd'$ 是柱面对 V 面的转向轮廓线，分圆柱面为前半、后半个柱面，向 V 面投影时，前半个柱面可见，后半个柱面不可见。

W 面投影为一矩形。由上、下底圆的积聚投影和圆柱面的最前、最后两条素线的投影（$e''f''$、$g''h''$）围成。$e''f''$、$g''h''$ 是柱面对 W 面的转向轮廓线，分圆柱面为左半、右半个柱面，向 W 面投影时，左半个柱面可见，右半个柱面不可见。

3. 圆柱表面取点

属于圆柱面上的点，必落在圆柱面上的某一条直素线上。因此，可包含该点在圆柱面上作一条直素线，从而确定该点的投影。

利用曲面上的直素线求点的方法称为素线法。

例 4-1　如图 4-10（a）所示，给出圆柱面上的点 A、B 的 V 面投影 a'、b'，求它们的其余两投影。

求 A 点的其余两投影 a、a''，如图 4-10（b）所示。

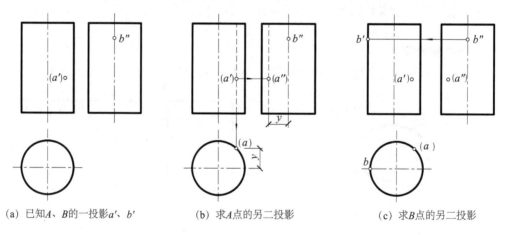

(a) 已知A、B的一投影a'、b'　　(b) 求A点的另二投影　　(c) 求B点的另二投影

图 4-10　属于圆柱表面上的点

（1）判断 A 点的位置：A 点在右后四分之一的圆柱面上。

（2）在 V 面投影上包含 a' 作素线投影。

（3）利用积聚性在 H 面投影上求出 a；即 a 与素线投影重合。

（4）在 W 面投影上求出素线投影，从而求出 a''。a'' 在 W 面上不可见，需加括号。

求 B 点的其余两投影 b、b''，如图 4-10（c）所示。

（1）判断 B 点的位置：B 点在圆柱面上最左的素线上；即圆柱对 V 面最左的转向线。

（2）可根据该转向线的其他投影，直接确定该点的相应投影 b、b'。

二、圆锥面（体）[Circle Cone Surface（Cone）]

1. 圆锥面形成

一直母线 SA 绕与它相交的轴线 $S-O$ 旋转而形成，如图 4-11（a）所示。

母线 AB 在空间形成的曲面即为圆锥面。该曲面可看作是由一系列直素线所组成，相邻两素线是共面的相交二直线。直母线 SA 绕轴线 $S-O$ 旋转时，母线上任何一点的轨迹都是圆，称为纬圆。因此该曲面也可看作是由一系列纬圆所组成。母线 SA 与轴线 $S-O$ 的交点 S，就是圆锥的锥顶。母线 SA 的另一端点 A 旋转所形成的纬圆，称为底圆。底圆围成的平面就是圆锥体的底面，如图 4-11（a）所示。

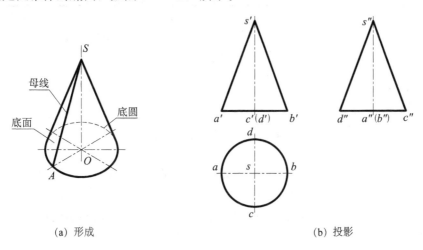

（a）形成　　　　　　　　　　　　　　（b）投影

图 4-11　圆锥的形成及投影

2. 圆锥的投影

若圆锥轴线垂直于 H 面，且使锥顶向上时，其三面投影如图 4-11（b）所示。

H 面投影为一圆。圆是锥面和底圆实形的重合投影，锥面可见，圆面不可见。

V 面投影为一等腰三角形。由底圆的积聚投影和圆锥面的最左、最右两条素线的投影（$s'a'$、$s'b'$）围成。$s'a'$、$s'b'$ 是锥面对 V 面的转向轮廓线，分圆锥面为前半、后半个锥面，向 V 面投影时，前半个锥面可见，后半个锥面不可见。

W 面投影为一等腰三角形。由底圆的积聚投影和圆锥面的最前、最后两条素线的投影（$s''c''$、$s''d''$）围成。$s''c''$、$s''d''$ 是锥面对 W 面的转向轮廓线，分圆锥面为左半、右半个锥面，向 W 面投影时，左半个锥面可见，右半个锥面不可见。

3. 表面取点

圆锥面可看作由一系列直素线组成，属于圆锥面上的点必落在圆锥面上的某一条直素线上。因此，可包含该点在圆锥面上作一条直素线，从而确定该点的投影。即可用素线法求。

圆锥面还可看作由一系列纬圆组成，属于圆锥表面上的点必落在圆锥面上的某一纬圆上。因此，可包含该点在圆锥面上作一纬圆，从而确定该点的投影。利用曲面上的纬圆求点的方法，称为纬圆法。

例 4-2 如图 4-12（a）所示，给出圆锥面上的点 A、B 的 V 面投影 a'、b' 和点 C 的 H 面投影 c，求它们的其余两投影。

求 A 点的其余两投影 a、a''，采用素线法求，如图 4-12（b）所示。

（1）判断 A 点的位置：A 点在右前四分之一的圆锥面上。

（2）在 V 面投影上过锥顶包含 a' 作素线投影。

（3）画出素线在 H 面投影，求出 a。

（4）在 W 面投影上作出素线投影，从而求出 a''；也可用投影关系求出 a''。

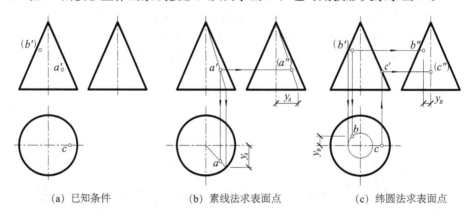

| (a) 已知条件 | (b) 素线法求表面点 | (c) 纬圆法求表面点 |

图 4-12　属于圆锥表面上的点

求 B 点的其余两投影 b、b''，采用纬圆法求，如图 4-12（c）所示。

（1）判断 B 点的位置：B 点在圆锥面上左后四分之一的圆锥面上。

（2）在 V 面投影上包含 b' 作纬圆的投影，即作一水平线与两转向线相交。

（3）在 H 面投影上作出该纬圆，并求出 B 点的 H 面投影 b。

（4）利用点的投影规律求出 B 点的 W 投影 b''。

求 C 点的其余两投影 c'、c'' 如图 4-12（c）所示。

（1）判断 C 点的位置：C 点在圆锥面上最右的素线上；即圆锥对 V 面最右的转向线。

（2）可根据该转向线的其他投影，直接确定该点的相应投影 c'、c''。

三、圆球面（体）[Sphere (Spheroid)]

1. 圆球面形成

一圆母线绕它的直径旋转而形成。所以该曲面属于曲线回转面，如图 4-13（a）所示。

母线（圆）绕轴线（直径）旋转时，母线上任何一点的轨迹都是圆。这些平行于 H 面的圆称为纬圆，该曲面可看作是由一系列的纬圆所组成。垂直于 H 面，且通过圆球面最高点、最低点的圆称为子午圆。

2. 圆球的投影

它的三面投影都是圆，如图 4-13（b）所示。

H 面投影为一圆，圆是上半个球面和下半个球面的重合投影，上半个球面可见，下

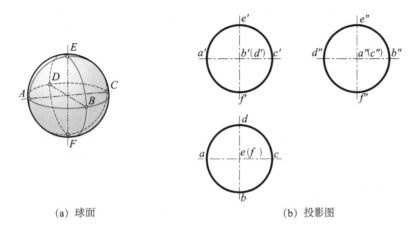

（a）球面　　　　　　　　　　　（b）投影图

图 4-13　圆球的投影

半个球面不可见。圆周是平行于 H 面最大的纬圆（称为赤道圆）的投影，是球面对 H 面的转向轮廓线。

　　V 面投影为一圆，圆是前半个球面和后半个球面的重合投影，前半个球面可见，后半个球面不可见。圆周是平行于 V 面最大的圆（称为主子午圆）的投影，是球面对 V 面的转向轮廓线。

　　W 面投影为一圆，圆是左半个球面和右半个球面的重合投影，左半个球面可见，右半个球面不可见。圆周是平行于 W 面最大的圆（称为侧子午圆）的投影，是球面对 W 面的转向轮廓线。

3. 圆球表面取点

　　属于球面上的点必落在该球面上的某一纬圆上。因此，可包含该点在球面上作一平行于投影面 H 的纬圆，从而确定该点的投影，即可用纬圆法求。

　　需要说明的是，球面上也可找到一组平行于 V 面的圆和一组平行于 W 面的圆。因此，属于球面上的点，也可利用球面上平行于投影面 V 面的圆或平行于投影面 W 面的圆来确定。

　　例 4-3　如图 4-14（a）所示，给出圆球面上的点 A、B 的 V 面投影 a'、b'，求它们的其余两投影。

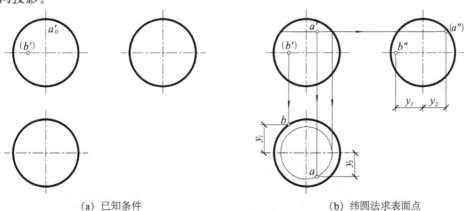

（a）已知条件　　　　　　　　　　　　　（b）纬圆法求表面点

图 4-14　属于圆球表面上的点

求 A 点的其余两投影 a、a″，如图 4-14（b）所示。

（1）判断 A 点的位置：A 点在右前上八分之一的球面上。

（2）在 V 面投影上包含 a′ 作纬圆投影。

（3）在 H 面上作纬圆投影，求出 a。

（4）在 W 面投影上求出纬圆的投影，从而求出 a″；或直接用"高平齐，宽相等"求。

求 B 点的其余两投影 b、b″，如图 4-14（b）所示。

（1）判断 B 点的位置：B 点在球面的赤道圆上，即在球对 H 面的转向线上。

（2）可根据该转向线的其他投影位置，直接确定该点的相应投影 b、b′。

四、单叶双曲回转面 [One-Sheet Hyperboloid of Revolution]

1. 单叶双曲回转面形成

直母线 AB 绕与它交叉的轴线旋转而形成。由于直母线 AB 上任一点的旋转轨迹均是纬圆，母线的任意位置称为素线，所以该曲面可看作是由一系列纬圆，或一系列直素线所组成，如图 4-15 所示。

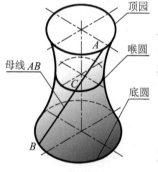

图 4-15 曲面的形成

母线的上、下端点 A、B 所形成的纬圆，分别称为顶圆、底圆，母线到轴线距离最近的一点 C 所形成的纬圆称为颈圆（或称为喉圆）。图 4-16 所示为单叶双曲回转面应用于发电厂冷凝塔之例。

2. 单叶双曲回转面投影画法

作法一：如图 4-17 所示。

曲面可看成是由一系列的直素线组成，可利用绘制若干条直素线的包络线的方法作曲面的投影轮廓线。

作图方法如下：

（1）给出直母线 A、B 和回转轴 O—O 的 H、V 面投影 ab、a′b′ 和 o、o′—o′。回转轴 O—O 垂直于 H 面，如图 4-17（a）所示。

（2）画出顶圆、底圆的 H、V 面投影。H 面投影：以轴线 O—O 的 H 面投影 o 为圆心，以 oa、ob 为半径作圆；V 面投影：过 a′、b′ 作水平线段，长度等于顶圆、底圆的直

图 4-16 单叶双曲回转面的应用

径。将顶圆、底圆的 H 面投影分别从 a、b 开始等分成相同的等分，如十二等分，如图 4-17（b）所示。

（3）画出母线 AB 每旋转 $30°$（即圆周的 1/12）后，素线的 H、V 面投影 a_1b_1、$a'_1b'_1$、a_2b_2、$a'_2b'_2$、…，如图 4-17（c）所示。

（4）作曲面的转向轮廓线。V 面投影：作平滑曲线与各素线的 V 面投影相切，得一对双曲线；H 面投影：以 o 为圆心作一圆与各素线的 H 面投影相切，该圆即为颈圆（喉圆）；如图 4-17（d）所示。

由于是曲面投影，所以颈圆可见，画为实线圆。

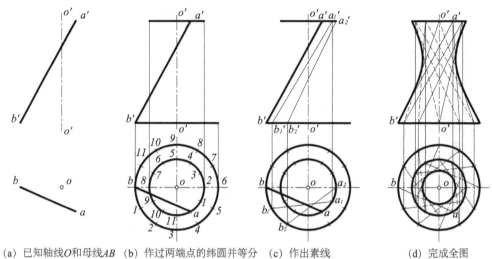

(a) 已知轴线 O 和母线 AB　(b) 作过两端点的纬圆并等分　(c) 作出素线　(d) 完成全图

图 4-17　单叶双曲面的画法（一）

曲面的可见性：

V 投影是以转向线（双曲线）为界，前半曲面可见，后半曲面不可见。前半曲面和后半曲面投影重合。

H 投影是以转向线（颈圆）为界，颈圆之上的曲面可见，颈圆之下且与颈圆之上的曲面所对称的这部分曲面不可见，其余可见。

作法二：如图 4-18 所示。

曲面可看成是由一系列的纬圆组成，可通过求出母线上各点绕 O—O 轴线旋转形成的纬圆，从而求出曲面转向线上的点，作出转向线的投影。作法如下：

（1）给出直母线 AB 和回转轴 O—O 的 H、V 面投影 ab、$a'b'$ 和 o、o'—o'。回转轴 O—O 垂直于 H 面，如图 4-18（a）所示。

（2）画出顶圆、底圆和颈圆的 H、V 面投影。H 面投影：以轴线 O—O 的 H 投影 o 为圆心，以 oa、ob 和 oc（$oc \perp ab$）为半径作圆；V 面投影：过 a'、b' 和 c' 作水平线段，长度等于各纬圆的直径，如图 4-18（b）所示。

（3）画曲面对 V 面的转向线轮廓线的投影。以轴线 O—O 的 H 面投影 o 为圆心，在 H 面上作纬圆，交 ab 于 e、d 两点，求出 e'、d'。过 e'、d' 作水平线，长度等于该纬圆的直径，求得端点 $1'$、$3'$ 和 $4'$、$6'$ 即为曲面左、右二转向线上的点。同法可求出更多的点，如图 4-18（c）所示。

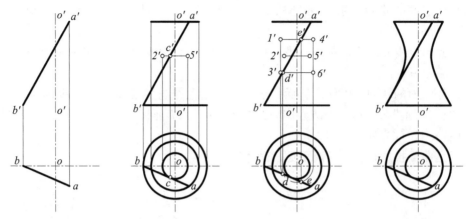

(a) 已知轴线O，母线AB　(b) 作顶圆、底圆、喉圆　(c) 作曲线上的点　(d) 光滑曲线连接各点

图 4-18　单叶双曲面的画法（二）

（4）平滑连接转向线上一系列的点，得转向线的 V 面投影，如图 4-18（d）所示。

3. 表面取点

属于回转面的点，可利用纬圆法求出。直线回转面上的点也可用素线法求出。

求法如下：

（1）已知属于曲面的点 A 的 V 面投影 a' 和 B 点的 H 面投影 b，求 A、B 的另一投影。如图 4-19（a）所示。

（2）求 A 点的另一投影，包含 a' 点作纬圆的 V 面投影 l'，由 l' 作纬圆的 H 面投影 l。因 A 点属于此纬圆，故由 a' 求得 a，如图 4-19（b）所示。

（3）求 B 点的另一投影，在 H 面上包含 b 点作与颈圆相切的直线，交顶圆、底圆于 1、2 两点，直线 12 即是曲面上一直线的 H 面投影，作出直素线 12 的 V 面投影 $1'2'$。因 b 点属于直素线 Ⅰ Ⅱ，故由 b 求得 b'，如图 4-19（c）所示。

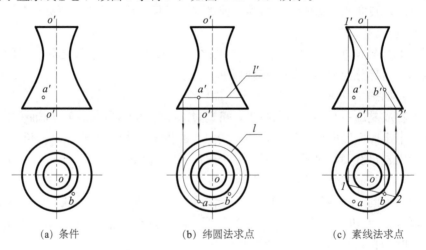

(a) 条件　　　　(b) 纬圆法求点　　　　(c) 素线法求点

图 4-19　属于单叶双曲回转面上的点

单叶双曲回转曲面表面取点：若已知点是 V 面投影，则用纬圆法；若已知点是 H 面投影，可用纬圆法或素线法。

五、圆环面 [Torus]

1. 圆环面形成

圆母线绕着圆外且与它共面的轴线旋转而形成的曲面，称为圆环面。所以该曲面属于曲线回转面，如图 4-20 所示。靠近轴线的半圆母线回转形成内环面，另一半圆母线回转形成外环面。在圆环面上任一位置的圆母线称为素线。圆环面可以看作由一系列素线圆所组成。

2. 圆环面投影画法

圆环面投影画法如图 4-20 所示。

H 面投影：当轴线直于 H 面时，它的 H 面投影是两个同心圆。分别是圆环面的赤道圆和颈圆的投影。此外，还要用单点长画线画出圆的中心线及母线圆心的轨迹圆。

V 面投影：V 面投影是两个圆和与上下两圆相切的两段水平轮廓线围成。这两个圆是圆环面最左和最右的素线圆在 V 面的实形投影，它们是圆环面对 V 面的转向轮廓线。

W 面投影：W 面投影是两个圆和与上下两圆相切的两段水平轮廓线围成。这两个圆是圆环面最前和最后的素线圆在 W 面的实形投影，它们是圆环面对 W 面的转向轮廓线。

四个转向轮廓线圆，都有半个圆被圆环面挡住而画成虚线。

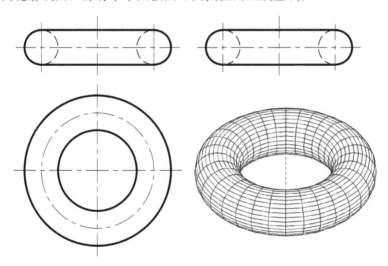

图 4-20　圆环面的形成的投影

3. 圆环面表面取点

由于母线圆上任一点的旋转轨迹均是纬圆，所以环面上取点可用纬圆法。如图 4-21 所示，A 点在环面左前上的外环面上；B 点在圆环面的右后下的内环面上；C 点是圆环面最右的点；D 点在圆环面最左转向圆的最高点。

求法如下：

（1）已知属于曲面的点 A、B、C、D 的一个投影，求 A、B、C、D 的另外两投影。求法如图 4-22 所示。

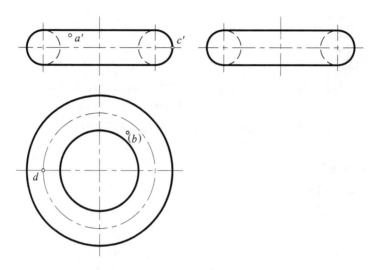

图 4-21　圆环面表面上的点

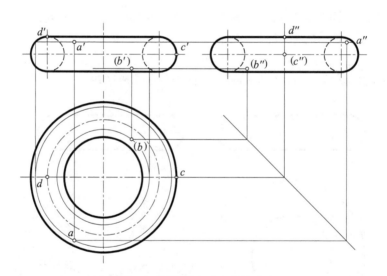

图 4-22　圆环面表面上点的求法

（2）求 A 点的另两投影。包含 a' 点作纬圆的 V、W 面投影，即过 a' 点作一水平直线，该直线与实线半圆的两交点间的长度为外环面上过 A 点的水平纬圆的直径；作纬圆的 H 面投影（实形圆）。因 A 点属于此纬圆。故由 a'' 求得 a、a''。因 A 点位在左前上的外环面上，故 a 和 a'' 都可见。

（3）求 B 点的另两投影。包含 b 点作纬圆的 H 面投影（实形圆），作纬圆的 V、W 面投影。因 B 点属于此纬圆。故由 b' 求得 b、b''。因 B 点位在右后下的内环面上，故 b' 和 b'' 都不可见。

（4）求 C 点的另两投影。根据点 C 是在环面上最右的位置，可求出 c、c''。在最右转向圆的投影位置。

（5）求 D 点的另两投影。D 点在环面最左转向圆的最高点，从而求出 d'、d''。

第四节　非回转直纹曲面
[Non-revolute Ruled Surface]

一、柱面 [Cylindrical Surface]

假若一直母线 AB 沿着一曲导线 L 运动，且始终平行于一直导线 MN，所形成的曲面称为柱面，如图 4-23（a）所示。曲导线可以闭合，也可以不闭合。柱面上相邻两素线相互平行。因此，柱面是可展曲面。

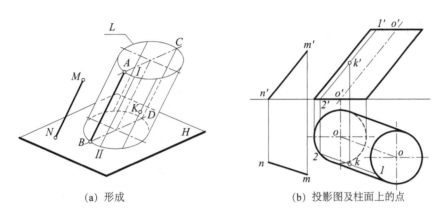

(a) 形成　　　　　　　　　　　(b) 投影图及柱面上的点

图 4-23　斜圆柱面

柱面的投影作法如图 4-23（b）所示。画出直导线 MN 和曲导线 L 的投影；画直素线端点的轨迹的投影（圆）；画柱面对投影面的转向轮廓线。若曲导线不闭合时，须画出起始、终止两直素线的投影；若曲导线是圆、椭圆时，还须画出轴线。

柱面投影的可见性可根据柱面对投影面的转向线判定。

表面取点采用素线法；底面是圆时也可用纬圆法。

二、锥面 [Conic Surface]

假若一直母线 SA 沿着一曲导线 L 运动，且始终通过一定点 S（导点），所形成的曲面称为锥面，如图 4-24（a）所示。定点称为锥顶，曲导线可以闭合，也可以不闭合。锥面上相邻两素线是相交的二直线。因此，锥面是可展曲面。

锥面的投影作法如图 4-24（b）所示。画出曲导线 L 的投影和锥顶 S 的投影；画锥面对投影面的转向轮廓线，若曲导线不闭合时，须画出起始、终止两直素线的投影；若曲导线是圆、椭圆时，还须画出轴线。

锥面的投影的可见性可根据锥面对投影面的转向线判定。

表面取点采用素线法；底面是圆时也可用纬圆法。

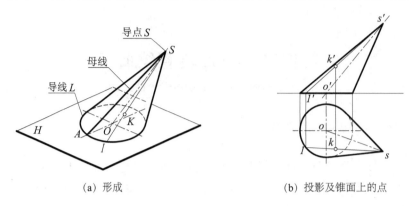

(a) 形成　　　　　　　　　　　　(b) 投影及锥面上的点

图 4- 24　斜圆锥面

三、双曲抛物面 [Hyperbolic Paraboloid]

一直母线沿着两条交叉直导线 AB、CD 运动，且始终平行于一个导平面 P 而形成的曲面，称为双曲抛物面，如图 4-25 (a) 所示。双曲抛物面上相邻两素线是交叉的二直线。因此，双曲抛物面是不可展曲面。图 4-26 为双曲抛物面应用于屋面之例。

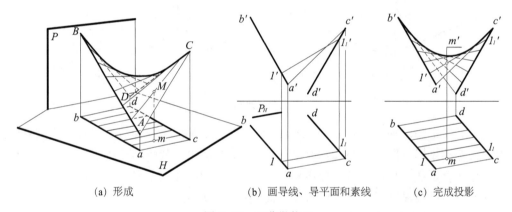

(a) 形成　　　　　(b) 画导线、导平面和素线　　　　(c) 完成投影

图 4- 25　双曲抛物面

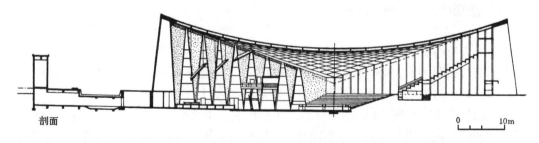

图 4- 26　双曲抛物面的应用

双曲抛物面的投影作法如图 4-25 (b)、(c) 所示。画出两直导线 AB、CD 的投影及导平面 P 的积聚投影（导平面铅垂面）；画一组平行于 P 面的直素线的投影；画曲面的转向线的投影，即画出各素线的公切线的 V 面投影——抛物线，如图 4-25 (c) 所示。

双曲抛物面的表面取点采用素线法。

四、柱状面［Cylindroid］

假若一直母线沿着两条曲导线 L_1、L_2 运动，且直母线始终平行于一个导平面 P 而形成的曲面，称为柱状面，如图 4-27（a）所示。

图 4-27（b）是它的投影图。画出两条曲导线的投影及导平面 P 的积聚投影（通常导平面是投影面垂直面）；画一系列直素线的投影；画曲面的转向轮廓线的投影。

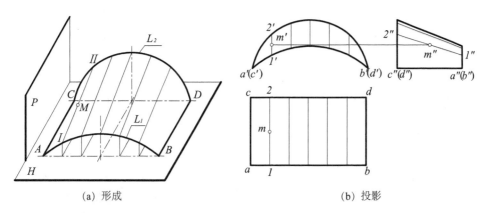

(a) 形成   (b) 投影

图 4-27 柱状面

图 4-28 为柱状面应用于屋面之例。

柱状面表面取点采用素线法。

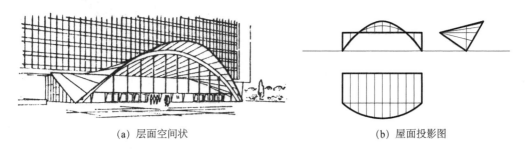

(a) 层面空间状   (b) 屋面投影图

图 4-28 柱状面的应用

五、锥状面［Conoid］

假若一直母线沿着一条曲导线 CDE（半圆）和一条直导线 AB 运动，且直母线始终平行于一个导平面 H 而形成的曲面，称为锥状面，如图 4-29（a）所示。

图 4-29（b）是它的投影图。画出曲导线和直导线的投影及导平面的积聚投影（通常导平面是投影面垂直面）；画一系列直素线的投影；画曲面的转向轮廓线的投影。

锥状面表面取点采用素线法。

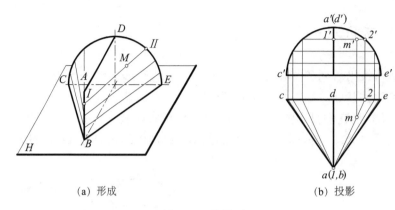

(a) 形成   (b) 投影

图 4-29 锥状面

六、圆柱正螺旋面 [Cylindrical Right Helicoidal Surface]

（一）平螺旋面

1. 平螺旋面的形成

一直母线的一端沿着一圆柱螺旋线 L 运动，而另一端沿着螺旋线的轴线 O—O 作直线运动，且该直母线运动时，始终平行于垂直于轴线的导平面 H 面，所形成的曲面称为圆柱正螺旋面，如图 4-30（a）所示。

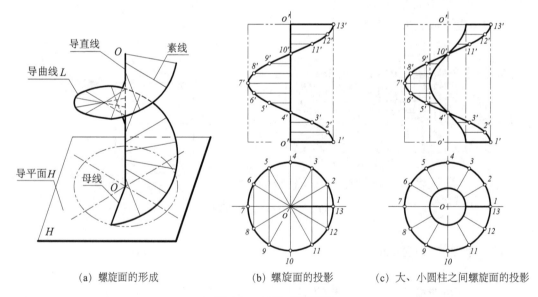

(a) 螺旋面的形成   (b) 螺旋面的投影   (c) 大、小圆柱之间螺旋面的投影

图 4-30 圆柱正螺旋面

2. 平螺旋面的投影

（1）如图 4-30（b）所示，画出直导线（轴线 O—O）、曲导线（螺旋线 L）的 V、H 面投影。

（2）画出一组直素线的 V、H 面投影（图中为 12 等分）。素线的 V、H 面投影是过螺旋线的各等分点引到轴线的一组水平线投影。

（3）如图 4-30（c）所示，螺旋面与一个同轴的小圆柱相交，其交线是一相同导程、相同旋向的螺旋线投影。

例 4-4 已知一螺旋坡道板的大、小直径分别为 D、d，导程为 Ph，旋向为右旋，竖向板厚为 t，如图 4-31（a）所示。求螺旋坡道板的投影。

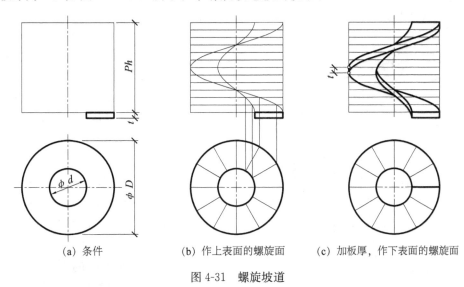

（a）条件　　　　　（b）作上表面的螺旋面　　　　　（c）加板厚，作下表面的螺旋面

图 4-31 螺旋坡道

分析：螺旋坡道的顶面、底面均是相同的螺旋面，高度相差 t，内、外侧面分别属于内、外圆柱面。顶面、底面的内、外边沿是四条螺旋线。画螺旋坡道投影，就是要画出顶面、底面、内侧面和外侧面的投影。

作法步骤：

1. 画 H 面投影。由于圆柱轴线垂直于 H 面，内侧面和外侧面的 H 投影分别聚积为小圆、大圆。顶面和底面的 H 投影为小圆和大圆之间的环形部分。

2. 画 V 面投影。

（1）画顶面（螺旋面）的投影。画出顶面内、外螺旋线的 V 面投影，如图 4-31（b）所示。

（2）画底面上可见螺旋线的投影。由顶面内、外螺旋线上各点向下移动一个板厚 t 的距离得相应各点的 V 面投影，用光滑曲线连接，如图 4-31（c）所示。

（3）可见性讨论。螺旋坡道由顶面、底面的螺旋面和内侧柱面（两内螺旋线之间）和外侧柱面（两外螺旋线之间）围成。螺旋坡的前半外侧柱面可见，后半内侧柱面可见；当其右旋时，轴线右侧坡道顶面可见，轴线左侧坡道底面可见。

（二）螺旋楼梯

若已知螺旋楼梯的内、外圆柱的直径（d、D），导程（Ph），旋向（左旋或右旋），每一导程的步级数（n），每步高（Ph/n），梯板竖向厚（t）。可画出螺旋楼梯的投影。

1. 分析

螺旋楼梯的每一步级由等大的一个扇形踏面（平行于 H 面）和一个矩形踢面（垂直于 H 面）组成，螺旋楼梯的内、外表面为圆柱面（垂直于 H 面），底面为平螺旋面，如图 4-32 所示。

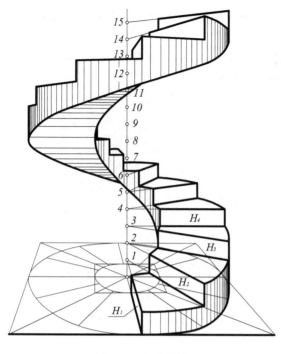

图 4-32 螺旋楼梯

2. 投影

画 H 面的投影：

（1）在 H 面上以 d、D 为直径画同心圆，即画螺旋楼梯的内、外圆柱面的积聚投影。

（2）等分大圆周为 n 等份（本例为 12 等份），并将等分点按右旋方向顺序编号（1、$2\cdots$），过这些等分点向圆心连线与小圆相交，得螺旋楼梯踢面的积聚投影，内、外圆间的扇形面，即为各踏面在 H 面的实形投影。如图 4-33（a）所示。

画 V 面投影：

（1）在 V 面上画出大圆柱一个导程高的投影，并等分为 n 等份（本例为 12 等份），将等分点由下向上顺序编号（1、2、$\cdots$），如图 4-33（a）所示。

（2）由 H 面投影的等分点向上引线与 V 面投影对应的等分点相交，画出踢面（矩形）、踏面（水平线）的投影。轴线左边的踢面、踏面不可见，画为虚线，如图 4-33（a）、（b）所示。

（3）可见性判断。前半的外柱面可见，后半的内柱面可见；右旋时，轴线左侧底面（螺旋面）可见（左旋时，轴线右侧底面可见）；右旋时，轴线右侧踢面可见（左旋时，轴线左侧踢面可见）；因此，底面与外圆柱相交的螺旋线可见的，是一圈螺旋线的上 3/4 段；底面与内圆柱相交的螺旋线可见的，是一圈螺旋线的下 3/4 段，如图 4-33（c）所示。

（4）画底面上的可见螺旋线。

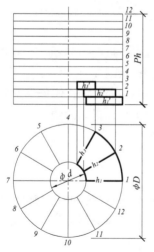

（a）等分圆和导程为12等分，作出螺旋梯的踢面、踏面

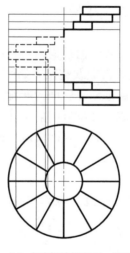

（b）完成螺旋梯踢面、踏面，左边画为虚线

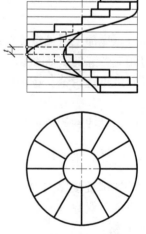

（c）加梯板厚度，作螺旋面

图 4-33 螺旋楼梯的投影

画外螺旋线。由踢面和踏面与外圆柱面的交点向下量取梯板竖向厚度 t，确定外螺旋线上 3/4 段的点，并用光滑的曲线连接。

画内螺旋线。由踢面和踏面与内圆柱面的交点向下量取梯板竖向厚度 t，确定内螺旋线下 3/4 段的点，并用光滑的曲线连接。

（三）螺旋楼梯扶手

螺旋楼梯扶手的画法与螺旋坡道的绘制方法相同，此处不再复述。

第五章　截交线和相贯线
Chapter 5　Intersection Line

在组合形体和建筑形体的表面上，经常出现一些交线。这些交线有些是由平面与形体相交而产生，有些则是由两形体相交而形成。图 5-1（a）所示的屋顶是由平面立体相交而形成的交线；图 5-1（b）所示的圆顶房屋，既有平面与形体的交线，又有两形体相交而形成的交线。

(a) 版纳民居　　　　　　　　　　　　　　(b) 巴黎博览会(1878年)

图 5-1　截交、相贯建筑物实例图

有些建筑形体是由平面或曲面截去基本形体的一部分而形成。图 5-2 所示的圆柱面和球面拱顶，它们都是为了满足功能和造型的需要而切去了一部分，因而在它们的形体上出现了表面交线。

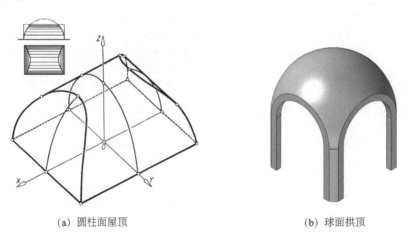

(a) 圆柱面屋顶　　　　　　　　　　　(b) 球面拱顶

图 5-2　切割形成的形体

基本形体若被一个或数个平面截切，则形成不完整的基本形体。假想用来截割形体的平面，称为截平面。截平面与形体表面的交线称为截交线。截交线围成的平面称为截断面，如图 5-3 所示。

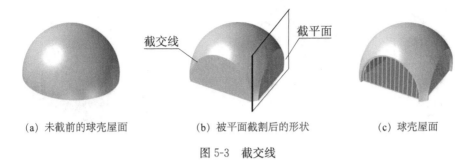

(a) 未截前的球壳屋面   (b) 被平面截割后的形状   (c) 球壳屋面

图 5-3 截交线

有些建筑形体或零件是由两个相交的基本形体组成的。相交形体的表面交线称为相贯线。两形体相交，可以是两平面体相交，如图 5-4（a）所示；平面体与曲面体相交，如图 5-4（b）所示；以及曲面体与曲面体相交，如图 5-4（c）所示。

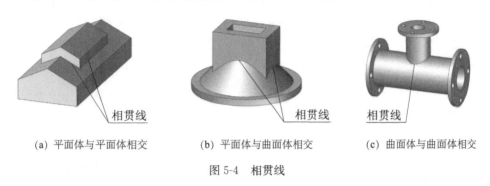

(a) 平面体与平面体相交   (b) 平面体与曲面体相交   (c) 曲面体与曲面体相交

图 5-4 相贯线

第一节 平面立体的截交线
[Intersection of Plane and Polyhedral Solid]

平面截割平面体所得的截交线，是一条封闭的平面折线——多边形，为截平面和形体表面所共有。如图 5-5 所示，平面 P 截割三棱锥 S-ABC，截交线为三角形 I II III。多边形的各边为截平面和立体相应棱面的交线，多边形的顶点是截平面与立体相应棱线的交点。因此，求平面体上截交线的方法，可根据具体情况选用求棱面与截平面的交线或求棱线与截平面的交点或两者兼用等方法。

例 5-1 求正垂面 P 与三棱锥 S-ABC 的截交线的投影，如图 5-5 所示。

分析：

由图中可知，P 平面与三棱锥的三个面相交，交线为三角形。该三角形的三个顶点是棱线 SA、SB、SC 与 P 面的交点 I、II、III。截交线的正面投影必在 P 面有积聚性的正面投影上。

作图步骤：

P 平面为正垂面，利用 P_V 可直接得到各棱线与 P 平面交点的正面投影 $1'$、$2'$、$3'$，直线 $1'2'3'$ 即为截交线的正面投影。然后，利用点线从属关系，由 $1'$、$2'$、$3'$ 在各棱线的

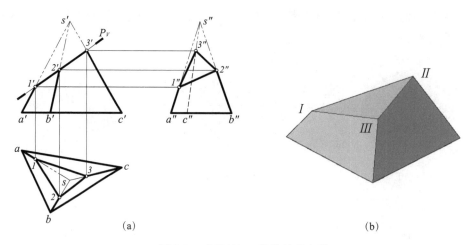

图 5-5　正垂面与三棱锥的截交线

水平投影和侧面投影上分别求出截交线各顶点的水平投影 *1*、*2*、*3* 和侧面投影 *1″*、*2″*、*3″*。依次连接各顶点的同面投影，即得截交线的水平投影△*123* 和侧面△*1″2″3″*。部分棱线 *S*Ⅰ、*S*Ⅱ、*S*Ⅲ均被切去，不应画出它们的投影，但可以用细双点长画线表示，如图 5-5（a）所示。

例 5-2　求带切口的五棱柱的投影，如图 5-6 所示。

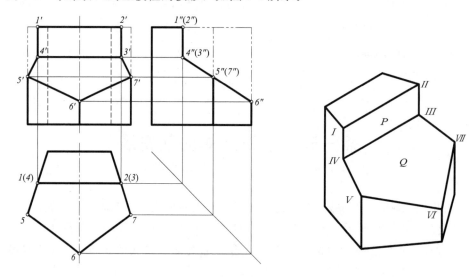

图 5-6　带切口的五棱柱投影

分析：

图中带切口五棱柱被正平面 *P* 和侧垂面 *Q* 截切而成。截交线由五棱柱与 *P* 面的交线Ⅰ Ⅱ Ⅲ Ⅳ和与 *Q* 面的交线Ⅲ Ⅳ Ⅴ Ⅵ Ⅶ以及 *P*、*Q* 两平面的交线Ⅲ Ⅳ所组成。其中点Ⅴ、Ⅵ、Ⅶ是 *Q* 平面与棱线的交点；Ⅰ Ⅳ、Ⅱ Ⅲ是 *P* 平面与棱面的交线。

由于截交线Ⅰ Ⅱ Ⅲ Ⅳ在正平面 *P* 上，水平投影积聚成直线段 *1*（*4*）*2*（*3*），侧面投影积聚成直线段 *1″*（*2″*）*4″*（*3″*）。而截交线Ⅲ Ⅳ Ⅴ Ⅵ Ⅶ属于五棱柱的棱面，也属于侧垂面 *Q*，水平投影积聚在五棱柱棱面的水平投影上，侧面投影积聚成直线段 *4″*（*3″*）*5″*（*7″*）*6″*。作图时只要分别求出五棱柱上点Ⅰ、Ⅳ、Ⅴ、Ⅵ、Ⅶ、Ⅲ、Ⅱ的三面投影，然后按相关顺序连接这些点的同面投影即可。

作图步骤：

（1）画出五棱柱的三面投影。

（2）在五棱柱的侧面投影上作出 P、Q 面的投影（积聚成两条直线段），标出点 I、II、IV、III、V、VII、VI 的侧面投影 $1''$、$2''$、$4''$、$3''$、$5''$、$7''$、$6''$。

（3）在五棱柱的积聚性水平投影上，作出各点的水平投影 1、4、2、3、5、6、7。

（4）由各点的水平投影和侧面投影，求出正面投影 $1'$、$2'$、$4'$、$3'$、$5'$、$7'$、$6'$。

（5）在各投影中，按点 I、IV、V、VI、VII、III、II、I 的顺序，连接诸点的同面投影。

（6）画出 P、Q 两平面交线 $IV III$ 的三面投影。五棱柱被切去部分（即图中双点长画线所示部分）不应画出投影。

第二节　曲面立体的截交线
[Intersection Plane and Curved Surface Solid]

平面与曲面立体截交时，交线一般是一条封闭的平面曲线或者是由平面曲线和直线组合而成的图形。曲面体截交线上的每一点，都是截平面与曲面体表面的一个公有点。当截平面的投影有积聚性时，截交线的投影就积聚在截平面有积聚性的同面投影上，可利用曲面表面上取点、线的方法求截交线。

一、圆柱的截交线 [Intersection of Planes and Cylinders]

平面与圆柱相交，根据截平面与圆柱轴线不同的相对位置，圆柱上的交线有圆、椭圆、矩形三种形状。如表 5-1 所示。

表 5-1　平面与圆柱的交线

位置	截平面平行于轴线	截平面垂直于轴线	截平面倾斜于轴线
立体图	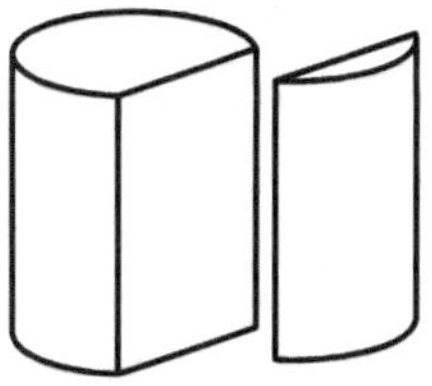	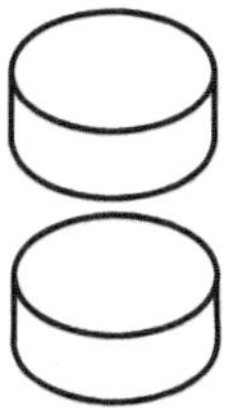	
投影图	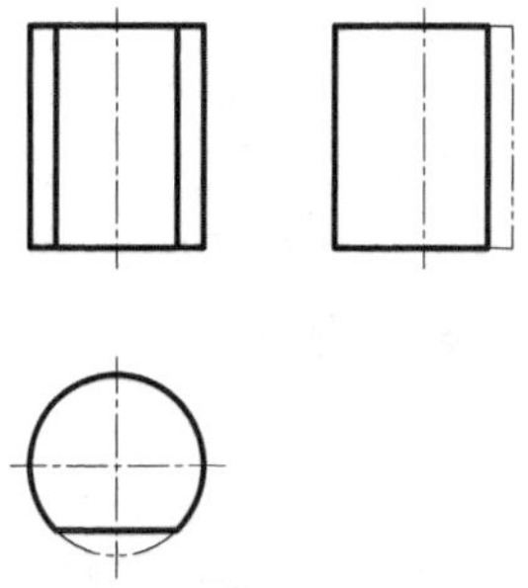	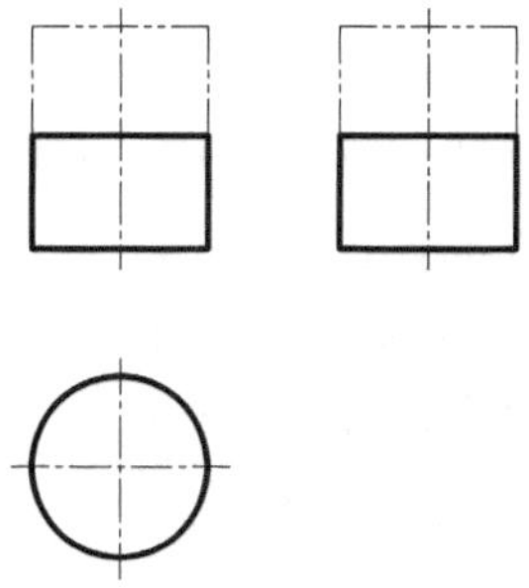	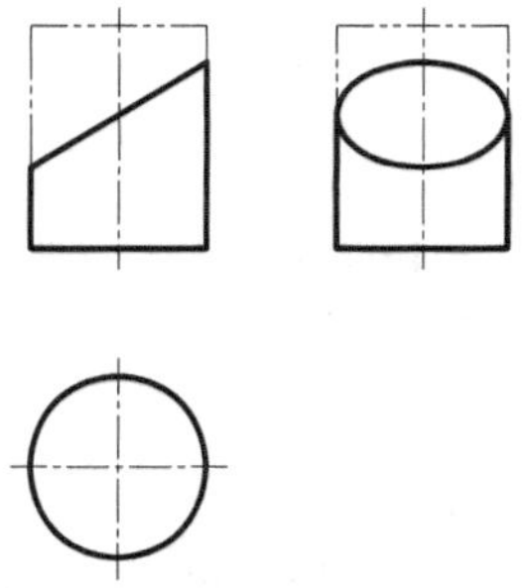

例 5-3 如图 5-7（a）所示，已知圆柱和截面 P 的投影，求截交线的投影。

分析：

圆柱轴线垂直于 W 面，截平面 P 为正垂面，与圆柱轴线斜交，交线为椭圆。椭圆的长轴平行于 V 面，短轴垂直于 V 面。椭圆的 V 面投影成为一直线段与 P_V 重影。椭圆的 W 面投影，落在圆柱的 W 面积聚投影上而成为一个圆，只须作图求出截交线的 H 面投影。

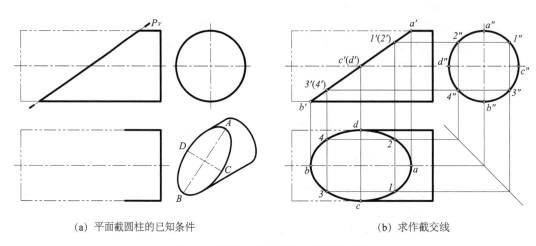

(a) 平面截圆柱的已知条件　　　　　　　　(b) 求作截交线

图 5-7　圆柱上截交线椭圆的作图步骤

作图步骤：

（1）求特殊点。即求长、短轴端点 A、B 和 C、D。P_V 与圆柱最高、最低素线的 V 面投影的交点 a'、b'，即为长轴端点 A、B 的 V 面投影，P_V 与圆柱最前、最后素线的 V 面投影的交点 c'、(d')，即为短轴 C、D 的 V 面投影。据此求出长、短轴端点的 H 面投影 a、b、c、d，如图 5-7（b）所示。

（2）求一般点。为使作图准确，需要再求截交线上若干个一般点，例如在截交线 V 面投影上任取点 $1'$，如图 5-7（b）所示，据此求得 W 投影 $1''$ 和 H 投影 1。由于椭圆是对称图形，可作出与点 I 对称的点 II、III、IV 的各投影。

（3）判别可见性。光滑连点成线　截交线上各点的水平投影均可见，按侧面投影上各点的顺序，在 H 投影上顺次连接 $a-1-c-3-b-4-d-2-a$ 各点，即为椭圆形截交线的 H 面投影。

（4）整理轮廓线。圆柱被截去部分不应绘出轮廓素线的投影，所以正面投影中点 a'、b' 和水平投影点 c、d 以左部分不应画轮廓线，但也可用假想轮廓线即双点长画线表示。

从例 5-3 可以看到，截交线椭圆在平行于圆柱轴线但不垂直于截平面的投影面上的投影，一般仍是椭圆。椭圆长、短轴在该投影面上的投影，与截平面和圆柱轴线的夹角有关。当截平面与圆柱轴线的夹角 α 小于 $45°$ 时（图 5-7），椭圆长轴的投影，仍为椭圆投影的长轴。而当夹角 α 大于 $45°$ 时，椭圆长的投影，变为椭圆投影的短轴。当 $\alpha=45°$ 时，椭圆的投影成为一个与圆柱底圆相等的圆。读者可自行作图。

例 5-4 求圆柱开槽的投影，如图 5-8 所示。

分析：圆柱开槽是由三个平面截切圆柱而成。其中有两个平面是平行于圆柱轴线的侧平面，截交线是四段平行于圆柱轴线的直线段Ⅰ Ⅱ、Ⅲ Ⅳ、Ⅴ Ⅵ、Ⅶ Ⅷ；另一个截平面是垂直于圆柱轴线的水平面，截交线是两段圆弧Ⅱ Ⅳ和Ⅵ Ⅷ。三个截平面之间，两个侧平面分别与水平面相交，其交线为正垂线Ⅱ Ⅷ、Ⅳ Ⅵ。

作图步骤：

（1）作出截交线的正面投影和水平投影。正面投影积聚为三条直线段 1′（7′）2′（8′）、3′（5′）4′（6′）和2′（8′）4′（6′）；水平投影为直线段1（2）7（8）、3（4）5（6）及两段圆弧（2）（4）、（8）（6）。

（2）求截交线的侧面投影。由截交线上各点的正面投影和水平投影分别求出侧面投影1″、2″、3″、4″、5″、6″、7″、8″，连接线段 1″（3″）2″（4″）、7″（5″）8″（6″），即为两个侧平面与圆柱截交线的侧面投影；水平面与圆柱截交线的侧面投影是由2″向前、8″向后画至圆柱轮廓的直线段；两截面交线的侧面投影是直线段2″8″（4″6″）。

（3）判别可见性，整理轮廓线。截平面交线的侧面投影被左半圆柱面挡住，为不可见，2″8″（4″6″）应画成虚线。应特别注意的是在水平截平面以上被截去的圆柱侧面投影轮廓线不应画出。

在圆柱上切口、开槽、穿孔是建筑形体中常见的结构。图5-9是空心圆柱开槽的投影，其外圆柱面上的截交线的画法与图5-8相同；内圆柱表面上也会产生截交线，其画法与外圆柱面截交线的画法类似，但侧面投影中，除外围轮廓线以外均不可见，应画成虚线。圆柱孔的轮廓均不可见，应画成虚线，侧面投影中被截去的轮廓线不应画出。

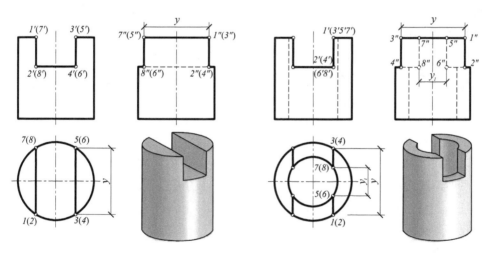

图5-8 圆柱开槽投影   图5-9 开槽空心圆柱投影

二、圆锥的截交线 [Intersection of Planes and Cones]

当平面与圆锥截交时，根据截平面与圆锥轴线不同的相对位置，可产生五种不同形状的截交线，如表5-2所示。

表 5-2 平面与圆锥面相交的基本形式

截平面的位置	垂直于轴线	倾斜于轴线 $\alpha>\beta$	倾斜于轴线 $\alpha=\beta$	平行于轴线	过锥顶
截交线	圆	椭圆	抛物线	双曲线	两条素线
立体图					
投影图	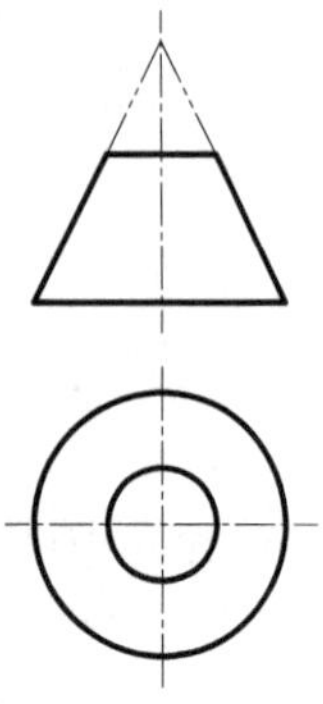	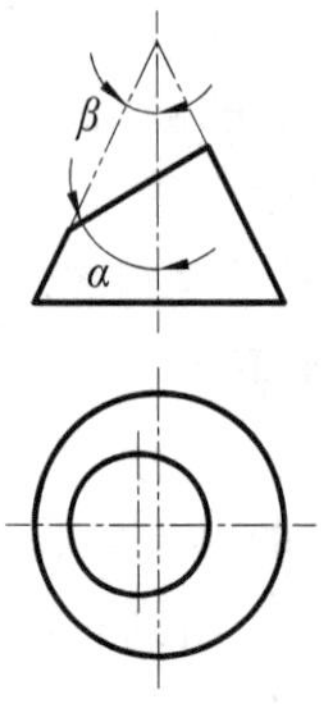	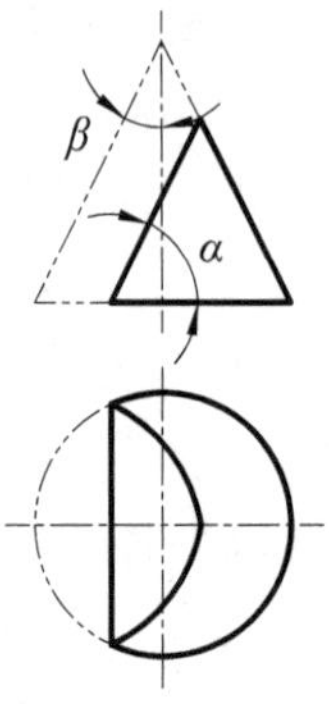	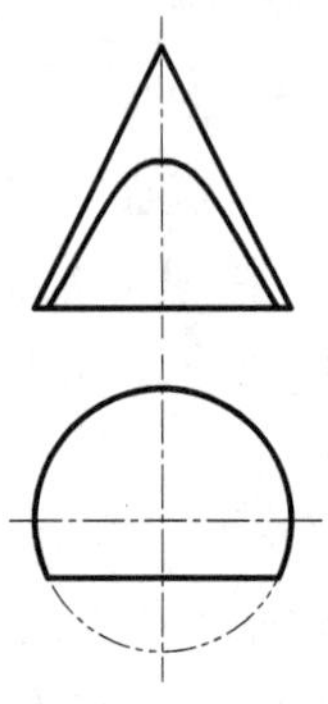	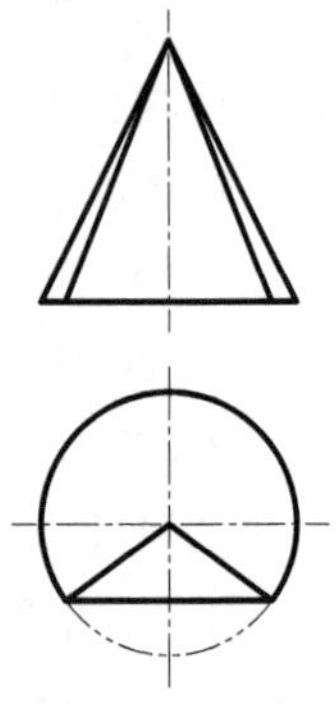

平面截割圆锥所得的截交线有圆、椭圆、抛物线、双曲线等四种曲线，统称为圆锥曲线。当截平面垂直于正圆锥面的轴线时，截交线为圆周；截平面与圆锥面的轴线倾斜，且 $\alpha>\beta$ 时，截交线为椭圆；截平面平行于圆锥面的一条素线，即 $\alpha=\beta$ 时，截交线为抛物线；截平面倾斜于轴线，且 $\alpha<\beta$，或平行于轴线（$\alpha=0°$）时，截交线为双曲线。截平面通过锥顶，截交线为通过锥顶的两条相交直线，即圆锥的两条素线。

作圆锥曲线的投影，实质上也是一个锥面上定点的问题。用素线法或纬圆法，求出截交线上若干点的投影后，依次连接起来即可。

例 5-5 已知圆锥和截平面 P 的投影，求截交线的投影，如图 5-10 所示。

分析：

由图 5-10（a）可知，P 平面为正垂面。P 平面与圆锥的所有素线相交，截交线为椭圆。P 平面与圆锥最左最右素线的交点，即椭圆长轴的端点 A、B。椭圆短轴 CD 垂直于 V 面，且垂直平分 AB。截交线的 V 面投影重合在 P_V 上，H 面投影仍为椭圆。椭圆的长短轴仍投影为椭圆投影的长短轴。

作图步骤：

（1）求特殊点。在 V 面投影上，P_V 与圆锥的 V 面投影轮廓的交点，即为长轴端点 A、B 的 V 面投影 $a'b'$，就是投影椭圆的长轴。椭圆短轴 CD 的 V 面投影 $c'(d')$ 必积聚在 ab 的中点。过 C、D 作纬圆，或作素线 $S\,I$、$S\,II$ 求出 C、D 的 H 面投影 c、d；用纬圆法求最前、最后素线与 P 面的交点 M、N，如图 5-10（b）所示。

（2）求一般点。一般点 E、F 的 H 面投影 e、f（图 5-10（c））。

（3）连点。在 H 面投影中依次连接 $a-n-d-f-b-e-c-m-a$ 各点，即得到椭圆的 H 面投影，如图 5-10（d）所示。

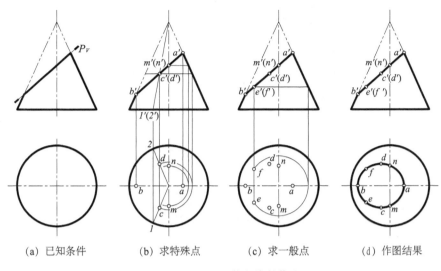

(a) 已知条件   (b) 求特殊点   (c) 求一般点   (d) 作图结果

图 5-10 圆锥上截交线的作法

三、球的截交线 [Intersection of Planes and Spheres]

图 5-11 所示为某网球馆的透视图,它的球壳屋面的造型是用平面截割球体形成的。

图 5-11 球面屋顶

平面截割球体时,不管截平面的位置如何,截交线的空间形状总是圆。当截平面平行于投影面时,圆截交线在该投影面上的投影,反映圆的实形;当截平面倾斜于投影面时,投影为椭圆。例如图 5-12 所示截平面 R 是正平面,截交线的 V 面投影反映圆的实形,圆的直径可在 H 面投影中量得,即 cd。截交线的 H 面投影为一水平线,W 面投影为一铅直线,分别与 R_H、R_W 重合(图 5-12)。

例 5-6 如图 5-13(a)所示,已知球被正平面截去左上方,补画球被截后的水平投影。

分析:

截平面为一正垂面,所以截交线为一个正垂圆,它的正面投影为直线,反映圆的直径的实长,即图 5-13(a)中正面投影中的粗直线。H 面投影为椭圆,正垂圆只有一条处于正垂线位置的直径(即 CD)平行于水平面,其水平投影为椭圆的长轴,而另一条与它垂直的直径(AB),其水平投影是短轴。由于截交线水平投影为非圆曲线,可用球面上找点的方法先求出截交线上的特殊点 A、B、C、D、E、F、G、H 的投影,然后用同样的方

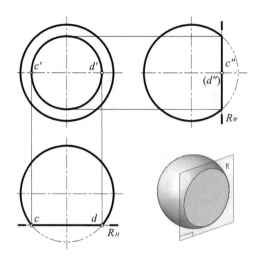

图 5-12　正平面截割球

法求一两个一般点的投影，如 I、II 点。之后把它们连成光滑的曲线并判别可见性，从图可知，截交线的水平投影都可见，所以要画成粗实线。最后补画转向轮廓线并加粗。

作图步骤：

（1）求特殊点的水平投影，如图 5-13（b）所示，椭圆短轴 A、B 点及特殊点 E、F 的水平投影 a、b、e、f 可直接找到，而长轴 C、D 点和特殊点 H、G 用纬圆法可得水平投影 c、d、h、g；

（2）根据作图的需要，可在不好连线的地方用纬圆法求一两个一般点，如图 5-13（c）的 I、II 点水平投影 1、2 点；

（3）如图 5-13（d）所示，将 a、e、c、1、g、b、h、2、d、f、a 连成截交线圆的水平投影，由于水平投影是可见的，画成粗实线。球的水平投影的转向轮廓线只有 e、f 右边的部分有，把这部分补画好。

作图结果如图 5-13（d）所示。

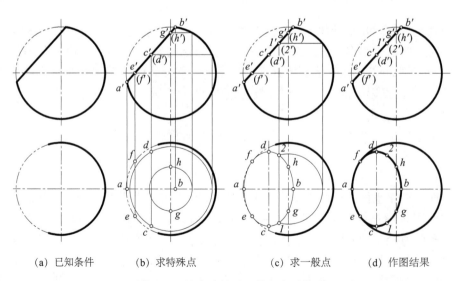

（a）已知条件　　　（b）求特殊点　　　（c）求一般点　　　（d）作图结果

图 5-13　补全球被平面截的水平投影

第三节　两平面立体的相贯线

[Intersection of Two Polyhedra]

　　有些建筑形体是由两个或两个以上的基本形体相交组成的。两相交的形体称为相贯体，它们的表面交线称为相贯线。相贯线是两形体表在的公有线。相贯线上的点即为两形体表面的共有点。

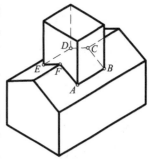

　　如图 5-14 所示，烟囱与坡屋面相交，其形体可看成是四棱柱与五棱柱的相贯。两平面体的相贯线是一条折线。折线的每一段都是甲形体的一个侧面与乙形体的一个侧面的交线，如图中的 AB、BC、CD、DE、EF、FA。折线的转折点就是一个形体的侧棱与另一形体的侧面的交点。

　　求两平面立体相贯线的方法通常有两种：一种是求各侧棱对另一形体表面的交点，即求直线与平面的交点，然后把位于甲形体同一侧面又位于乙形体同一侧面上的两点，依次连接起来。另一种是求一形体各侧面与另一形体各侧面的交线，即求平面与平面的交线。

图 5-14　平面立体相贯线

　　求出相贯线后，还要判别可见性。判别原则是：只有位于两形体都可见的侧面上的交线，才是可见的。只要有一个侧面不可见，面上的交线就不可见。

　　例 5-7　已知六棱台烟囱与屋面的投影，求作它们的交线，如图 5-15 所示。

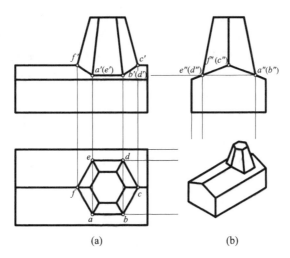

(a)　　　　　　　　(b)

图 5-15　求烟囱与坡屋面的相贯线

　　分析：

　　烟囱的六条侧棱均与屋面相交，且相贯线前后对称，如图 5-15 所示。可利用屋面的 W 面投影的积聚性，直接求得相贯线的 V 面投影和 H 面投影。而烟囱侧棱与屋脊线的交点 C、F 可根据点在直线上的性质直接求出。

　　作图步骤：

由于坡屋面的侧面投影有积聚性，利用积聚性，根据 W 面投影可直接求得烟囱前后侧面与坡屋面的交线 AB、ED 的 V 面投影和 H 面投影。再求烟囱侧棱与屋脊线的交点 C、F，连成相贯线 $ABCDEFA$。它的 H 投影全部可见，V 面投影前后重合，如图 5-15 （a）所示。图 5-15 （b）为立体图，方便分析。

如果没有给出 W 面投影，可利用求直线与平面交点的方法求 A、B 两点的投影，其他同上。请试做。

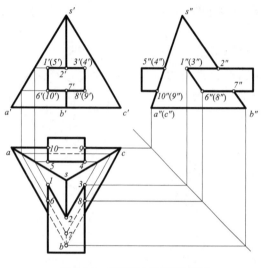

图 5-16　四棱柱与三棱锥相交

例 5-8　求四棱柱与三棱锥相交的交线，如图 5-16 所示。

分析：根据正面投影可看出，四棱柱的四条棱线都穿过棱锥，所以两立体为全贯，其交线为两条封闭的折线。前面一条为空间折线，是四棱柱与三棱锥棱面 SAB 及 SBC 相交所产生，后面一条是平面折线，是四棱柱与三棱锥棱面 SAC 相交所产生，且各折线的端点在棱线上。由于四棱柱的四个棱面在正面有积聚性，所以交线的正面投影就积聚在这些线上。而且四棱柱的四个棱面都平行水平面或侧平面，所以交线的各线段均为水平线或侧平线，可用平面与平面相交求交线的办法求出。

作图步骤：

（1）求四棱柱上下两水平棱面与三棱锥各棱面的交线。由于水平棱面与三棱锥的底面平行，所以它们与三棱锥各棱面的交线也分别与各底边平行，用在棱面上作平行于底边的辅助线方法求各棱面的交线。如求 SAB 面与四棱柱上水平棱面的交线 I II，先在 SAB 的正面投影 $s'a'b'$ 中过 $1'$ 作辅助线平行于 $a'b'$，求出辅助线的水平投影，从而得交线的水平投影 12，根据投影规律得交线的侧面投影 $1''2''$。其他棱面的交线的水平投影 23、45、67、78、$9\,10$ 及侧面投影 $2''3''$、$4''5''$、$6''7''$、$7''8''$、$9''10''$ 类似求出。

（2）求四棱柱左右两侧平棱面与三棱锥各棱面的交线。由于各交线的端点已在上面求出，所以连接各端点就得交线得水平投影 16、38、49、510 及侧面投影 $1''6''$、$3''8''$、$4''9''$、$5''10''$。

（3）判别交线的可见性。在水平投影中，由于三棱锥各侧棱面及棱柱上棱面都可见，所以交线 12、23、45 都可见，画成粗实线。但棱柱下棱面不可见，所以交线 67、78、$9\,10$ 不可见，画成虚线。侧面投影的不可见交线与可见交线重合，虚线不用画出。

（4）检查棱线的投影，并判别其可见性。因为两立体相交后成为一个整体，所以棱线 SB 在交点 II、VII 之间应该没线，同理，四棱柱的四条棱线也一样，在各自的交点间也没线。棱线 ab、bc、ca 被四棱柱挡住的部分应该画虚线，如图 5-16 所示。

第四节 同坡屋面的交线
[Intersection of Isoclinic Roof]

一、同坡屋面 [Isoclinic Roof]

在坡顶屋面中，同一个屋顶的各个坡面，对水平面的倾角相同，且房屋四周的屋檐高度相同的屋面所构成的屋顶，称为同坡屋面。

已知同坡屋面的 H 面投影和屋面的倾角，求作屋面的交线来完成同坡屋面的投影，可视为特殊形式的平面立体相贯。

二、屋面交线的投影特性 [Features of Isoclinic Roof Intersection Projection]

（1）屋檐平行的两屋面必相交成水平的屋脊，称为平脊。它的 H 面投影，必平行于屋檐的 H 面投影，且与两屋檐的 H 面投影的距离相等。如图 5-17（a）所示，两屋面 P 和 Q 所交成的平脊 AB 的 H 面投影 ab，平行于屋檐 CD 及 EF 的 H 面投影 cd 与 ef，且与 cd、ef 等距；同理 gh 平行于 id、jf，且与 id、jf 等距。

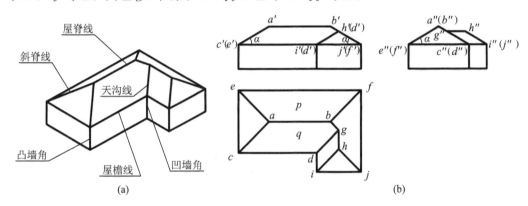

图 5-17　同坡屋面

（2）屋檐相交的两屋面必相交成倾斜的屋脊或天沟，称为斜脊和斜沟。其 H 面投影为两屋檐的 H 面投影夹角的平分线。斜脊位于凸墙角处，天沟位于凹墙角处。如图 5-17（b）所示，即在 H 面投影中，dg 为天沟线的水平投影，ac、ae 等为斜脊线的水平投影，它们分别与屋檐线的水平投影成 45°。

（3）屋顶上如有两条交线交于一点，至少还有第三条交线通过该交点。如图 5-17（b）中的 A、B、G、H 各点。

例 5-9 如图 5-18（a）所示，已知同坡屋面的四周屋檐的 H 面投影及屋面的夹角 α，完成同坡屋面的 H 面及 V 面投影。

分析：求解本题可分两步，先求屋面的 H 面投影，再完成 V 面投影。要完成屋面的 H 面投影，即求屋面交线的 H 面投影，特采用屋面编号的方法，可使作图较有规律。同坡屋面的 V 面投影，可先作出屋檐呈水平方向的 V 面投影，再求出屋面交线的 V 面投影。

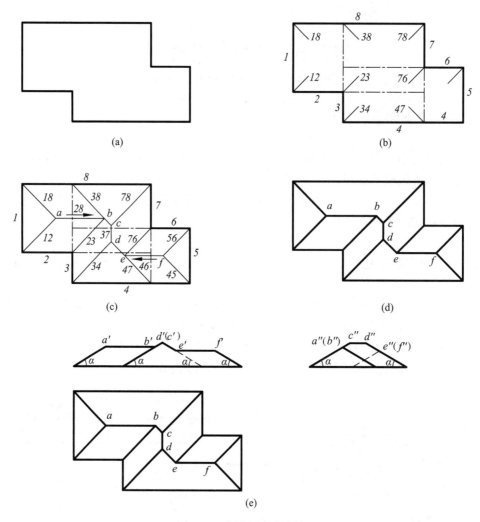

图 5-18 同坡屋面求交线

作图步骤:

作屋面的 H 面投影。

(1) 将屋檐编号,以屋檐(面)的编号,如 1、2、3、…8 等表示,如图 5-18 (b) 所示;

(2) 作各相交屋檐的角平分线,并用有关的两屋面(檐)的编号来表示,如 12、23、…18 等;

(3) 同时由屋顶端部开始,作出 12 和 18 交点 a、45 和 56 的交点 f,如图 5-18 (c) 所示;再分别作出通过 a、f 的第三条交线。则这第三条交线与同它首先相交的另一条交线,可求出新的两交线的交点和第三条交线,直到每一屋面成为一个封闭的多边形为止。设以 a 点为例,通过 a 点的第三条交线应该是 28(可从交线 12、18 中除去共有的 1,即得 28),必平行于编号为 2、8 的屋檐。自 a 点往右作 28,在作图过程中首先与之相交的是 23,得交点 b 点。则通过 b 点的第三条交线必是 38(从交线 23、28 中除去共有的 2,即得 38),为屋檐 3、8 的角平分线。而 38 又首先与 78 相交于 c 点,又有第三条交线 37 通过 c 点。于是以同样方法,可依次作出所有交线的 H 面投影,此时每一屋面必为闭合，即成为同坡屋面的 H 面投影，如图 5-18（d）所示。

作同坡屋面的 V 面投影：如图 5-18（e）所示，首先从垂直于 V 面的屋面着手，因为它们具有积聚性，积聚的投影能反映出屋面的夹角 α；再画出与之相邻的屋面上的边线（即交线）的 V 面投影。于是以同样的方法依次作出所有交线的 V 面投影，即每一个屋面的 V 面投影，即得出同坡屋面的 V 面投影。

第五节　平面立体与曲面立体的相贯线
［Intersection of Polyhedra and Curved Surface Solids］

平面体与曲面体相交时，例如图 5-19 所示的圆柱与四棱柱相贯，相贯线是由若干段平面曲线和直线所组成。各段平面曲线或直线，就是平面体上各侧面与曲面体相交所得的交线（截交线）。每一段平面曲线或直线的转折点，就是平面体的侧棱与曲面体表面的交点。因此，求平面与曲面立体的交线可以归结为两个基本问题，即求平面与曲面的交线（截交线）及直线与曲面的交点。作图时，先求出这些转折点，再根据求曲面体上截交线的方法，求出每段曲线或直线。

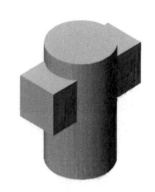

图 5-19　圆柱与四棱柱相贯

例 5-10　给出圆锥薄壳基础的主要轮廓线，求作相贯线，如图 5-20（a）所示。

分析：

由于四棱柱的四个侧面平行于圆锥的轴线，所以相贯线是由四条双曲线组成的空间闭合线。四条双曲线的连接点，就是四棱柱的四条侧棱与锥面的交点。相贯线的 H 面投影与四棱柱的 H 面投影重合。

作图步骤：

（1）求特殊点。先求相贯线的转折点，即四条双曲线的连接点 A、B、M、G。可根据已知的四个点的 H 面投影，用素线法求出其他投影。再求前面和左面双曲线最高点 C、

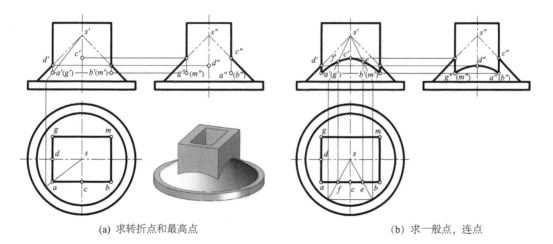

(a) 求转折点和最高点　　　　　　　　　　　　　(b) 求一般点，连点

图 5-20　求圆锥薄壳基础的相贯线

D，如图 5-20（a）所示。

（2）同样用素线法求出两个对称的一般点 E、F 的 V 面投影 e'、f'，如图 5-20（b）所示。

（3）连点。V 面投影连接 a'，f'，c'，e'，b'，W 面投影连接 a''，d''，g''，如图 5-20（b）所示。

（4）判别可见性，相贯线的 V、W 面投影都可见。相贯线的后面和右面部分的投影，与前面和左面部分重影。

第六节　两曲面立体的相贯线
[Intersection of Two Curved Surface Solids]

两曲面体的相贯线，一般是封闭的空间曲线。此类相贯线在建筑形体中常常会遇到，例如图 5-21 所示为是由一系列柱面相贯所形成的屋顶。组成相贯线的所有点，均为两曲面体表面的共有点。因此求相贯线时，要先求出一系列的共有点，然后用曲线板依次连接所求各点，即得相贯线。求共有点时，应先求出相贯线上的特殊点，即最高、最低、最左、最右、最前、最后及转向轮廓线上的点等，然后再求出其上的一般位置点。

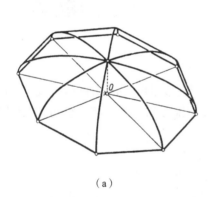
（a）

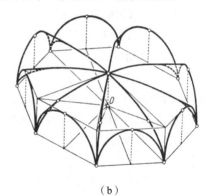
（b）

图 5-21　由柱面相贯构成的屋面

一、求相贯线常用的两种方法 [Two Commonly Used Methods to Find Intersection Line]

（一）利用曲面的积聚投影，用表面取点法作出相贯线

相交两曲面之一，如果有一个投影具有积聚性，就可以利用该曲面的积聚性投影作出两曲面的一系列公有点，然后连成相贯线。因为如果有一个曲面的某投影具有积聚性，相贯线在此投影面上的投影就已知，求相贯线的其余投影，实质上就是根据这一已知投影在另一立体的表面取点。因此，此法也叫表面取点法。

例 5-11　已知两半圆柱屋面相交，求它们的交线，如图 5-22 所示。

分析：

由图 5-22 可知屋面的大拱是半圆柱面，小拱也是半圆柱面。前者素线垂直于 W 面，

后者素线垂直于 V 面，两拱轴线相交且平行于 H 面。相贯线是一段空间曲线，其 V 面投影重影在小圆柱的 V 面投影上，W 面投影重影在大拱的 W 面投影上，相贯线的 H 面投影为曲线，可通过求出相贯线上一系列的点而作出。

作图步骤（图 5-22）：

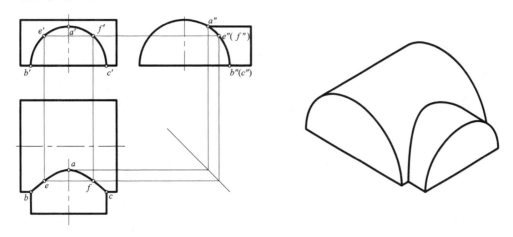

图 5-22　半圆柱屋面相交的相贯线

（1）求特殊点。最高点 A 是小圆柱最高素线与大拱的交点，最低、最前点 B、C（也是最左、最右点），是小圆柱最左、最右素线与大拱最前素线的交点，它们的三投影均可直接求得。

（2）求一般点 E、F。在相贯线 V 面投影的半圆周上任取点 e' 和 f'，e''、(f'') 必在大拱 W 面积聚投影上，据此求得 e、f。

（3）连点并判别可见性。在 H 面投影上，依次连接 b-e-a-f-c，即为所求。由于两两半圆柱屋面的 H 面投影均为可见，所以相贯线的 H 面投影为可见，画成实线。

讨论（图 5-23）：

在实际绘图时，如对相贯线形状的准确度要求不高，允许采用近似画法。即用圆心位于小圆柱的轴线上，半径等于大圆柱的半径的圆弧代替相贯线的投影。画图过程如图 5-23 所示。

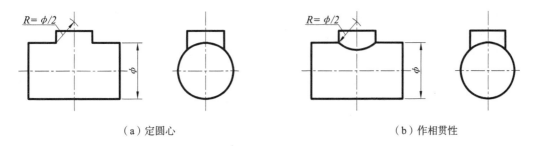

（a）定圆心　　　　　　　　　　　（b）作相贯性

图 5-23　相贯线的近似画法

正交两圆柱体的相贯线，是最常见的相贯线，应熟悉它的画法。其相贯线一般有图 5-24 所示的三种形式：

（1）图 5-24（a）表示小的圆柱全部贯穿大的实心圆柱，相贯线是上下对称的两条闭合的空间曲线。

（2）图 5-24（b）表示圆柱孔全部贯穿实心圆柱，相贯线也是上下对称的两条闭合的空间曲线，且就是圆柱孔壁的上下孔口曲线。

（3）图 5-24（c）表示的相贯线是长方体内部两个圆柱孔的孔壁的交线，同样也是上下对称的两条闭合的空间曲线。

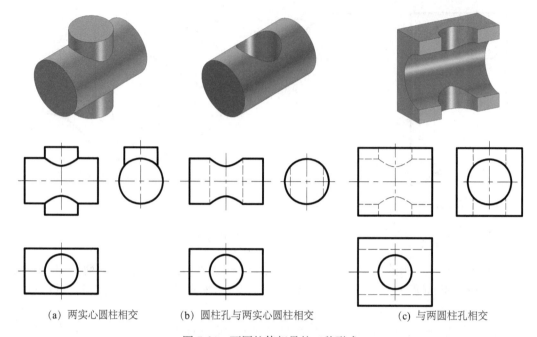

(a) 两实心圆柱相交   (b) 圆柱孔与两实心圆柱相交   (c) 与两圆柱孔相交

图 5-24　两圆柱体相贯的三种形式

由图 5-24 中可以看出：在三个投影图中所示的相贯线，具有同样的形状，且这些相贯线投影的作图方法也是相同的。

（二）利用辅助面求相贯线

求解两曲面立体相贯线的另一种方法是辅助面法。设有甲、乙两曲面体相贯，根据三面共点原理，作适当的辅助面，分别与甲、乙两立体相交，得到两条截交线。两截交线的交点即为相贯线上的点。同样，再作若干辅助面，求出更多的点，并依次连接起来，即为所求的相贯线。所选用的辅助面可以是平面，也可以是曲面（如球面），但应使辅助面截曲面体所得的截交线的投影形状最为简单易画，例如圆、矩形、三角形等。

如图 5-25 所示，圆柱与圆锥相贯。图 5-25（a）表示用水平面 P 作辅助平面截两回转体，与圆柱和圆锥的截交线都是水平圆，在水平投影面上反映实形。在辅助平面 P 上这两组截交线的交点 I、II 即为相贯线上的点。

图 5-25（b）表示用过锥顶 S 的铅垂面 Q 作辅助平面截两回转体，截圆柱为素线 MN，截圆锥为素线 SL。在辅助平面 Q 上这两组截交线的交点 III 为相贯线上的点。

当以平面为辅助面，两圆柱相贯时（图 5-26（a）），可选择平行于两圆柱轴线的截平面，使两截交线都是矩形。直立圆锥与水平圆柱相贯时（图 5-26（b）），可选择垂直于锥轴线又平行于柱轴线的水平截平面，使截交线为圆及矩形。球与圆柱相贯时（图 5-26（c）），可选择平行于投影面又平行于柱轴的截平面，使截交线为圆及矩形。

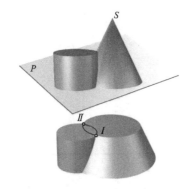

(a) 用水平面作辅助面

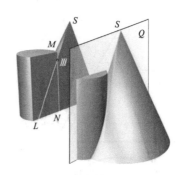

(b) 用铅垂面作辅助面

图 5-25　辅助截平面法求相贯线

(a) 同时平行两圆柱轴线

(b) 平行圆柱轴线垂直圆锥轴线

(c) 平行圆柱轴线和投影面

图 5-26　辅助截平面法及截平面的选用

例 5-12　已知圆柱与圆锥的投影，如图 5-27（a）所示，求作相贯线。

分析：本题即图 5-25 所示圆柱与圆锥相交，可用水平面为辅助面，也可用过锥顶 S 的铅垂面为辅助面。下面为采用水平面为辅助面的作图方法。

作图步骤：

（1）作辅助面 P_{V1} 与圆柱和圆锥相交，其交线都是水平圆，作出其水平投影，两圆相交于 1、2 点，这两点的正面投影 $1'$ 和 $2'$ 属于 P_{V1}，可由 1、2 点作投影连线求出，如图 5-27（a）所示。

（2）按相同方法继续作辅助面，但应注意选择能作特殊点的辅助面。为求得圆柱正面转向轮廓线上的点，先在水平投影图上选择一半径 R，以 s 为圆心，作圆使通过圆柱正面转向轮廓线的水平投影 3 点，再由半径 R 确定辅助面 P_{V2} 的位置，最后求出属于 P_{V2} 的 $3'$。$3'$ 点是区分相贯线正面投影可见与不可见部分的分界点。由 P_{V2} 还可求得另一点 IV（4，$4'$），如图 5-27（b）所示。

（3）最高位置的辅助面 P_{V3}，所截两圆应相切于一点。为准确定出 P_{V3} 的位置，先在水平投影图上以 $s5$ 为半径作圆与圆柱的水平投影图相交于点 5，再依此半径求出 P_{V3}，从而确定相贯线的正面投影最高点 $5'$。圆柱和圆锥底圆相交于 VI、VII 两点，则为相贯线的最低点，如图 5-27（c）所示。

（4）将求得的各点依次连接，并判定可见性，相贯线只有当同时处于圆柱及圆锥的可见表面时，才属可见，这里，相贯线的正面投影，只有 $6'-1'-3'$ 为实线，其余为虚线。相贯线的水平投影与圆柱的水平投影重影，如图 5-27（d）所示。

用过锥顶 S 的铅垂面为辅助面的方法，读者可自行分析作图。

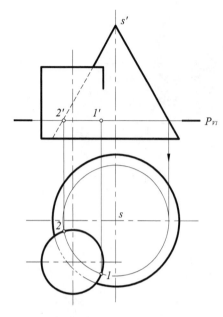

（a）已知条件，求一般位置点的投影

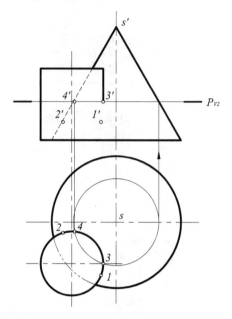

（b）求最右点的投影

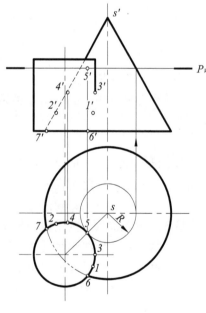

（c）求最高点的投影

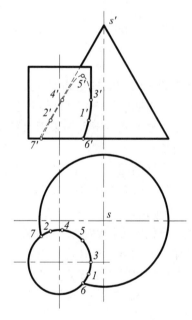

（d）连接各点，并判定可见性

图 5-27　求圆柱与圆锥的相贯线

例 5-13　已知两斜交异径圆柱的投影，如图 5-28（a）所示，求作相贯线。

分析：

两圆柱的轴线相交且平行于 H 面，小圆柱的全部素线均与大圆柱相交，相贯线为一封闭的空间曲线。相贯线的 W 面投影重影在大圆柱 W 面积聚投影的圆周上。需求出相贯线的 V、H 面投影。

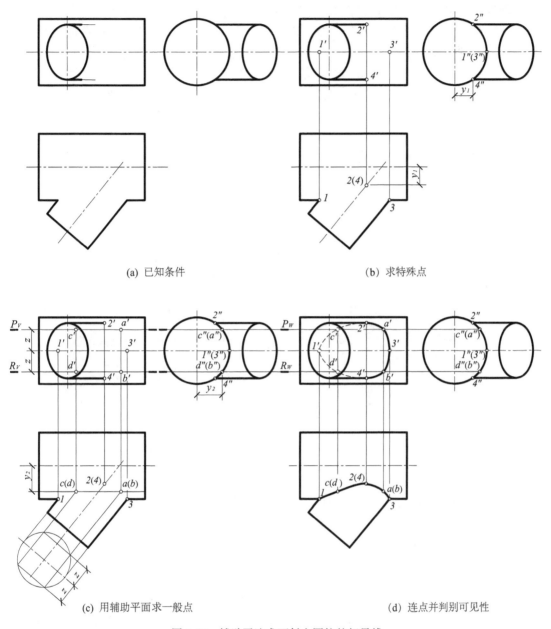

(a) 已知条件　　　　　　　　　　　　(b) 求特殊点

(c) 用辅助平面求一般点　　　　　　　(d) 连点并判别可见性

图 5-28　辅助平法求两斜交圆柱的相贯线

作图步骤：

（1）求特殊点。首先求出最高、最低点 Ⅱ、Ⅳ。它们是斜向小圆柱的最高、最低两素线与大圆柱的交点，可利用大圆柱的 W 面投影的积聚性求得各投影。由于两圆柱的轴线同处于一个水平面上，H 面投影中两轮廓素线的交点 1、3，即为相贯线的最左、最右点 Ⅰ、Ⅲ 的 H 面投影，据此求得 $1'$、$3'$（图 5-28（b））。

（2）求一般点。选用水平面 P 作为辅助截平面。P 面截两圆柱得两矩形截交线，它们的 H 面投影交点 a、c，即为相贯线上点 A、C 的 H 面投影。然后根据 a、c，求得 a'、c'（在 P_V 上），如图 5-28（c）所示。注意，斜圆柱截交线的 H 面投影是通过一个辅助圆所得。

同理，采用与 P 面对称的辅助平面 R，可求得点 B、D。

（3）连点。依次光滑地连接 $I-C-II-A-III-B-IV-D-I$ 各点的同面投影，如图 5-28（d）所示。

（4）判别可见性。相贯线的 H 面投影，上下段重影，$1-c-2-a-3$ 为可见。V 面投影上，$2'-a'-3'-b'-4'$ 段为可见，$4'-d'-1'-c'-2'$ 段为不可见，$2'$、$4'$ 为可见与不可见的分界点。

二、相贯线的特殊情况 [Special Cases of Intersection]

（1）相贯两回转体的轴线重合时，称为同轴相贯，其相贯线为一垂直公共轴线的圆，如图 5-29 所示。

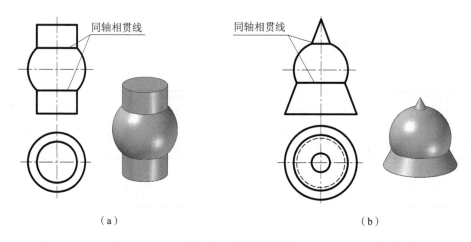

图 5-29　同轴线相贯

（2）当相贯两二次曲面同时外切于一圆球面时，它们的相贯线为两相交的平面曲线。如图 5-30 所示，两轴线的相交的回转面，同时它们外切一个球面（球心为两轴线的交点），其相贯线为垂直于相交两轴线所决定的平面的椭圆。由于该相交两轴线决定的平面平行于正面，所以两椭圆垂直于正面，其正面投影积聚为直线。

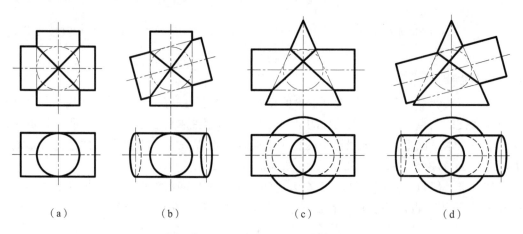

图 5-30　公切一球面的两回转体相贯

（3）相贯两圆柱，其轴线相互平行时，两柱面的相贯线是两条直素线，如图 5-31 所示。共锥顶的两圆锥相贯时，两圆锥面的相贯线也是两条直素线，如图 5-32 所示。图 5-33 为一系列共锥顶的圆锥面相贯所构成的屋面。

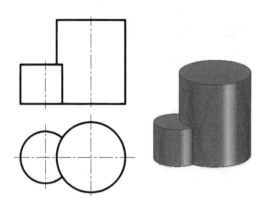

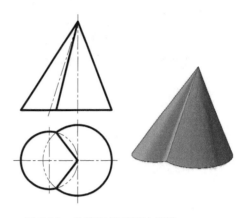

图 5-31 轴线平行的两圆柱相贯　　　　图 5-32 共锥顶的两圆柱相贯

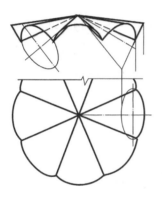

图 5-33 共锥顶圆锥面构成的屋面

第六章　建筑形体的图示方法
Chapter 6　Description Methods of Solid in Architecture

本章主要介绍建筑形体的一些基本表达方法。包括六面投影图、建筑形体的基本绘制与阅读方法、尺寸的标注、剖面图及断面图等内容。理解与掌握这些内容，对于以后绘制和阅读工程图是极为重要的。

第一节　六面投影图
［Six-Projection Drawing］

前面几章采用的是两面或三面投影来表达物体，但是对于比较复杂的工程形体或建筑物，用三面投影图仍不能较为清晰地表达出其形状，因此需要在原有三面投影体系基础上的增加三个新的投影面，可得到一个六面投影体系。物体在此体系中向各个投影面作正投影时，所得到的六个投影图称为六面投影图。

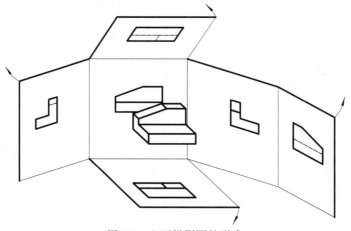

图 6-1　六面投影图的形成

图 6-1 所示是一物体的六面投影图。除前面介绍过的三投影图以外，还有从右向左投影所得到的右侧立面图；从下向上投影所得到的底面图；从后向前投影所得到的背立面图。六个投影面的展开方法是：正立投影面仍保持不动，其他各投影面如图 6-1 所示，逐一展开在同一平面上。同三投影面体系的"长对正、宽相等、高平齐"的规律一样，各投影之间仍保持一定的投影关系。投影的位置排列如图 6-2 （a）所示。每个投影图一般均应标明图名。图名宜标注在投影图的下方或一侧，并在图名下用粗实线绘一条横线，其长度应以图名所占长度为准。

如在同一张图纸上绘制若干个投影图时，各投影图的位置也可按图 6-2 （b）的顺序进行配置。

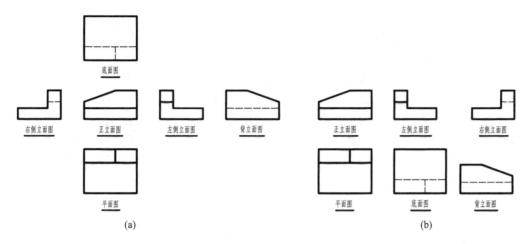

图 6-2　六面投影图的排列位置

第二节　建筑形体的绘制
[Representation of Solid in Architecture]

建筑形体形状多样，有的简单，有的复杂。但复杂的建筑形体一般都可看成由棱柱、棱锥、圆柱、圆锥和球体等基本形体经过切割、叠加后组成的。因此，在绘制建筑形体的投影图时，可将一个复杂的建筑形体分解为若干个基本体，分析它们的组合方式，通过组合、切割基本体的投影，最终得到复杂形体的投影图。本节介绍的是绘制建筑形体的一般步骤和方法。

一、形体分析 [Shape Analysis for Solid in Architecture]

如图 6-3 中，肋式杯形基础可以将其分解成为：一个四棱柱底板、一个中间被挖去一倒四棱台的四棱柱和六块四棱柱切割体形成的梯形肋板。

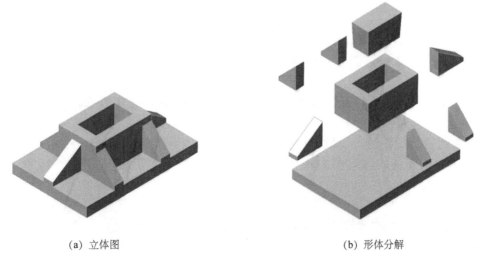

(a) 立体图　　　　　　　　　　　　(b) 形体分解

图 6-3　肋式杯形基础

二、投影数量的选择 [numbers of Projection]

投影数量的选择实际就是确定视图的数量，其原则是：在保证能够完整、清晰、准确表达出建筑形体各部分形状的前提下，尽量减少投影数量。

图 6-4 所示的晒衣架，选用一个 V 投影，即可说明其形状，如果再标注上尺寸和钢筋规格、数量就可用于施工了。图 6-5 所示的门轴铁脚，只需 H、V 两个投影就可表达清楚其形状，这时不需要画出 W 投影。图 6-6 所示的台阶，则需要三个投影图才能确定它们的形状。

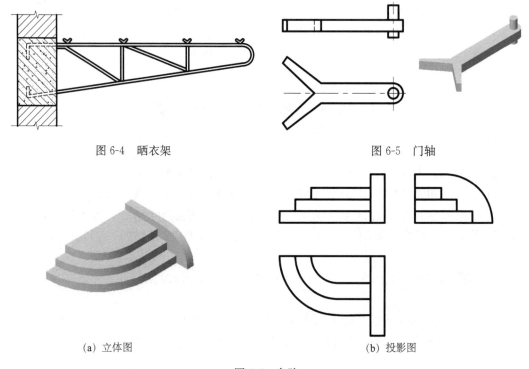

图 6-4　晒衣架　　　　　　　　　　图 6-5　门轴

（a）立体图　　　　　　　　　　（b）投影图

图 6-6　台阶

当房屋立面较多或建筑形体形状复杂时，可采用四个、五个或更多的投影图，如图 6-7 所示。这些多面投影图可画在同一张图纸上，也可以把各投影图分开布置在几张图纸上。

图 6-3 的肋式杯形基础要采用三个投影图才能表达清楚其形状，如图 6-10（d）所示。

当表达建筑形体的梁、板、柱节点或顶棚构造时，若采用平面图只能画出虚线图形。这样看图不便，这时可采用镜像投影，在图名后注写"镜像"二字，如图 6-8 所示。

三、正面投影的选择 [Selection of the Front Elevation]

如何选择形体的正面投影，其实就是如何确定形体在三面投影体系中的安放位置，在

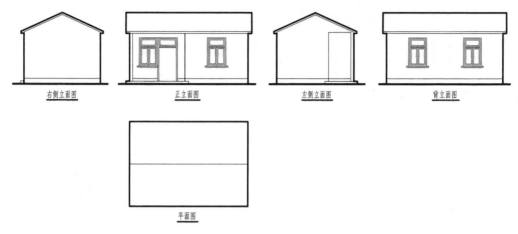

图 6-7　用多面投影表达房屋的外形

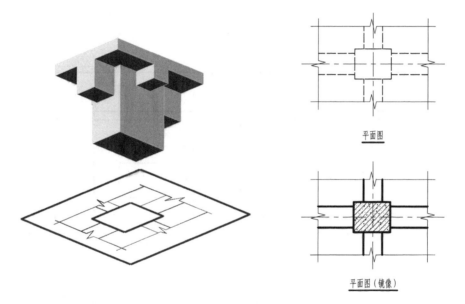

图 6-8　镜像投影

安放形体时应注意以下几点。

（1）形体要按其习惯的、正常的、平衡稳重的位置摆放；同时，形体的主要表面应平行或垂直于投影面。

（2）V 投影图应该能最大限度地反映出形体的外貌特征。对于建筑物常把反映房屋主要出入口及外貌特征明显的那一个立面选为正立面。

（3）V 投影图应尽量避免出现虚线，或减少虚线。

图 6-9 为一挡土墙的投影及立体图。图中（a）、（b）的正面投影都反映了挡土墙的外貌特征，但从它们的左侧立面图中可以看出：图（a）的虚线最少，而图（b）的虚线较多。因此图 6-9（a）的正立面选择较好，图 6-9（b）则较差。

图 6-10 的肋式杯形基础的 V 投影已最大限度地满足以上（1）、（2）两点，而虚线无法避免，在不能完全满足以上几点时，只能避轻就重。

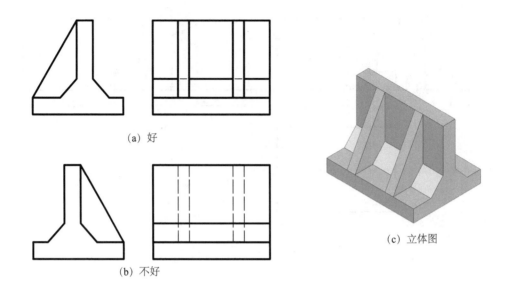

(a) 好

(b) 不好

(c) 立体图

图 6-9　挡土墙的投影选择

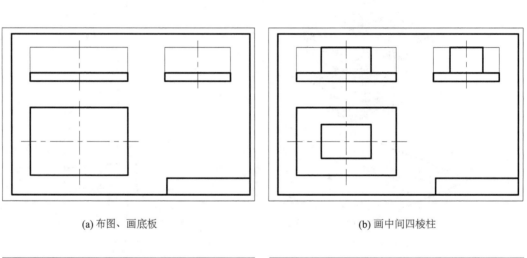

(a) 布图、画底板

(b) 画中间四棱柱

(c) 画六块梯形肋板

(d) 画杯口，擦去底稿线，完成全图

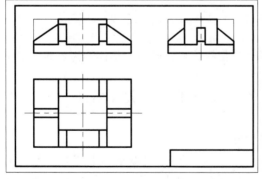

图 6-10　建筑形体的作图步骤

四、建筑形体的作图步骤 [Steps for Drawing the Views of Solid in Architecture]

（1）选择适当的图幅、比例。有两种方法：一是先选择比例，结合确定的视图数量，得出各视图所需面积，再估计出尺寸、图名和视图间隔所需面积，由此定出图幅大小。二是先选图幅，再考虑以上因素，定出比例。

（2）布置投影图。先画出图框、标题栏，明确图纸上可以画图的范围，然后大致安排好各视图的位置，使每个投影图在标注完尺寸后，图与图、图与图框的距离大致相等，如图 6-10（a）所示。

（3）画各投影图的底稿。依次画出四棱柱底板、中间四棱柱、六个梯形肋板和楔形杯口的三面投影，如图 6-10（b）、（c）所示。

（4）加深图线。各投影图经检查无误后，按各类线宽要求进行加深，如图 6-10（d）所示。

（5）标注尺寸。（详见本章第三节）

（6）书写文字。如：技术说明及标题栏内各项内容，完成全图。

第三节　建筑形体的尺寸标注
[Dimension of Solid in Architecture]

建筑形体的投影图，虽然已经清楚地表达出形体的形状和各部分的相互关系，但还必须注上足够的尺寸，才能明确形体的实际大小和各部分的相对位置。即物体的形状用视图表示，物体的大小、位置用尺寸决定，二者缺一不可。

在建筑形体中标注尺寸的基本要求是：尺寸要完整、清晰、正确，并遵守国家建筑制图标准中的有关规定。

一、基本体的尺寸标注 [Dimensioning of Basic Solid]

由于复杂形体是由基本形体组合而成，因此要掌握复杂形体的尺寸标注方法，首先应熟悉和掌握一些基本形体的尺寸标注方法。图 6-11 为基本形体的尺寸标注的示例。

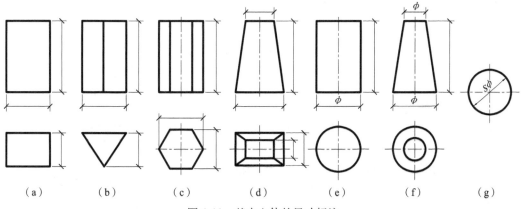

（a）　　　（b）　　　（c）　　　（d）　　　（e）　　　（f）　　　（g）

图 6-11　基本立体的尺寸标注

二、尺寸的组成 [Composition of Dimension]

建筑形体的尺寸一般应标注下述三种尺寸。

1. 定形尺寸

定形尺寸是确定组成建筑形体的各个基本体的形状大小的尺寸（长、宽、高）。

2. 定位尺寸

定位尺寸是确定各基本形体在建筑形体中相对位置的尺寸。标注定位尺寸时应先选定尺寸基准，既标注定位尺寸的起始点。从选定的尺寸基准开始，直接或间接标注出各基本体的定位尺寸。

3. 总体尺寸

总体尺寸是确定建筑形体总长、总宽、总高的尺寸。

下面以涵洞口一字墙为例，详细说明尺寸标注的过程与步骤。

例 6-1　如图 6-12 所示，标注涵洞口一字墙的尺寸。

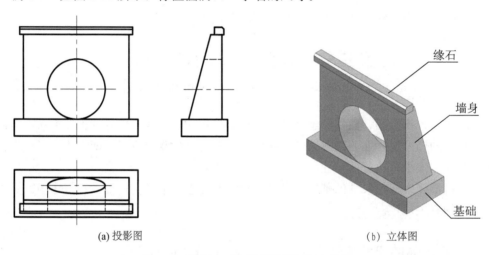

|(a) 投影图|(b) 立体图|
图 6-12　涵洞口一字墙的投影图及立体图

（1）进行形体分析，标注各部分的定形尺寸。

如图 6-13（a）、（b）、（c）所示。为了说明问题，将几个部分分别画出，并标上尺寸。但实际工作中，只需在整个投影图中标注即可。

（2）标注各部分的定位尺寸。

墙身在基础顶面的中间，其左右两端的定位尺寸均为 250；墙身宽度方向的定位尺寸各为 200 和 150。缘石在墙身顶面，它沿墙身前面伸出的尺寸为 50，50 即为其定位尺寸，如图 6-13 所示（d）。

（3）标注总体尺寸。

最后标注涵洞口一字墙的总长尺寸为 3400，总宽尺寸为 1250，总高尺寸为 2900，如图 6-13（d）所示。

例 6-2　如图 6-14 所示，标注工字形钢柱脚的尺寸。

（1）形体分析，标注定形尺寸。

首先标注确定组成工字形钢柱脚的各个基本体的形状大小的尺寸（长、宽、高）。图

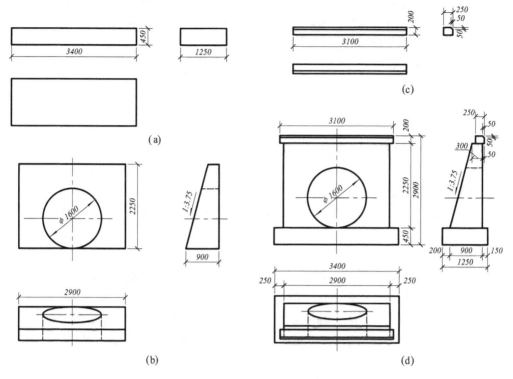

图 6-13　涵洞一字墙的尺寸标注

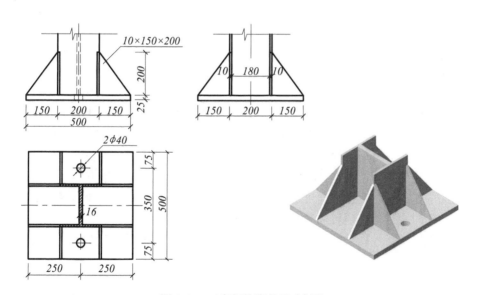

图 6-14　工字钢柱脚的尺寸标注

6-14 中底板长 500、宽 500、高 25，螺栓孔 2φ40，肋板尺寸 10×150×200 都为定形尺寸。

（2）标注定位尺寸。

其次标注定位尺寸，它是确定工字形钢柱脚的各个基本体的相对位置的尺寸。标注定位尺寸时，应先选取定位尺寸的尺寸基准，即标注定位尺寸的起始点。从选定的尺寸基准开始，直接或间接标注出各基本体的定位尺寸。图 6-14 中，两个螺栓孔圆心的定位尺寸：

以底板左（或右）侧面为基准面，标出长度方向的定位尺寸为 250，以底板前（或后）侧面为基准面，标出宽度方向的定位尺寸为 75 和 350。肋板的定位尺寸是：长度方向 150、200，宽度方向 150、200。

（3）标注总体尺寸。

最后标注总体尺寸。图 6-14 所示的底板总长 500、总宽 500，总高因没画出全部柱子故没标出。

三、尺寸的布置 [Layout of Dimension]

尺寸的布置应清晰、整齐、便于读图。主要需注意以下几点：

（1）尺寸标注要明显，主要尺寸应尽量标注在最能反映形体特征的视图上，如图 6-13、6-14 中，大量的尺寸都集中标注在平面图、立面图上，部分尺寸标注在左侧立面图上，只是作为平面图、立面图上尺寸的补充标注。

（2）尺寸标注要集中，同一基本体的定形、定位尺寸要尽量集中标注。如图 6-14 中，螺栓孔的定形、定位尺寸都集中标注在平面图中，这样更便于看图。

（3）尺寸布置要整齐，平行的尺寸线的间隔应大致相等；尺寸数字尽量写在尺寸线的中间位置；对同一方向的尺寸，大尺寸在外，小尺寸在里（靠近视图），以免尺寸线和尺寸界线交叉。

（4）保持视图清晰，尺寸应尽量标注在视图外面，少量尺寸可标在视图里面。如图 6-14 左视图投影中工字钢的定形尺寸 10、180、10 就可放到投影图中。

尺寸标注的其他问题请参阅第一章中的有关内容。

四、尺寸标注的步骤 [Procedures of Dimension]

（1）在形体分析的基础上，确定主要标注尺寸的视图及视图中尺寸的所在位置。

（2）标注定形尺寸，首先找出组成建筑形体各组成部分，如组成工字钢柱脚的底板、工字钢及肋板，然后再标注出各个组成部分定形尺寸。

（3）标注定位尺寸，先选择一个或几个基准面作标注起点。长度方向一般选择左侧面或者右侧面为基准面，宽度方向可选择前侧面或后侧面，高度方向一般以底面和顶面为标注起点。对于对称形体，还可用其对称线作长、宽的标注起点。

（4）检查复核尺寸。尺寸有无遗漏，尺寸数字是否正确无误，有无重复标注。

第四节　建筑形体的阅读
[Reading the Views of Solid in Architecture]

画图是由空间形体画出其视图的过程。读图是画图的逆过程，即根据视图想象出其空间形状的过程。阅读视图的方法主要是形体分析法，对于一些比较复杂的局部形状，采用线面分析法。要提高读图能力必须通过多画图，多读图的反复实践，才能增强对形体的空间想象能力，掌握读图规律，从而提高读图能力。

一、读图的基本知识 [Basic Knowledge of Reading]

（1）掌握各种基本三视图的特点及规律，特别是"长对正、宽相等、高平齐"的关系，才能进行形体分析。

（2）掌握各种位置直线、平面的投影特性（实形性、积聚性、相似性）及截交线、相贯线的投影特点，并能进行线面分析。

（3）联系两个视图来读图。一般情况，只从一个视图是不能确定形体空间形状的。只有三个视图才能唯一确定出形体的空间形状。但有些形体只需两个视图也能确定出其空间形状，如图 6-15 中，给出了四个形体立面图和平面图，它们的平面图都是相同的，结合各自的立面图，就能确定出各自的形状，如下方的立体图所示。

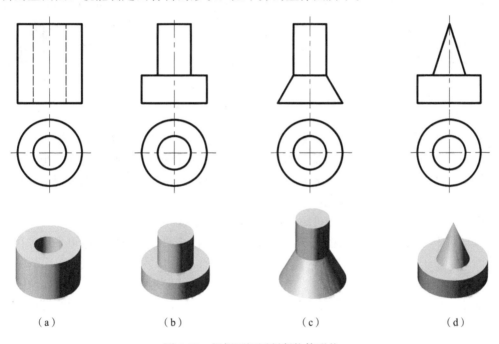

（a）　　　　　（b）　　　　　（c）　　　　　（d）

图 6-15　根据两视图判断物体形状

（4）联系三个视图来读图，如图 6-16 所示的六个形体，其 H、V 投影都是一样的，只有联系各自的 W 投影，才能想出各自的形状，如右侧的立体图所示。

二、读图的方法和步骤 [Methods and Steps of reading]

读图方法主要指的是运用形体分析法和线面分析法进行读图。形体分析法是先根据视图间的位置关系，把组合体分解成一些基本体，并想象出各基本体的形状。再按各基本体的相对位置，组合得出组合体的形状。这种方法多用于叠加式组合体。线面分析法是根据组合体内、外表面的投影，并分析各表面的性质、形状和位置，从而想象出组合体的形状。这种方法常用于切割式组合体。对于较复杂的综合式组合体，先以形体分析法分解出各个基本体，再用线面分析法读懂难点。

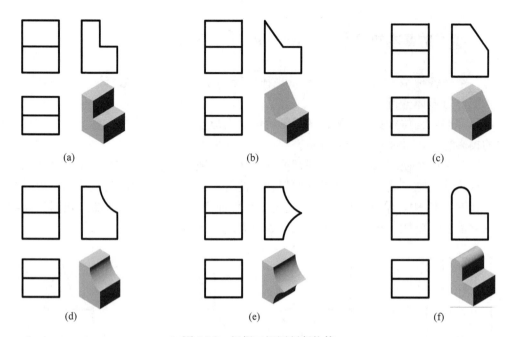

图 6-16　根据三视图判断物体

　　阅读组合体的一般步骤是：首先，对组合体各个视图有个初步了解，大概想象出组合体的形状；然后，运用形体分析法、线面分析法对组合体各组成部分的投影进行阅读分析，想象出其准确的空间形状；最后，想象出组合体整体的形状，并根据所想形状与各视图对照验证，去伪存真，最终完成对组合体的阅读。

　　例 6-3　根据图 6-17 所示的投影图想象出闸墩的形状。

　　（1）初步了解。从三投影图可知，闸墩是由三个部分叠加而成的，故可采用形体分析法读图。

　　（2）形体分析法。由图中线框，根据"三等关系"，可将闸墩分解为底板、墩身及立柱三部分，每一部分的形体相对简单，便于读图。将底板的投影图从三个投影图中分离出来，并想象出其空间形状，如图 6-18 所示。利用同样的方法，分离出墩身、立柱，并想象出其空间形状，如图 6-19、图 6-20 所示。

　　（3）想出整体。把上述分别想得的形体，按照图 6-17 所给定的位置组合成闸墩的整体形状，如图 6-21 （a）、（b） 所示。

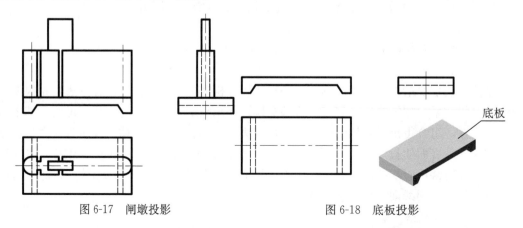

　　　　图 6-17　闸墩投影　　　　　　　　　　图 6-18　底板投影

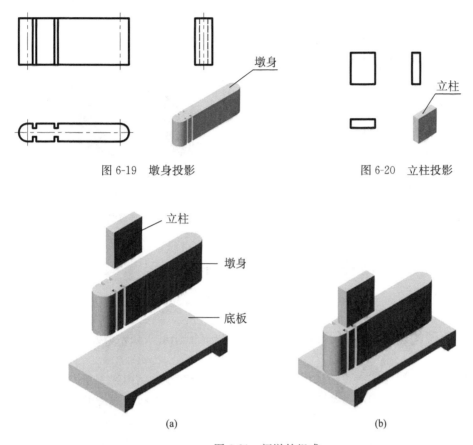

图 6-19　墩身投影　　　　　　　　　图 6-20　立柱投影

(a)　　　　　　　　　　　(b)

图 6-21　闸墩的组成

（4）对照验证。由综合想出的闸墩整体形状，对照已知的三投影图。完全相符，说明读图正确无误。

例 6-4　根据图 6-22 所示组合体的三投影图，想象出组合体的形状。

（1）初步了解。从图 6-22 可知，因三投影图中无曲线，故组合体是平面立体；三投影图的外形线框是矩形，因此组合体的原始形状是长方体；三投影图的外形线框内还有一些线条，可知组合体是由平面切割长方体而成，所以此题可用线面分析法读图。

（2）线面分析。由一投影中的某一线框，找其另外的两投影，若无类似性，必有积聚性，此平面为特殊位置平面，否则是一般位置平面。平面 P 的正立面图是一梯形线框，但其平面图和左侧立图均积聚为直线，并且分别与投影轴 OX、OZ 行，因此，平面 P 是正平面。同理，可从三投影图中看出平面 Q 和平面 T 是水平面，平面 S 是正平面。平面 R 的三个投影图，由"三等关系"可知，r'（$1'$、$2'$、$3'$、$4'$），r（1、2、3、4），r''（$1''$、$2''$、$3''$、$4''$）均是平行四边形，所以平面 R 是一般位置平面。

（3）想出整体。综合以上分析，可以设想由原来的长方体，用平面 P、Q、R 按图 6-22 的位置切割后，移去切掉部分，剩余部分形成的组合体如图 6-23 所示。

（4）对照验证。由想象出的立体形状对照已知投影图 6-22，两者相符，说明读图正确，否则，再做修正。

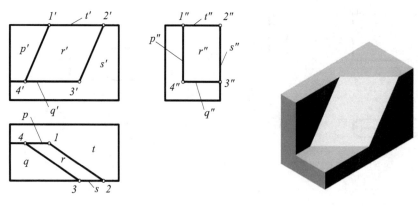

图 6-22　组合体的三投影图　　　　　图 6-23　组合体的立体图

第五节　剖面图及其分类

[Sectional Views and their Classification]

一、剖面图的基本概念 [Basic Concept of Sectional Views]

在画建筑形体的投影图时，形体内部不可见部分的轮廓线是用虚线表示的。如果形体内部的形体复杂，在投影图中就会出现较多的虚线，甚至虚、实线相互重叠交叉，这既不便于画图与读图，也不便于尺寸的标注。为此，采用剖面图的方法来解决这个问题，即假想用剖切面剖开形体，把观察者与剖切面之间的部分移去，而将其余部分向投影面投射所得图形称为剖面图。剖面图既可将原属不可见的内部轮廓线变得可见，清晰地表达内部结构，又能图示出其内部材料。图 6-24 所示肋式杯形基础的左侧立面图采用的就是剖面图的表现形式。

二、剖面图的画法 [Representation of Sectional Views]

1. 确定剖切面的位置

剖切面的剖切面位置与投射方向主要取决于要表达形体的内外结构。一般剖切面应尽量通过建筑形体的对称面或其上的孔、洞、槽的中心线，并应平行投影面，这样能使断面的投影反映为实形，方便画图及读图。图 6-24 中要把左侧立面图改为剖面图，采用的剖切平面 P 是侧平面，且通过了该基础的左右对称面，如图 6-25 所示。

2. 剖面图的画法

形体被剖切后，按选定投射方向作出剩余部分的形体投影，即得剖面图。以图 6-24 中左侧立面图为例，具体画法如下：先擦去原投影图中已被移去部分的可见投影轮廓线；再把用虚线表示的内部不可见结构的投影轮廓线因剖切而被显露出来者改成实线。注意：由于剖切是假想的，在一个或几个投影图被改为剖面图后，其他投影图应保持图形的完整性。

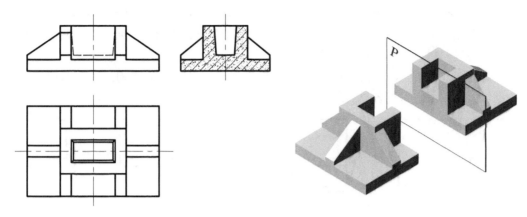

图 6-24　肋式杯形基础　　　　　　图 6-25　肋式杯形基础的剖切情况

3. 剖面图的图线及图例

建筑形体被剖切后形成的断面轮廓线的投影，用粗实线绘制；剩余部分未剖到的轮廓线投影，画成中粗线；另外，在剖面图中应尽量不画虚线。为使形体剖到部分与未剖到部分区别开来，使图形清晰易辨，应在断面轮廓范围内填充上相应的材料图例。常用材料图例详见第一章，表 1-8。两个相同的图例相接时，图例线宜错开或使倾斜方向相反，如图 6-26 所示；两个相邻的涂黑图例间应留有空隙，其净宽度不得小于 0.5mm，如图 6-27 所示。未给出材料的用 45°等距斜细实线表示。

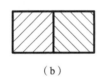
　　（a）　　　　　　（b）

　　（a）　　　　　　（b）

图 6-26　相同的图例相接时，图例线的画法　　　图 6-27　相邻的涂黑图例的画法

4. 按规定的方法进行标注

具体的标注方法及内容详见本节"四、剖面图的标注"。

三、剖面图的分类 [Types of Sectional Views]

根据剖切建筑形体的范围，可将剖面图分为全剖面、半剖面和局部剖面。剖切面可以是平面也可以是曲面、可以是单一的剖切面也可以是多个剖切面的组合。绘图时，应根据形体的结构特点，恰当地选用单一剖切面、几个平行的剖切面或几个相交的剖切面（交线垂直于某一投影面），绘制形体全剖面图、半剖面图和局部剖面图。

（一）剖面图的种类

1. 全剖面图

用剖切面将形体全部剖切开所得的剖面图，通常称为全剖面图。这是一种最简单、最常用的剖切方法，适用于不对称的建筑形体，或虽然对称但外形比较简单，或在另一个投影中已将它的外形表达清楚时。图 6-28（a）所示的洗涤盆，外形较简单，而内部有孔，故剖切平面沿圆孔中心前后、左右切开，移开遮挡部分，如图 6-29 所示，然后分别向 V、W 面进行投射，得到 1—1、2—2 剖面图，如图 6-28（b）所示。剖面图中一般需要有剖切符号、编号、材料、图名及比例等内容。

注意：图 6-28 所示洗涤盆的上部材料是钢筋混凝土，下部为砖砌的墩，剖切后虽在同一剖切面内，但因材料各异，故在图例材料分界处要用粗实线分开。

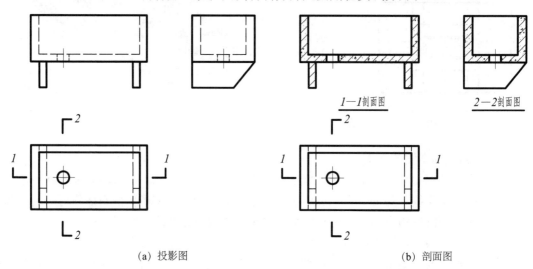

（a）投影图　　　　　　　　　　　　　　　　（b）剖面图

图 6-28　单一剖切面剖切洗涤盆

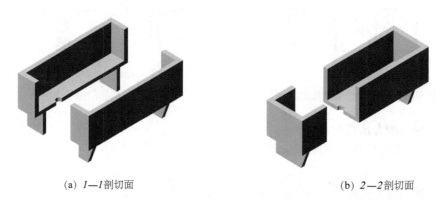

（a）1—1 剖切面　　　　　　　　　　（b）2—2 剖切面

图 6-29　洗涤盆的剖切情况

2. 半剖面图

当形体具有垂直于投影面的对称面时，在该投影面上投射所得的图形，可以对称符号为界，一半画为外形，另一半画为剖面，这种组合的图形通常称为半剖面图，如图 6-30 所示。对称符号用对称线和两对平行线组成。对称线用细单点长画线绘制；平行线用细实线绘制，其长度为 6~10mm，间距为 2~3mm；对称线垂直平分于两对平行线，两端超出平行线为 2~3mm，两对平行线到图形的距离应相等。

半剖面图主要用于内、外部结构均需表达的对称形体，图 6-28 是一个杯形基础的剖面图。在半剖面图中，剖面部分通常按以下原则配置：在正立面图中，剖面部分画在对称线右侧；在平面图中，剖面部分画在对称线的下方；在左侧立面图中，剖面部分画在对称线的右侧。

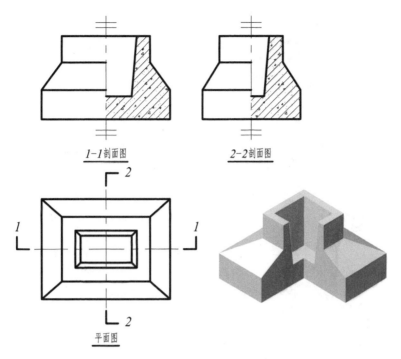

图 6-30　一半画视图，一半画剖视图的杯形基础

注意：半剖面图中，表示外形的半边一般不画虚线，只是在某部分形状不能确定时才画出必要的虚线。另外，半剖面图中一律以对称符号为外形部分和剖面部分的分界线。

3. 局部剖面

当建筑形体的外形较复杂，全部剖切开形体后就无法表示其外形时，可采用局部剖切的方法。这种方法是用剖切面局部地剖开形体，只需显示某一局部构造，而要保留其余部分的外形，所得的剖面图通常称为局部剖面图。按"国标"规定，被剖切的部分与未被剖切的部分的分界线，用波浪线绘制。图 6-31、图 6-32 是沟管局部剖面图及墙体固定支架的局部剖面图，按需要画出需要剖开的部位，以表示沟管的内部结构、支架埋入墙体的深度、砂浆灌注情况，其余部分画成外形图，并以波浪线分界。对于一些具有不同结构层次的工程建筑物，如楼地面、墙面等面层构造，可按实际需要，采用按层次以波浪线将各层隔开的分层剖切的方法剖切，从而获得分层局部剖面。例如，图 6-33 所表示的是楼面各层所用的材料及构造做法。

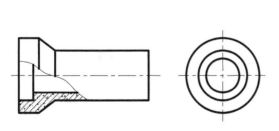

图 6-31　沟管局部剖面图　　　　图 6-32　墙体固定支架局部剖面图

（二）剖面图的剖切方式

剖面图能否清晰地表达建筑形体的结构形状，剖切面的选择很重要。按"国标"规定

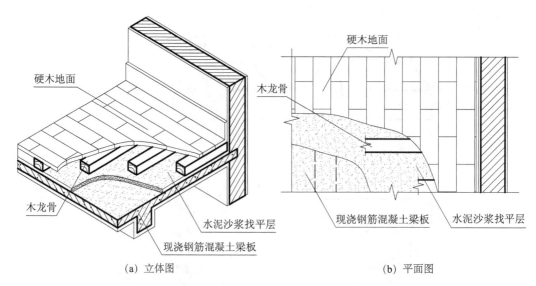

<table>
<tr><td>(a) 立体图</td><td>(b) 平面图</td></tr>
</table>

图 6-33 楼面构造的分层局部剖面图

有以下三种剖切方式。

1. 单一剖切面剖切

用单一剖切面剖切是一种最常用的剖切方法。图 6-28、图 6-30、图 6-31 及图 6-32 都是用单一剖切面剖切所得的剖面图。

2. 用两个或两个以上相互平行的剖切面剖切

当建筑形体内部结构复杂、层次较多，用一个剖切面不能将建筑形体内部需要表示的部分全部剖切到时，可采用两个或两个以上相互平行的剖切面进行剖切。用此方式剖切时，在剖面图上规定不应画出因剖切面转折所产生的交线，如图 6-34 所示。剖切起止点和转折处均应画上剖切位置线，并在转角的外侧加注与该符号相同的编号，如图 6-34 中的"1—1"。转折处的剖切位置线不能与图中的轮廓线重合。

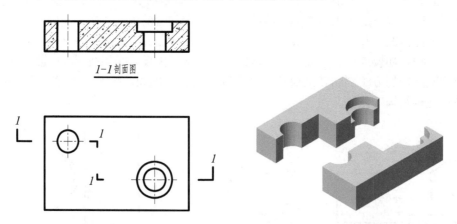

图 6-34 用两个平行的剖切平面剖切获得的全剖面图

图 6-35 中的 2—2 剖面是采用两个平行的剖切平面剖切获得的半剖面图，图 6-36 是采用两个平行的剖切平面剖切获得的局部剖面图。

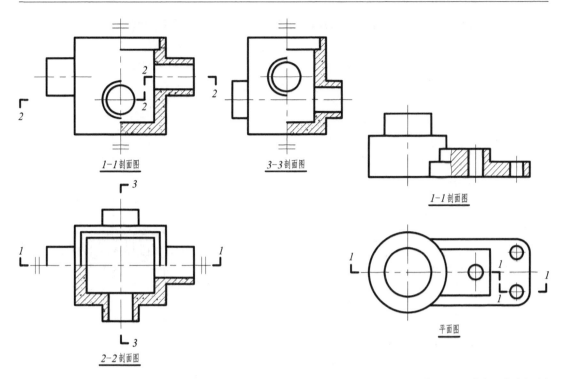

图 6-35　两个平行的剖切平面获得半剖面图　　　　图 6-36　两个平行的剖切平面获得局部剖面图

3. 用两个或两个以上相交的剖切面剖切

用两个相交的剖切平面（两剖切面的交线应垂直于投影面）剖开建筑形体的方法，如图 6-37 所示。采用这种方法时，假想按剖切位置剖开形体，先将倾斜于投影面的剖面绕两剖切面的交线旋转到平行于投影面的位置，再进行投射。"国标"规定所画剖面图应在图名后加注"展开"二字，剖切起止点和转折处均应画上剖切位置线和编号。图 6-37 为检查井使用两个相交的剖切平面剖切所得的剖面图。

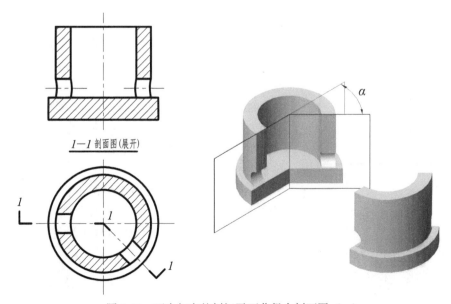

图 6-37　两个相交的剖切平面获得全剖面图（一）

楼梯剖面图是一种常用的工程图样，图 6-38 为一折角楼梯采用两个相交的剖切平面剖切所获得全剖面图。

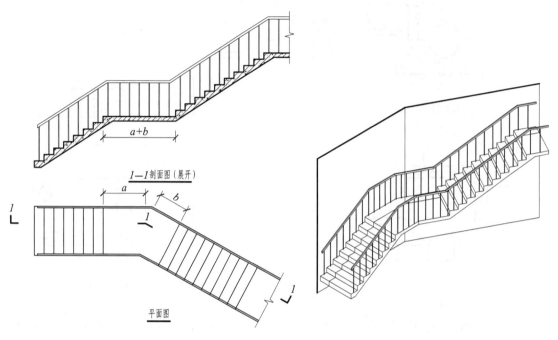

图 6-38 两个相交的剖切平面获得全剖面图（二）

四、剖面图的标注 [Notes for Making Sectional Views]

在剖面图中需要对剖切符号及其编号、剖面图的图名进行标注。

（1）剖面图的剖切符号应由剖切位置线及投射方向线组成，均应以粗实线绘制。剖切位置线的长度宜为 6 ～ 10mm；投射方向线应垂直于剖切位置线宜为 4 ～ 6mm（图 6-39）。绘图时，剖面图的剖切符号不应与其他图线相接触。

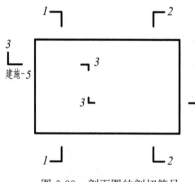

图 6-39 剖面图的剖切符号

（2）剖切符号的编号宜采用阿拉伯数字，按顺序由左至右、由下至上编排，并应注写在投射方向线的端部。

（3）剖面图的图名应标注在剖面图的下方或一侧，写上与该图相对应的剖切符号的编号，作为该图的图名，如"1—1"、"2—2"等，并应在图名下方画一等长的粗实线。

（4）剖面图如与被剖切图样不在同一张图纸内，可在剖切位置线的另一侧注明其所在图纸的图纸号，如图 6-39 中的 3—3 剖切位置线下侧注写的"建施—5"即表示剖面图在"建施"第 5 号图纸上。

五、剖面图的实例［An Example of Sectional Views in Engineering］

如图 6-40 所示为剖面图在房屋建筑图中应用实例。其中：平面图是采用单一剖切面全部切开所得的剖面图，用以表示房屋的平面布置；*1—1* 剖面图则是用两个相互平行的剖切面剖切所得的剖面图，其剖切平面为侧平面，分别穿过前、后墙上的两个窗户。

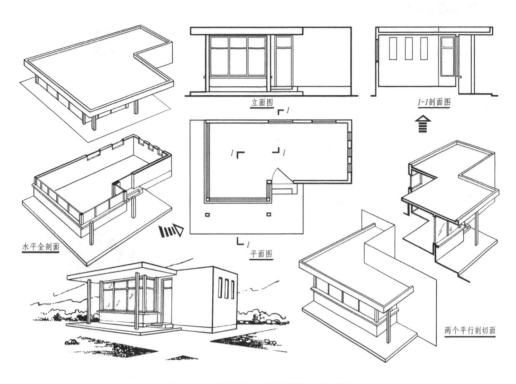

图 6-40　剖面图在房屋建筑中的应用

第六节　断　面　图
［Cuts］

一、断面图的基本概念［Basic Concept of Cut］

断面图与剖面图一样，都是用来表示形体（如梁、板、柱等构件）的内部形状的。剖面图所用的剖切方法，也可用于断面图。断面图是假想用剖切面将形体某处截断，仅画出剖切面与形体接触部分的图形，即称为断面图，简称断面。断面图与剖面图的区别主要表现在以下几方面。

（1）剖面图是被剖开的形体的投影，是体的投影，而断面图只是截交线围成的平面（截面）的投影，是面的投影。剖面中必然有截口，所以剖面图中包含有断面图。剖面图除了画断面外，还要画出其余可见部分的投影，如图 6-41 中 *1—1* 剖面所示。而断面图只需画出截交线围成的图形即可，见图 6-41 中 *2—2*、*3—3* 断面图。

（2）剖切符号的不同。断面图的剖切符号只画剖切位置线，不画投射方向线，投射方向是用断面编号的位置表示。编号宜采用阿拉伯数字，按顺序连续编排，并注写在剖切位置线一侧；编号所在的一侧应为该断面的剖视方向。

二、断面图的画法 [Drawing Methods of Cuts]

1. 断面的移出画法

此画法是将形体的断面图画在投影图之外。当形体需要画多个断面时，可将每个断面图整齐地排列在投影图的附近，如图 6-41 所示花篮梁的 *2—2*、*3—3* 断面。

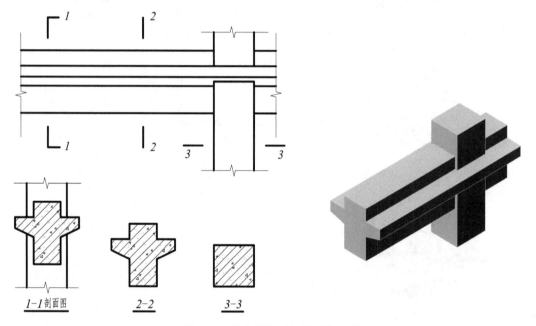

图 6-41 花蓝梁断面与剖面的区别

移出断面的轮廓线用粗实线绘制，图名不写"断面图"字样。根据需要断面图可用较大比例绘制。

当剖切平面通过回转面形成的孔、凹坑的轴线或剖切后出现分离的断面时，这些结构应按剖面图画，如图 6-42 所示。

2. 断面的中断画法

对于单一的长向构件，如角钢、槽钢、工字钢等，可以在构件投影图的某一处用折断线或波浪线将其断开，把断面图放在当中，如图 6-43 中的角钢、槽钢。断面画于中断处时不用标注剖切符号及编号。

3. 断面的重合画法

断面不移出投影图，而是在其剖切位置旋转 90°，使断面图重合到投影图上，如图 6-44 所示。使用这种断面画法时，断面轮廓线要得粗一些，以便区别于投影图中的原有线条。另外，在断面图中也可不标注具体的材料，只需沿断面轮廓线内的边缘加画 45°等距斜细实线即可。

图 6-44 为墙体断面的重合画法、图 6-45 表示的是钢筋混凝土楼盖断面的重合画法。

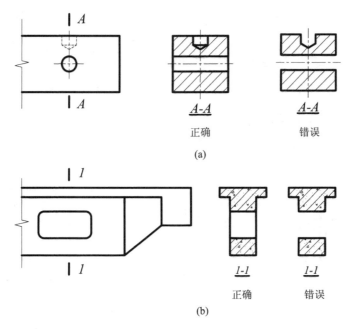

图 6-42　断面按剖面绘制的画法

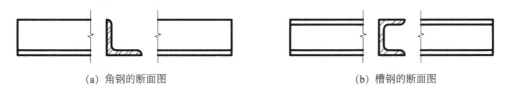

(a) 角钢的断面图　　　　　　　　(b) 槽钢的断面图

图 6-43　角钢、槽钢断面的中断画法

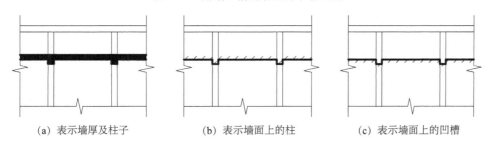

(a) 表示墙厚及柱子　　(b) 表示墙面上的柱　　(c) 表示墙面上的凹槽

图 6-44　墙体断面的重合画法

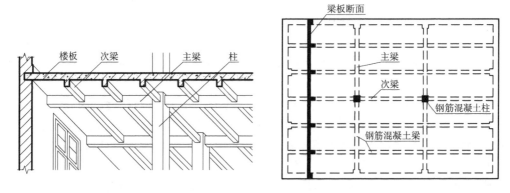

图 6-45　钢筋混凝土楼盖断面的重合画法

第七节　简化画法
[Simplified Representation]

　　在画施工图时，除了可采用前面介绍的各种形体表达方法外，还可根据形体的具体情况使用一些简化画法和规定画法，如图 6-46 所示。

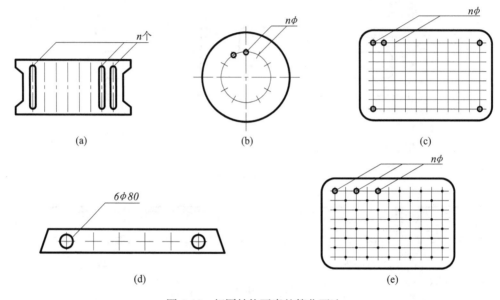

图 6-46　相同结构要素的简化画法

一、相同结构要素的简化画法 [Simplified Representation of Same Features]

　　如果建筑物或构配件上有许多相同且连续排列的结构要素，可以仅在两端或适当位置画出少数几个完整的形状，其余部分只画中心线或中心线交点表示，并注明共有多少个这样的要素，如图 6-46（a）、（b）、（c）、（d）所示。

　　如果建筑物或构配件上有多个相同而不连续排列的结构要素，则可只在适当位置画出少数几个要素的完整形状，其余部分应在要素中心线交点处用小黑点表示，并注明共有多少个这样的要素，如图 6-46（e）所示。

二、对称形体的简化画法 [Simplified Drawing Method for a Symmetrical Solid]

　　形体的对称视图可以只画一半，用对称符号强调出形体的对称性。例如图 6-47（a）所示的锥壳基础平面图，由于它是左右对称的，可以只画左半部分，并加上对称符号，如图 6-47（b）所示。又由于它还前后对称，还可进一步简化平面图，只画四分之一部分，如图 6-47（c）所示。

　　形体的对称视图画一半时，也可稍微超出对称线，用波浪线或折断线断开，此时不需加对称符号，如图 6-48（a）所示的钢屋架图以及如图 6-48（b）所示的杯形基础图。

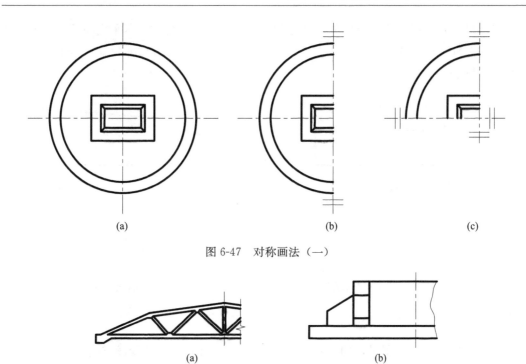

图 6-47 对称画法（一）

图 6-48 对称画法（二）

对称的形体需要作剖面图时，可以画成半剖面图，如图 6-30 所示。

三、折断简化画法 [Shorten Drawing Method of Long Solid]

在表达物体时，根据需要可假想其折断后画出，但折断处应画折断线。对于断面形状和材料不同的物体，折断线的画法也不同，如图 6-49 所示。

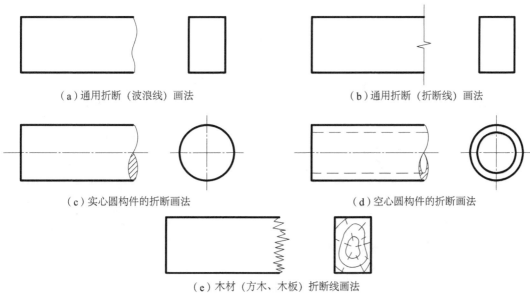

（a）通用折断（波浪线）画法　　　　　　　　（b）通用折断（折断线）画法

（c）实心圆构件的折断画法　　　　　　　　（d）空心圆构件的折断画法

（e）木材（方木、木板）折断线画法

图 6-49 折断线的画法

当形体较长，而沿长度方向的形状相同或按一定规律变化时，可采用断开省略的方法绘制，断开处应以折断线表示，如图 6-50 所示。折断线应超出轮廓线 2～3mm，其尺寸应按原长度标注。

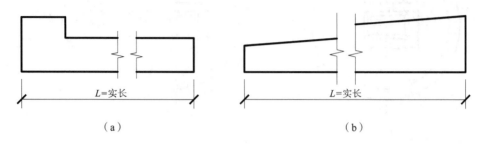

图 6-50　局部相同的简化画法

四、剖面材料符号的简化画法 ［Simplified Representation of Hatching Symbols］

在画剖面图、断面图时，如剖面区域比较大，允许沿着剖面区域的轮廓线或某一局部画出部分剖面材料符号，如图 6-51 所示。

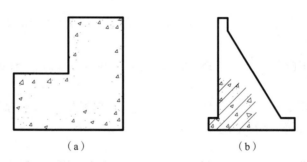

图 6-51　剖面材料符号的简化画法

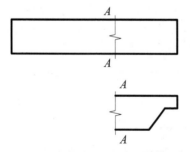

图 6-52　局部不同的简化画法

五、局部不同的简化画法 ［Simplified Representation of Tow Solids with Partial Difference in Shape］

如果一个形体和另一个形体仅有部分不相同，该形体可只绘制不同部分，但应在两形体的相同部分与不相同部分的分界线处，分别绘制连接符号，两个连接符号对准在同一线上，如图 6-52 所示。连接符号用折断线和字母表示，两个相连接的图样字母编号应相同。

第八节　第三角投影法简介

［Brief introduction to third-angle projection］

随着国际技术交流的增多和国际贸易的日益增长，经常会遇到采用第三角投影法绘制的工程图样，这些工程图样与我国采用的投影方法不同，因此有必要对第三角投影法进行简介。

一、第三角投影法 ［Third-angle projection］

相互垂直的两个投影面 V、H 和 W 和将空间分为八个分角，并依图示顺序为 I、II、III、…VII、VIII，如图 6-53 所示。编号为 I 的区域为第一分角，简称第一角；编号为 III 的区域为第三分角，简称第三角。

第一角投影法是将物体放在第一分角中，按人（观察者）→ 物（机件）→ 面（投影面）的相对位置关系作正投影所得的图形，这种方法称为第一角投影法。部分欧洲国家，如英国、德国、俄罗斯等，都采用这种方法。由于第一角投影法曾经盛行于欧洲大陆，因此也常称为欧洲方法（E 法）。我国也采用第一角投影法。

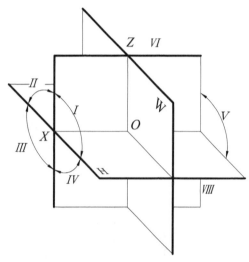

图 6-53　八个分角及坐标轴

第三角投影法是将物体放在第三分角中，假设投影面是透明的，按人（观察者）→ 面（投影面）→ 物（机件）的相对位置关系作正投影。这种方法称为第三角投影法。如美国、日本、荷兰等采用这种方法，因此也常称为美国方法（A 法）。

二、第三角投影法中六面投影图的形成 ［Form of six-view in Third-angle projection］

第三角投影法是假设将物体置于透明的玻璃盒中，以玻璃盒的六个侧面作为投影面，按"人 → 面 → 物"的顺序向各投影面作正投影，如图 6-54 所示。再把各投影面展开到与 V 面重合的平面上，即可得图 6-54 所示的六个投影图。其名称分别为正立面图、底面图、平面图、右侧立面图、左侧立面图及背立面图，如图 6-55 所示。

第一角投影法与第三角投影法既有共同点，也有不同点。两者都是采用正投影法，所以正投影法的规律，包括投影图的对应关系，如"长对正，高平齐，宽相等"等，对两者都适用，这是它们的共同点。而不同之处在于投影图的名称和位置关系有所不同、投影图之间的方位对应关系有所不同。如在第三角投影法中，平面图和右侧立面图靠近正立面图的一边是物体的前面，而这在第一角投影法中正好相反。

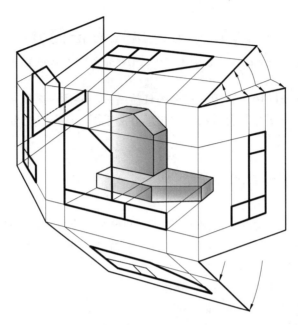

图 6-54　第三角投影法及投影面的展开

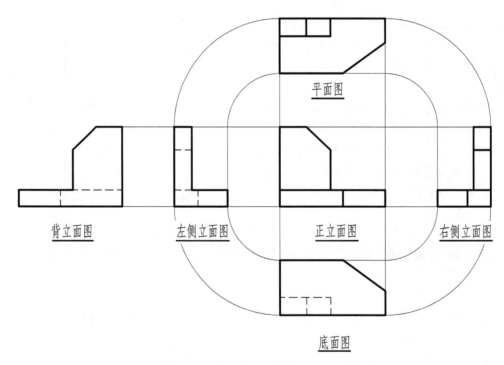

图 6-55　第三角投影法的六面投影图

第七章 轴 测 投 影
Chapter 7 Axonometric Projection

第一节 概 述
[Introduction]

用正投影法在两个或多个投影面上表达物体的主要优点是作图简便和度量性好，但缺点是直观性差，缺乏立体感，不是任何人都能看得懂。因此，在工程上除了广泛采用正投影图外有时也需要应用直观性好，又能度量的轴测投影图来作为辅助性的图样，以帮助人们看懂正投影图，如图 7-1 所示。

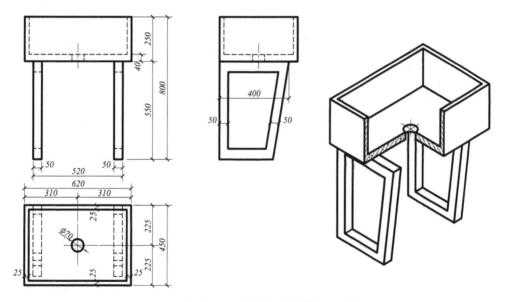

图 7-1 正投影图与轴测图

一、轴测投影的形成 [Formation of Axonometric Projection]

轴测投影是将物体和在空间确定的直角坐标系（O_0X_0、O_0Y_0、O_0Z_0），一起按箭头 S 所示的投影方向，用平行投影法投影到新的轴测投影面 P 或 Q 平面上所得的投影，如图 7-2 所示。当投影方向 S 垂直于投影面 P 时，所得到投影称为正轴测图。当投影方向 S 倾斜于投影面 Q 时，所得到投影称为斜轴测图。

在图 7-2 所示的轴测投影中，投影面 P 和 Q 平面称为轴测投影面；空间直角坐标轴 O_0X_0、O_0Y_0、O_0Z_0 的轴测投影 OX、OY、OZ 称为轴测轴；三个轴测轴之间的夹角，即 $\angle XOZ$、$\angle XOY$、$\angle YOZ$ 称为轴间角；轴测投影中轴测轴方向的线段长度与物体上沿坐标轴方向的对应线段长度之比，称为轴向伸缩系数。通常用 p、q、r 表示：

$$p = \frac{OA_1}{O_0A_0} ; \quad q = \frac{OB_1}{O_0B_0} ; \quad r = \frac{OC_1}{O_0C_0}$$

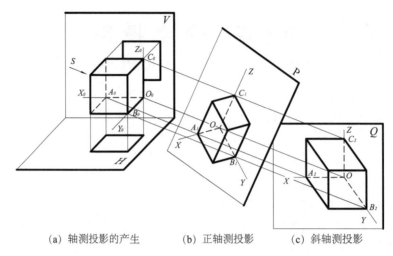

(a) 轴测投影的产生　　　　(b) 正轴测投影　　　　(c) 斜轴测投影

图 7-2　轴测投影的形成

二、轴测投影图的基本特性 [Basic Characteristics of Axonometric Projection]

由于轴测投影图采用的是平行投影法，由立体几何可以证明，与投影方向不一致的两平行直线段，它们的平行投影仍保持平行；且各线段的平行投影与原线段的长度比相等。由此可以得出：

（1）平行性。在轴测图中，空间形体上平行于坐标轴的直线段的轴测投影，仍与相应的轴测轴平行。

（2）定比性。在轴测图中，空间形体上平行于坐标轴的直线段的轴测投影的长度与原线段的长度比，就是该轴测轴的轴向伸缩系数。

也就是说轴测图中轴测投影的长度等于该坐标轴的轴向伸缩系数与原线段的长度的乘积。即 $OA_1 = p \cdot O_0A_0$。其余类推有 $OB_1 = q \cdot O_0B_0$；$OC_1 = r \cdot O_0C_0$。

（3）真实性。在轴测图中，物体上平行轴测投影面的平面，在轴测图中反映实形。

因此，当确定了空间的几何形体在直角坐标系中的位置后，就可按选定的轴向伸缩系数和轴间角作出它的轴测投影图。

三、轴测投影图的分类 [Classification of Axonometric Projections]

轴测投影图按投影方向不同分为正轴测图和斜轴测图。正轴测图是由正投影法得到的，而斜轴测图是由斜投影法得到的。

在每一类轴测图中，按三个轴向伸缩系数是否相等分为如下三种。

（1）三个轴向伸缩系数都相等时，即 $p=q=r$，称为正（或斜）等轴测图。

（2）三个系数中有两个相等时，通常采用 $p=q\neq r$，称为正（或斜）二测图。

（3）三个系数都不相等时，即 $p\neq q\neq r$，称为正（或斜）三测图。

第二节　正等轴测图
[Isometric Projection]

一、轴间角和轴向的伸缩系数 [Angle Between Isometric Axes and Coefficient of Axial Deformation]

正等轴测图的轴间角都是120°，各轴向伸缩系数都相等，即 $p=q=r\approx0.82$。为了实际作图时计算方便，通常采用简化系数 $p=q=r=1$，这样所画的轴测图要比实际的轴测图大 $1/0.82\approx1.22$ 倍，但并不影响轴测图的立体感，如图7-3所示。本章例题均采用简化系数作轴测图。

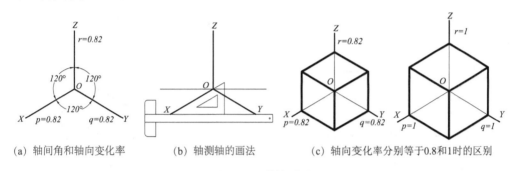

(a) 轴间角和轴向变化率　　(b) 轴测轴的画法　　(c) 轴向变化率分别等于0.8和1时的区别

图7-3　正等轴测图

二、轴测图的画法和步骤 [Drawing Methods and Procedures of Axonometric Projection]

已知一个物体的正投影图，通常用简化轴向伸缩系数作轴测图。

作正等轴测图的一般步骤：

（1）看懂物体的正投影图，进行形体分析，并设置坐标轴。

（2）按轴测图的轴间角作出轴测轴。

（3）依次作出物体上各线段和各表面的轴测图，再逐步连成物体的轴测图。

在设立坐标轴和具体作图时，要考虑有利于坐标的定位和度量，可视物体具体形状而用坐标法、组合法和切割法。坐标法是画轴测图的基本方法，它是沿坐标轴测量按坐标画出各顶点的轴测图的方法。组合法是用形体分析法先将物体分为若干基本形体，然后再逐个将形体组合在一起的方法。对不完整的形体，可先按完整形体画出，然后再用切割的方法画出其不完整部分，此法称为切割法。以下举例说明作图要点。

注意：由于采用简化系数作图，所以物体在平行于坐标轴方向的原长度即为其在该方向轴测投影的长度。

（一）平面立体正等轴测图的画法

例7-1　已知物体的正投影图（图7-4（a）），作出物体的正等轴测图。

作图步骤如下：

（1）先对物体进行形体分析。分析可知物体由 A、B、C 三个部分组成，如图 7-4（a）所示。

（2）按轴间角作出正等轴测轴，如图 7-4（b）所示。

（3）画四棱柱底板 A 的底面，并按其 Z 坐标，竖高度，画出形体 A，如图 7-4（c）所示。

（4）在形体 A 的顶面，作形体 B 的水平投影，如图 7-4（d）所示。

（5）作出形体 B 的顶面坐标，并连接各顶点，作出形体 B，如图 7-4（e）所示。

（6）在形体 A 的顶面，画四棱柱形体 C 的底面水平投影，如图 7-4（f）所示。

（7）画出形体 C 的左端面，如图 7-4（g）所示。

（8）从形体 C 左端面的各顶点画平行于 X 轴的棱线，画出形体 C。注意形体 B 与形体 C 的交线的平行关系，如图 7-4（h）所示。

（9）擦除不可见的线及作图线，并整理、加粗，完成轴测图，如图 7-4（i）所示。

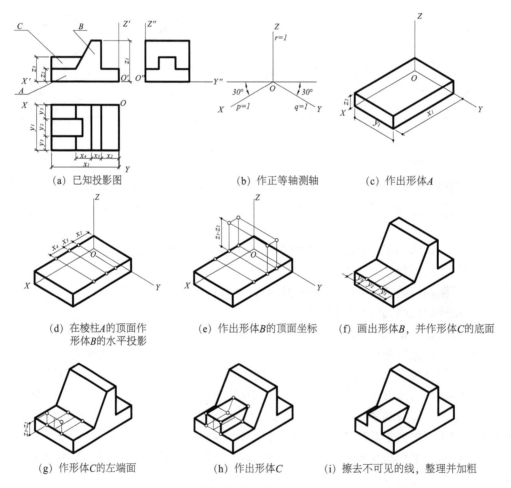

(a) 已知投影图 (b) 作正等轴测轴 (c) 作出形体 A

(d) 在棱柱 A 的顶面作形体 B 的水平投影　(e) 作出形体 B 的顶面坐标　(f) 画出形体 B，并作形体 C 的底面

(g) 作形体 C 的左端面　(h) 作出形体 C　(i) 擦去不可见的线，整理并加粗

图 7-4　已知物体的正投影图作正等轴测图（坐标法、组合法）

例 7-2　已知台阶的正投影图 7-5（a）所示，作正等轴测图。

作图步骤如下：

（1）进行形体分析。

（2）根据栏板的长、宽、高画出一个长方体的轴测投影，作为台阶右侧栏板的雏形，如图 7-5（b）所示。

（3）由于斜面上斜边的轴测投影方向及轴向伸缩系数都未知，要画出斜面只能靠斜面上平行于 OX 轴的两条线进行定位，然后连接对应点，画出斜面。作图时，先在长方体顶面沿 OY 轴方向量取 Y_3，又在正面沿 OZ 方向量取 Z_2，再在 Z_2 所确定的水平面内，沿 OY 的反方向量取 Y_2，并分别引线平行于 OX 轴，如图 7-5（c）所示。

（4）画出斜面及前端的水平面，如图 7-5（d）所示。

（5）在距右侧栏板 X_1 处，用相同的方法画出另一栏板，如图 7-5（e）所示。

（6）画踏步。在右侧栏板的内侧面上，按踏步的侧面投影形状，画出踏步端面的轴测投影，如图 7-5（f）所示。

（7）过端面各顶点作直线平行于 OX 轴，完成踏步的轴测图，如图 7-5（g）所示。

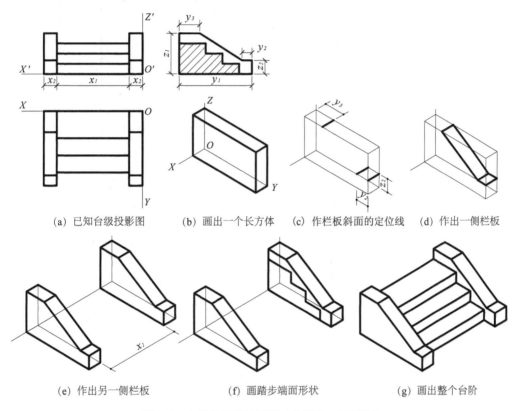

(a) 已知台级投影图　　(b) 画出一个长方体　　(c) 作栏板斜面的定位线　　(d) 作出一侧栏板

(e) 作出另一侧栏板　　　　(f) 画踏步端面形状　　　　(g) 画出整个台阶

图 7-5　台阶的正等轴测图（坐标法、切割法）

从以上两例可见，整个轴测图的作图过程，始终是按三根轴测轴和三个轴向伸缩系数来确定长、宽、高的方向和尺寸。对于不平行于轴测轴的斜线，则只能用"坐标法"来进行作图。

例 7-3　如图 7-6（a）所示，已知由楼板、主梁、次梁和柱组成的楼盖节点的投影图，作其正等轴测图。

分析及作图步骤如下：

先看懂三个投影图，了解这个节点的组成部分和形状。它由楼板、主梁、次梁和柱用钢筋混凝土浇注而成。作图时可用形体分析法分别画出。本题应采用从下向上投影的仰视角度进行作图，以便明显地表达出柱顶节点。

（1）选取投影方向，作出楼板的轴测投影，如图 7-6（b）所示。

（2）画出梁、板、柱与楼板底面的交线，如图 7-6（b）所示。

（3）按照所作柱的交线位置画出柱的正等测，如图 7-6（c）所示。

（4）根据主梁的位置及高度作出主梁的轴测图，如图 7-6（d）所示。

（5）同样方法作出次梁的轴测图。最后，擦去所有辅助作图线和不可见轮廓线，清理画面，完成节点的正等测图，如图 7-6（e）所示。

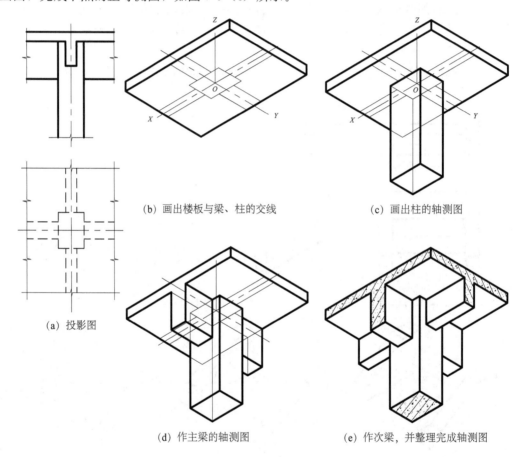

(a) 投影图

(b) 画出楼板与梁、柱的交线

(c) 画出柱的轴测图

(d) 作主梁的轴测图

(e) 作次梁，并整理完成轴测图

图 7-6　楼盖节点的正等测图（坐标法、组合法）

（二）平行于投影面的圆的正等轴测图的画法

设一个边长为 D 的立方体，在它的正面、侧面和顶面均有一个内切的圆。在此立方体的正等测图中，由于空间三个坐标面均倾斜于轴测投影面，所以此立方体正面、侧面和顶面的正方形都变成了三个相等菱形，而其中的圆也变成了三个相等椭圆，如图 7-7（a）所示。在实际作图时，这些菱形的内切椭圆常用外切四边形法（四心圆弧法）作四段圆弧拟合成近似的椭圆。图 7-7（b）中画出了正六面体表面内切圆的三个正等测近似椭圆及其圆心位置。其中水平圆的正等测近似椭圆的具体画法，将用下列例题来说明。

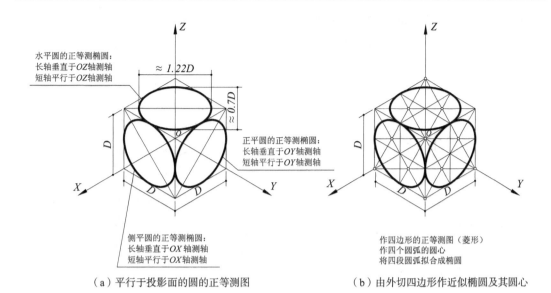

（a）平行于投影面的圆的正等测图　　　　　　（b）由外切四边形作近似椭圆及其圆心

图 7-7　平行于投影面的圆的正等测图

例 7-4　设一直径为 $2R$ 的水平圆，如图 7-8（a）所示，试完成其正等测图。

作图步骤如下：

（1）按圆（直径 $2R$）的外切正方形画菱形，切点为 A、B、C、D，对角线为长、短轴方向，如图 7-8（b）所示。

（2）连 O_2A、O_2B，并交长轴于 O_3、O_4。以 O_2 为圆心，O_2A 为半径画第一段大圆弧 （AB），再以 O_1 为圆心，O_1D 为半径画另一大圆弧（DC），如图 7-8（c）所示。

（3）以 O_3 为圆心，O_3A 为半径画第一段小圆弧（AD），再以 O_4 为圆心，O_4B 为半径画第一段小圆弧（BC）。A、B、C、D 为连接点，如图 7-8（d）所示。

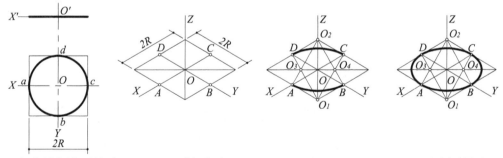

(a) 水平圆的投影及其切点　　(b) 画外切菱形　　(c) 求四个圆心，画两个大圆弧　　(d) 画两个小圆弧

图 7-8　平行圆的正等测图——外切四边形法

例 7-5　绘制图 7-9（a）所示的带切口圆柱的正等测图。

作图步骤如下：

（1）设定坐标轴，在投影图中定出截交线上各点的坐标，如图 7-9（a）所示。

（2）画出完整的圆柱体，如图 7-9（b）所示。

（3）根据各点的坐标，在对应的轴测图中作出各点的轴测投影，并用光滑曲线连接。以投影图中的 4 点和 5 点为例，沿轴向量取，在对应的轴测图上找到坐标为 x、y、z

的 4 点和 5点。其他点也用同样方法找得，如图 7-9（c）所示。

（4）整理图面，完成作图，如图 7-9（d）所示。

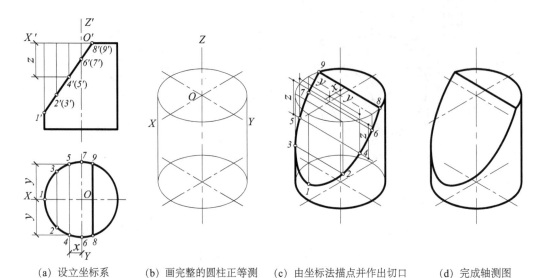

（a）设立坐标系　　　（b）画完整的圆柱正等测　　　（c）由坐标法描点并作出切口　　　（d）完成轴测图

图 7-9　带切口圆柱得正等测图

例 7-6　绘制图 7-10（a）所示的相贯两圆柱的正等测图。

作图步骤如下：

（1）设立坐标轴，画出两个圆柱的三个端面（其中一个是水平面，另两个是侧平面）的正等测图，如图 7-10（b）所示。

（2）画出两个圆柱的轮廓线和交线。以 7 点为例具体说明，先在小圆柱的端面上沿轴向量取 7 点的 x、y 坐标，然后在（x，y）处沿小圆柱的素线方向往下量取 z，即得到相贯线上的 7 点。其余各点可用同样方法得到。注意：1、3、2、4、5 点为轴测图上轴向直径端点和长短轴端点，是特殊位置点，如图 7-10（c）所示。

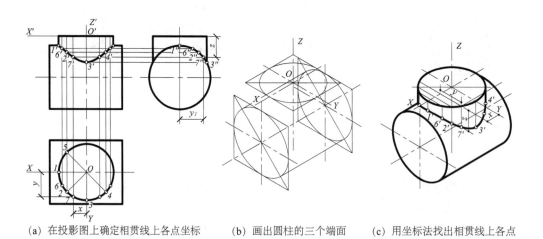

（a）在投影图上确定相贯线上各点坐标　　　（b）画出圆柱的三个端面　　　（c）用坐标法找出相贯线上各点

图 7-10　作相贯两圆柱的正等测图

第三节 斜轴测图

[Oblique Axonometric Projection]

一、正面斜轴测图 [Frontal Oblique Axonometric Projection]

1. 正面斜轴测图的形成

如图 7-11 所示，若将物体上的坐标面 $X_0O_0Z_0$ 与轴测投影面 V 平行放置，并使 OZ 成铅垂位置，投影方向 S 倾斜于 V 面，然后再将物体投影到 V 上，就形成正面斜轴测图。无论投影方向 S 如何倾斜，平行于轴测投影面 V 的平面图形，它的正面斜轴测图反映实形。也就是说轴间角 $\angle XOZ = 90°$，轴向伸缩系数 $p = r =1$。在正面斜轴测投影中，Y 轴的轴向伸缩系数 q 可以任取，使其小于、等于或大于 1 都可以；同时轴间角 $\angle XOY$ 也可以任选，并且两者之间没有固

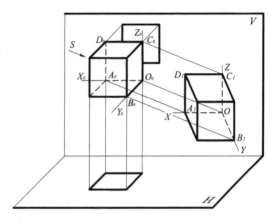

图 7-11 正面斜轴测图的形成

定的内在联系。作图时可据物体的具体形状结构，灵活地选择轴向伸缩系数 q 与轴间角 $\angle XOY$，使所作斜轴测图立体感更强。

2. 正面斜二测图的基本参数

由于三个轴向伸缩系数中有两个相等（$p = r =1$），而 q 不取 1 时，这种正面斜轴测图就称为正面斜二测图。通常是取轴间角 $\angle XOZ = 90°$，$\angle XOY = 135°$，轴向伸缩系数 $p = r =1$，$q = 0.5$，如图 7-12 所示。

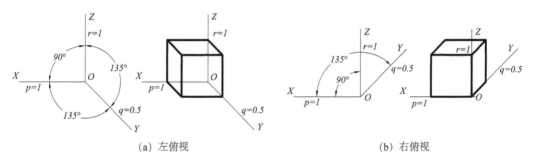

(a) 左俯视   （b) 右俯视

图 7-12 正面斜二测图的基本参数（常用的两种形式）

3. 正面斜二测图画法举例

例 7-7 绘制图 7-13（a）所示物体的斜二测图。

对柱类物体，可以先画出能反映柱类形状特征的一个端面的斜二测图，再依次画出各端面的斜二测图，由于这些端面都反映实形，对作图非常有利，然后再画出其余可见轮廓线的斜二测图，从而完成物体的斜二测图。

作图步骤如下：

(1) 设立坐标轴，使前端面轮廓平面平行于轴测投影面，如图 7-13（a）所示。

(2) 作轴测轴（选用右俯视），并画出反映实形的前端面的斜二测图，如图 7-13（b）所示。

(3) 画出反映实形的后端面的斜二测图，如图 7-13（c）所示。

(4) 通过端面的各顶点引平行线，作两侧轮廓和切线 MN（转向轮廓线），如图 7-13（d）所示。注意：因为 $q=0.5$，所以平行于 Y 轴方向的线段的斜二测长度是实长的一半。

(5) 整理图形，完成物体的斜二测图，如图 7-13（e）所示。

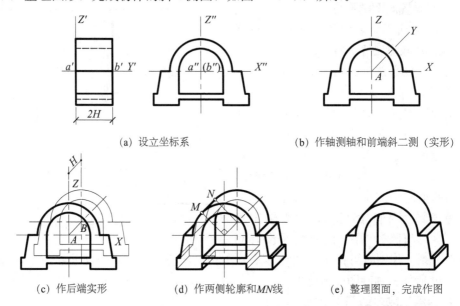

(a) 设立坐标系 (b) 作轴测轴和前端斜二测（实形）

(c) 作后端实形 (d) 作两侧轮廓和 MN 线 (e) 整理图面，完成作图

图 7-13　作柱类物体的斜二测图

例 7-8　绘制图 7-14（a）所示台阶的斜二测图。

作图步骤如下：

(1) 设立坐标轴，使后端面轮廓平面平行于轴测投影面，如图 7-14（a）所示。

(2) 作轴测轴（选用左俯视），画出反映实形的台阶各部分后端面的斜二测图，然后画出第一级台阶和右栏板的斜二测图，并于第一级台阶的顶面画出第二级台阶的轮廓，如图 7-14（b）所示。

(3) 同样方法画出第二级和第三级台阶，如图 7-14（c）所示。

(4) 作出左栏板的斜二测图，并找出其与台阶的交线。交线的作法，实际上就相当于把第二步中所画的左栏板后端面和台阶轮廓的实形，向前平移半个左栏板的厚度即可，如图 7-14（d）所示。

(5) 擦去所有辅助作图线和不可见轮廓线，整理图形，加粗加深可见轮廓线，完成整个台阶的斜二测图，如图 7-14（e）所示。

例 7-9　绘制图 7-15（a）所示线脚的斜二测图。

绘制具有不规则曲线轮廓的曲面体的轴测图时，可以应用网格定出曲线位置。先画出网格的轴测图，再在其上画出曲线的轴测图。具体画法图 7-15（b）、（c）中已经表示得很清楚，这里不再赘述。

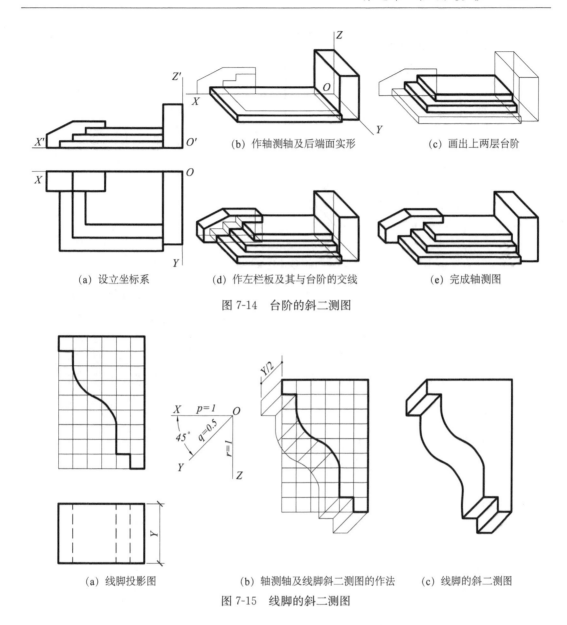

(a) 设立坐标系　　　(b) 作轴测轴及后端面实形　　　(c) 画出上两层台阶

(d) 作左栏板及其与台阶的交线　　　(e) 完成轴测图

图 7-14　台阶的斜二测图

(a) 线脚投影图　　　(b) 轴测轴及线脚斜二测图的作法　　　(c) 线脚的斜二测图

图 7-15　线脚的斜二测图

二、水平斜轴测图 [Planometric Axonometric Projection]

1. 水平斜轴测图的形成

如果用水平投影面 H 作为轴测投影面，把物体向 H 面作投影，投影方向 S 倾斜于 H 面，那么就得到图 7-16（a）所示的斜轴测图。无论投影方向 S 如何倾斜，平行于轴测投影面 H 的平面图形，它的水平斜轴测图反映实形。也就是说轴间角 $\angle XOY = 90°$，轴向伸缩系数 $p = q = 1$。在水平斜轴测投影中，Z 轴的轴向伸缩系数 r 随投影方向 S 的改变而改变，可以任取；同时轴间角 $\angle XOZ$ 也可以任选，并且两者之间没有固定的内在联系。

2. 水平斜等测图的基本参数

作图时为简便起见，通常取 $r=1$。当三个轴向伸缩系数相等，即 $p = q = r = 1$ 时，这样的水平斜轴测图就称为水平斜等测图。当 $p = q = 1$，取 $r = 0.5$ 时则称水平斜二测

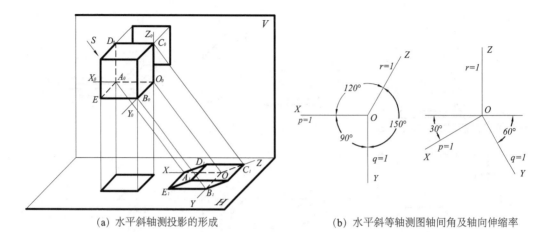

(a) 水平斜轴测投影的形成　　　　　　(b) 水平斜等轴测图轴间角及轴向伸缩率

图 7-16　水平斜轴测图的形成及水平斜等测图的基本参数

图。这里只介绍常用的水平斜等测图。对于水平斜等测图，通常取轴间角 $\angle XOY = 90°$，$\angle XOZ = 120°$，$\angle YOZ = 150°$，如图 7-16 (b) 左图所示。考虑到建筑形体的特点，习惯上将 OZ 轴竖直向上放置，如图 7-16 (b) 右图所示。具体作图时，只需将建筑物的平面图绕 Z 逆时针旋转 $30°$，然后再按建筑高度尺寸竖高度即可。这种轴测图，适宜用于表达一个区域的总平面或一幢房屋的水平剖面，它可以反映出房屋平面布置及内部设施、家具等的布置情况，或一个区域中各建筑物、道路、设施等的平面位置及相互关系，以及建筑物和设施等的实际高度。

3. 水平斜等测图的画法举例

例 7-10　根据图 7-17 (a) 所示房屋平面图和立面图，作出房屋用 $A—A$ 剖切面切去上部后的房屋水平斜等测图。

作图步骤如下：

本例实际上是用水平剖切平面对房屋进行了全剖后，将下半部分房屋画成水平斜等测图。

(1) 将房屋的平面图旋转到与水平方向成 $30°$ 的位置后，画出墙体断面。然后过各角点往下画高度线，画出室内外的墙角线。注意室内外高度的不同，室外高度尺寸为 Z_1，室内高度则为 Z_2，如图 7-17 (b) 所示。

(2) 画出窗洞、门洞和台阶，如图 7-17 (c) 所示。

(3) 整理图形，加粗加深可见轮廓线，完成全图，如图 7-17 (c) 所示。

例 7-11　作出图 7-18 (a) 所示建筑小区的水平斜等测图。

作图步骤如下：

(1) 将小区的总平面图旋转到与水平方向成 $30°$ 的位置处。

(2) 从各建筑物的每一个角点向上引垂直线，并在垂直线上量取相应的高度，画出建筑物的顶面的投影。

(3) 擦去多余图线，整理图形，加粗加深可见轮廓线，完成全图，如图 7-18 (b) 所示。

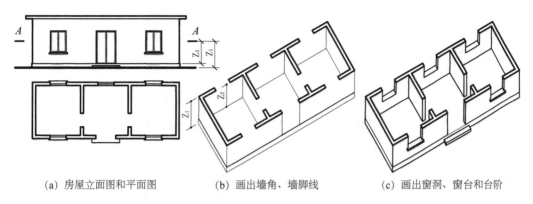

(a) 房屋立面图和平面图　　(b) 画出墙角、墙脚线　　(c) 画出窗洞、窗台和台阶

图 7-17　作了全剖后的房屋水平斜等测图

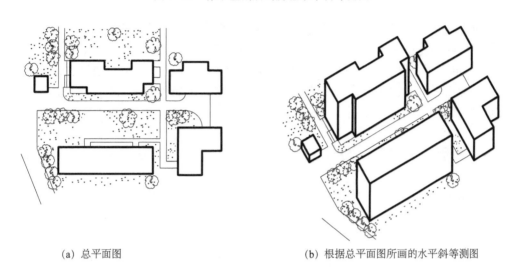

(a) 总平面图　　　　　　　(b) 根据总平面图所画的水平斜等测图

图 7-18　小区总平面水平斜等测图

第八章　建筑施工图
Chapter 8　Construction Drawing

第一节　概　述
[Introduction]

建筑为建造、修筑之义，如建造房屋，修筑道路桥梁等，建筑物则为由建筑活动形成的产物。房屋的建造一般要经过设计与施工两个阶段。设计时需要把想象中的房屋按照"国标"规定，用正投影的方法将房屋内部形状、大小、结构、构造、装饰、设备等情况以图形表达出来，这种图形称为房屋建筑图。房屋建筑图简称为施工图，它是指导房屋施工的重要依据。

一、房屋的类型及组成部分 [Classifications and Components of Buildings]

建筑物按其使用功能不同，一般有民用建筑、工业建筑、农业建筑之分，而民用建筑又可分为供人们居住的居住建筑（如住宅、宿舍等）和供人们公共使用的公共建筑（如学校、办公楼、商场、医院、体育馆等）。

各类建筑物尽管在使用要求、空间组合、外形处理、结构形式、构造方式和规模上各有特点，但其主要组成部分不外乎是基础、墙与柱、楼板与地面、楼梯、门窗和屋面等。图 8-1 为一栋住宅楼的轴测投影图，各部分的名称和位置如图所示。由此可见房屋的主要组成部分有：

（1）基础。是位于墙或柱最下部的承重构件，是房屋与地基的接触部分，起着支撑整个建筑物，并把全部荷载传递给地基的作用。

（2）墙体。墙体起着承受来自屋顶和楼面的荷载并传给基础的作用，又起着抵御风霜雨雪、保温隔热和分隔房屋内部空间的作用。按受力情况可分为承重墙和非承重墙；按位置可分为内墙、外墙，纵墙、横墙。

（3）楼（地）面。将房屋的内部空间按

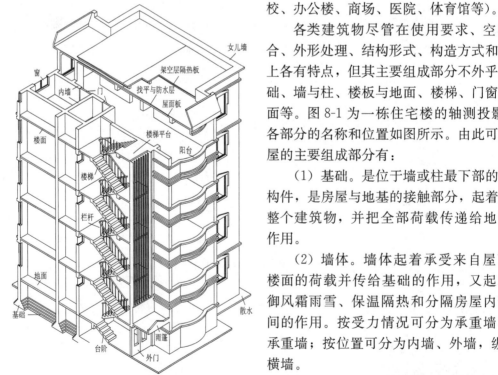

图 8-1　房屋的组成部分

垂直方向分隔成若干层，并承受作用在其上的荷载，连同自重一起传给墙或其他承重构件。

（4）楼梯。房屋垂直方向的交通设施。

（5）门窗。门的主要功能是连接室内外交通的作用；窗主要功能是通风、采光，还可供眺望之用。

（6）屋顶。屋顶位于房屋的最上部，它是承重构件，承受作用在其上的荷载，连同自重一起传给墙或其他的承重构件，起抵御风霜雨雪和保温隔热等作用。

上述为房屋的基本组成部分，此外房屋结构还包括台阶、勒脚、散水、雨水管、阳台、天沟等建筑细部结构和建筑构配件。屋顶还有上人孔或在顶层设有楼梯，以供上屋顶之用。

二、房屋的建造过程和房屋的施工图 [The Construction Process and Construction Drawing of a Building]

建造房屋需经过设计与施工两个过程，而房屋设计一般应分为方案设计、初步设计和施工图设计三个阶段。方案设计文件，应满足编制初步设计文件的需要；初步设计文件应满足编制施工图设计文件的需要；施工图设计文件应满足材料、设备采购、非标设备制作和施工的需要。

方案设计阶段：方案设计主要通过平面、立、剖面等图样表达设计意图。方案设计的文件有设计说明书、总平面图以及建筑设计图纸、透视图、鸟瞰图和模型等。

初步设计阶段：设计方案确定后，需进一步解决结构选型、布置和各工种配合等技术问题，并对方案作进一步深化设计，按一定比例绘制好图样后，送交有关部门审批。初步设计的内容主要有总平面图，建筑平、立、剖面图，一般还需提供结构布置图、建筑电气、给水排水图等。初步设计的文件有设计说明书、有关专业图纸及工程概算书。

施工图设计阶段：施工图设计是初步设计的深化、细化，它综合建筑、结构、设备、投资、现行施工技术等因素，作出更为合理的建筑设计，以更好地满足建筑物的使用功能和现行国家设计规范规程。并按照现行国家制图标准，绘制出直接用以指导施工的整套图样，它是建造房屋的技术依据，应做到整套图纸完整统一、尺寸齐全、各专业设计合理等，这类图纸称为房屋施工设计图，简称施工图。施工图文件应包括所有专业设计图纸、工程预算书等。

无论是方案设计图、初步设计图还是施工图在图示原理和绘制方法上是一致的，但它们在表达内容的深度和广度上却有很大的区别。施工图在图纸的数量上要齐全、统一，在工种上要增添各种设备的设计图。

从事建筑工程方面的技术人员，应具有熟练地绘制及阅读不同阶段各种建筑工程图的能力，以便在设计工作过程中，分别绘制不同阶段的、符合国家制图标准的设计图；在施工工作过程中，能够按照施工图的要求把建筑物建造起来。

根据其专业内容或作用的不同，又分为建筑施工图（简称建施）、结构施工图（简称结施）、设备施工图（简称设施）。

一套完整的施工图一般有以下内容。

（1）图纸目录。先列新绘制的图纸，后列所选用的标准图纸或重复利用的图纸。

（2）设计总说明（即首页）。内容一般应包括：施工图的设计依据；本工程项目的设计规模和建筑面积；本项目的相对标高与总图绝对标高的对应关系；室内室外的用料说明，如砖标号、砂浆标号、墙身防潮层、地下室防水、屋面、勒脚、散水、台阶、室内外装修等做法（可用文字说明或用表格说明，也可直接在图上引注或加注索引符号）；采用新技术、新材料或有特殊要求的做法说明；门窗表（如门窗类型、数量不多时，可在个体建筑平面图上列出）等。以上各项内容，对于简单的工程，可分别在各专业图纸上写成文字说明。

（3）建筑施工图。包括总平面图、平面图、立面图、剖面图和构造详图。

（4）结构施工图。包括结构平面布置图和各构件的结构详图。

（5）设备施工图。包括给水排水施工图、暖通空调施工图、电气施工图、系统图等。

本章将以图 8-1 所示的一幢某单位住宅为例，详细介绍建筑施工图的识读与绘制方法。

三、建筑施工图的有关规定 [The Rules in Construction Drawing]

建筑施工图除了要符合一般的投影原理，以及投影图、剖面和断面等基本图示方法外，为了保证制图质量、提高效率、表达统一和便于识读，我国制定了建筑制图的国家标准，如《房屋建筑制图统一标准》（GB/T50001—2010）、《总图制图标准》（GB/T50103—2010）、《建筑制图标准》（GB/T50104—2010）等。在绘制房屋工程图时，还应严格遵守国家标准中的规定。

（一）比例

建筑专业制图比例应按表 8-1 的规定选用。

表 8-1 房屋施工图选用比例

图　　　名	比　　　例
建筑物、构筑物的平面图、立面图、剖面图	1∶50，1∶100，1∶150，1∶200，1∶300
建筑物、构筑物的局部放大图	1∶10，1∶20，1∶25，1∶30，1∶50
配件及构造详图	1∶1，1∶2，1∶5，1∶10，1∶15，1∶20，1∶25，1∶30，1∶50

（二）图线

在房屋建筑图中为了表明不同的内容，可采用不同线型和宽度的图线来表达，以使所表达的图形重点突出，主次分明，其具体规定可见《建筑制图标准》（GB/T50104—2010）。常见的线型和宽度如表 8-2 所示。

表 8-2　常用图线图例表

名　称		线　型	线　宽	用　途
实线	粗		b	1. 平、剖画图中被剖切的主要建筑构造（包括构配件）的轮廓线 2. 建筑立面图或室内立面图的外轮廓线 3. 建筑构造详图中被剖切的主要部分的轮廓线 4. 建筑构配件详图中的外轮廓线 5. 平、立、剖面图的剖切符号
	中粗		$0.7b$	1. 平、剖面图中被剖切的次要建筑构造（包括构配件）的轮廓线 2. 建筑平、立、剖面图中建筑构配件的外轮廓线 3. 建筑构造详图及建筑构配件详图中的一般轮廓线
	中		$0.5b$	小于 $0.7b$ 的图形线、尺寸线、尺寸界线、图例线、索引符号、标高符号、详图材料做法引出线、粉刷层、保温层线、地线、墙面的高差分界线等
	细		$0.25b$	图例填充线、家具线、纹样线等
虚线	中粗		$0.7b$	1. 建筑构造详图及建筑构配件不可见的轮廓线 2. 平面图中的起重机（吊车）的轮廓线 3. 拟建、扩建的建筑物轮廓线
	中		$0.5b$	投影线、小于 $0.5b$ 的不可见轮廓线
	细		$0.25b$	图例填充线、家具线等
单点长画线	粗		b	起重机（吊车）轨道线
	细		$0.25b$	中心线、对称线、定位轴线
折断线	细		$0.25b$	部分省略表示时的断裂界线
波浪线	细		$0.25b$	部分省略表示时的断开界线，曲线形构件断开界线 构造层次的断开界线

（三）施工图中常用的符号

1. 定位轴线

在施工图中通常将房屋的基础、墙、柱、墩和屋架等承重构件的轴线画出，并进行编号，以便施工时定位放线和查阅图纸，这些轴线称为定位轴线。

（1）定位轴线的编号顺序。根据"国标"规定，定位轴线采用细单点长画线绘制。定位轴线一般应编号，编号应注写在轴线端部圆圈内。轴线编号的圆圈用细实线，直径为 8～10mm。定位轴线圆的圆心，应在定位轴线的延长线上或延长线的折线上。平面图上定位轴线的编号，宜标注在图样的下方与左侧。横向编号应用阿拉伯数字，从左向右顺序编写，竖向编号应用大写拉丁字母，从下至上顺序编写，如图 8-2 所示。拉丁字母中的 I、O 及 Z 三个字母不得作轴线编号，以免与数字 1、0 及 2 混淆。字母数量不够使用时，可增用双字母或单字母加数字注脚，如 A_A、B_A、…、Y_A 或 A_1、B_1、…、Y_1。

（2）定位轴线的分区编号。组合较复杂的平面图中定位轴线也可采用分区编号，如图 8-3 所示，编号的注写形式应为"分区号—该分区编号"。分区号采用阿拉伯数字或大写拉丁字母表示。

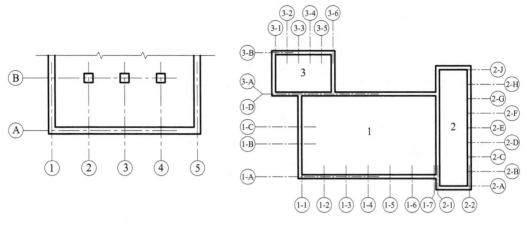

图 8-2　定位轴线的编号顺序　　　　　图 8-3　定位轴线的分区编号

（3）附加定位轴线的编号。对于一些与主要承重构件相联系的次要构件，它的定位轴线一般作为附加轴线，编号可用分数表示。两根轴线间的轴线，应以分母表示前一轴线的编号，分子表示附加轴线的编号，用阿拉伯数字顺序编写，如图 8-4（a）所示；1 号轴线或 A 号轴线之前的附加轴线的分母应以 01 或 0A 表示，如图 8-4（b）所示。在画详图时，如一个详图适用于几个轴线时，应同时将各有关轴线的编号注明。通用详图中的定位轴线，应只画圆，不注写轴线编号，如图 8-5（a）、（b）、（c）、（d）所示。

图 8-4　附加轴线的编号

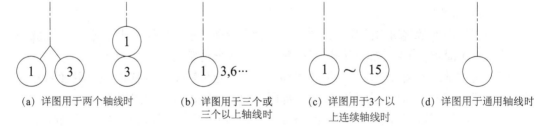

图 8-5　详图轴线的注法

（4）圆形平面图中定位轴线的编写。对于圆形平面图其径向轴线宜用阿拉伯数字表示，从左下角开始，按逆时针顺序编写；其圆周轴线宜用大写拉丁字母表示，从外向内顺序编写，如图 8-6 所示。

（5）折形平面图中的定位轴线的编号可按图 8-7 所示的形式编写。

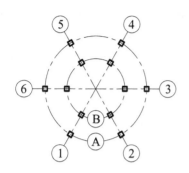

图 8-6　圆形平面图轴线的注法

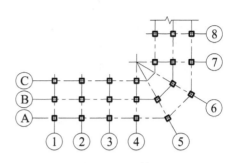

图 8-7　折形平面图轴线的注法

2. 标高符号

在总平面图、平面图、立面图和剖面图上，经常用标高符号表示某一部位的高度。各图上所用标高符号应按图 8-8（1）所示形式以细实线绘制，图 8-8（2）所示为具体的画法。图中的 l 是注写标高数字的长度，高度 h 则视需要而定。标高符号的尖端应指至被注高度的位置，尖端一般应向下，也可向上。标高数字应注写在标高符号的左侧或右侧，如图 8-9（a）、（b）、（c）所示。标高数值以米为单位，一般注至小数点后三位数（总平面图中为两位数）。在"建施"图中的标高数字表示其完成面的数值，也称"建筑标高"。如标高数字前有"－"号的，表示该处完成面低于零点标高。如数字前没有符号的，则表示高于零点标高。如同一位置表示几个不同标高时，数字可按图 8-9 中（d）的形式注写。

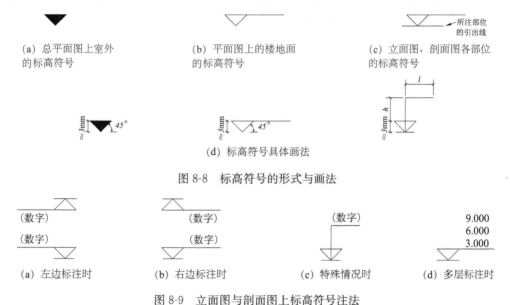

（a）总平面图上室外的标高符号　（b）平面图上的楼地面的标高符号　（c）立面图、剖面图各部位的标高符号

（d）标高符号具体画法

图 8-8　标高符号的形式与画法

（a）左边标注时　（b）右边标注时　（c）特殊情况时　（d）多层标注时

图 8-9　立面图与剖面图上标高符号注法

3. 索引符合与详图符号

为方便施工时查阅图样，在图样中的某一局部，如需另见详图时，常常用索引符号注明画出详图的位置、详图的编号以及详图所在的图纸编号。

按"国标"规定，标注方法如下。

（1）索引符号。用一引出线指出要画详图的地方，在线的另一端画一细实线圆，其直径为 10mm。引出线应对准圆心，圆内过圆心画一水平线，上半圆中用阿拉伯数字注明该详图的编号，下半圆中用阿拉伯数字注明该详图所在图纸的编号，如图 8-10（a）所示。若详图与被索引的图样同在一张图纸内，则在下半圆中间画一水平细实线，如图 8-10（b）所示。索引的详图采用标准图时，应在索引符合水平直径的延长线上加注该标准图册的编号，如图 8-10（c）所示。

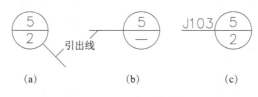

图 8-10　索引符号

当索引符号用于索引剖面详图时，应在被剖切的部位绘制剖切位置线，引出线所在一侧应为投射方向，图 8-11（a）表示向下剖视。

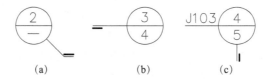

图 8-11　用于索引剖面详图的索引符号

（2）详图符号。本符号表示详图的位置和编号，它用一粗实线圆绘制，直径为 14mm。详图与被索引的图样同在一张图纸内时，只需在圆圈内用阿拉伯数字注明详图编号，如图 8-12（a）所示。如不在同一张图纸内，可用细实线在符号内画一水平直径，在上半圆中注明详图编号，在下半圆中注明被索引图纸编号，如图 8-12（b）所示。

（3）零件、钢筋、标件、设备等的编号。以直径为 4～6mm（同一图样应保持一致）的细实线圆绘制，其编号应用阿拉伯数字按顺序编写，如图 8-13 所示。

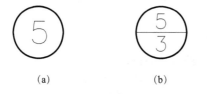

图 8-12　详图符号　　　　　　　　　图 8-13　零件钢筋等的编号

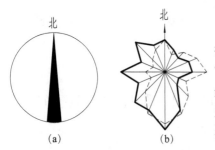

图 8-14　指北针和风向频率玫瑰图

4. 指北针和风向频率玫瑰图

指北针用细实线绘制，圆的直径宜为 24mm。指针指向正北向，指针尾部宽度宜为 3mm，指针头部应注"北"或"N"字，如图 8-14（a）所示。需用较大直径绘指北针时，指针尾部宽度宜为直径的 1/8。风向频率玫瑰图亦称为风玫瑰图，如图 8-14（b）所示。它是根据拟建房屋当地若干年来平均风向的统计值绘制而成的，图中细实线表示 16 个方位，粗实线表示当地常年风向频率，虚线则表示当地夏季六、七、八这三个月的风向频率。因此，在总平面图中，风玫瑰图除了表示房屋朝向外，还能用来表示该地区常年主导风向和夏季风向频率。需要注意的是：在风向频率玫瑰图折线上的点离中心的远近，表示从此点向中心刮风的频率的大小。

第二节　总　平　面　图
[General Arrangement Drawing]

一、总平面图的作用及图示方法 [Function and Representation of General Arrangement Drawing]

在建筑图中，总平面图是表达一项工程的总体布局的图样。总平面图也称总图，是将新建、拟建、原有和拆除建筑物、构筑物连同周围的地形、地貌等状况，用水平投影的方法和相应的图例所画出的图样。它反映了上述建筑的平面形状、位置、朝向、周围原有建筑、道路、绿化、河流、地形、地貌及标高等。

总平面图用于对新建房屋进行定位、施工放线、土方施工、布置施工现场，并作为绘制水、暖、电等管线总平面图的依据。

二、总平面图的内容 [Contents of General Arrangement Drawing]

（1）比例。总平面图图示的区域面积较大，所以绘制总平面图采用的比例比较小，根据场地大小和图纸要求表达的详细程度不同，一般取为 1：500，1：1000，1：2000 等。

（2）图例。总平面图表达的内容，应采用"国标"GB/T50103—2010 所规定的图例画出，该图例的摘录如表 8-3 所示。如果"国标"规定的图例不够时可自行拟定补充图例，但必须在总图的下方加以说明。

表 8-3　常用总平面图例

名　　　称	图　　　例	说　　　　　明
新建建筑物	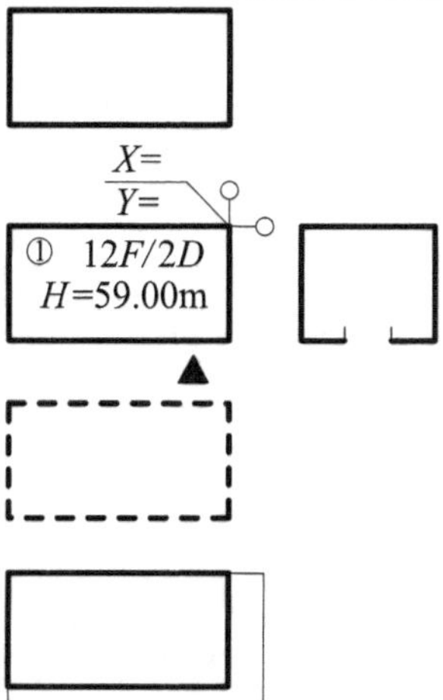 $X=$ $Y=$ ① 12F/2D $H=59.00$m ▲	新建建筑物以粗实线表示与室外地坪相接处±0.00 外墙定位及轮廓线 建筑物一般以±0.00 高度处的外墙定位轴线交叉点坐标定位。轴线用细实线表示，并标明轴线号 根据不同设计阶段标注建筑编号，地上、地下层数，建筑高度，建筑出入口位置（两种表示方法均可，但同一图纸采用一种表示方法） 地下建筑物以粗虚线表示其轮廓 建筑物上部（±0.00 以上）外挑建筑用细实线表示 建筑物上部连廊用细实线表示并标注位置

名　称	图　例	说　明
原有建筑	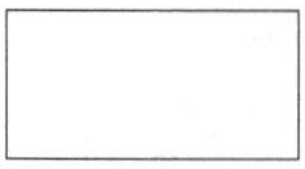	用细实线表示
拆除的建筑物	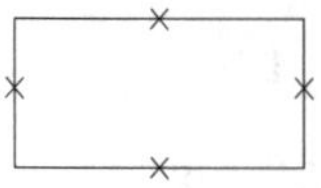	用细实线表示
计划扩建的建筑物或预留地		用中粗虚线表示
围墙及大门	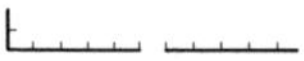	
挡土墙	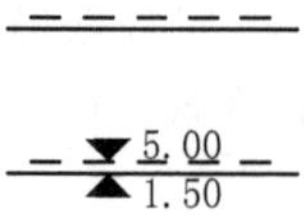 ▼ 5.00 ▲ 1.50	挡土墙根据不同设计阶段的需要标注 墙顶标高 墙底标高
挡土墙上设围墙		
坐标	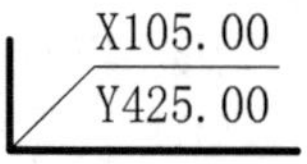 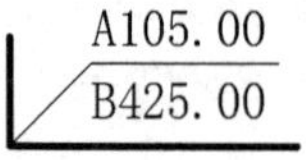 X105.00 / Y425.00 A105.00 / B425.00	上图为测量坐标 下图为建筑坐标 坐标数字平行于建筑标注
方格网交叉点坐标	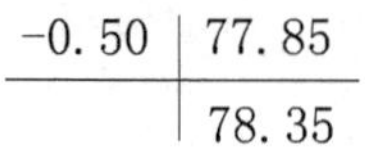 −0.50 | 77.85 | 78.35	78.35 和 77.85 为原地面标高和设计标高。−0.50 为施工高度，"−"表示挖方，"＋"表示填方
室外标高	 ▼ 143.00	室外标高也可采用等高线表示
室内标高	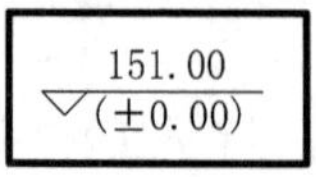 151.00 ▽（±0.00）	数字平行于建筑物标注
填挖边坡	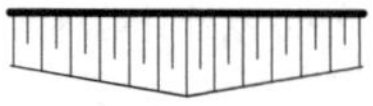	
原有道路	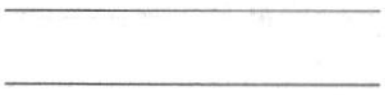	用细实线表示
计划扩建的道路		用中粗虚线表示

名　称	图　例	说　明
新建道路	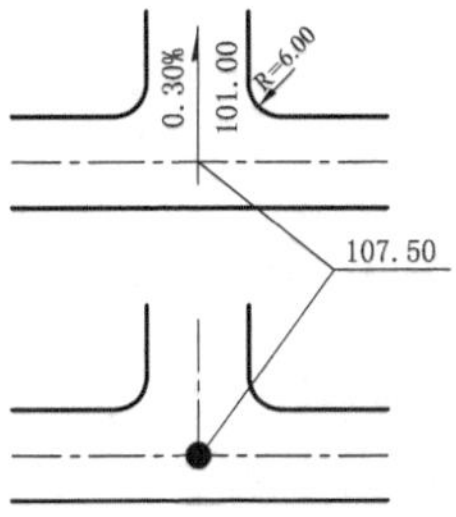	"R=6.00" 表示道路转弯半径为 6m "107.50" 为道路面中心线交叉点设计标高，两种表达方式均可，同一图纸采用一种方式表示 "100.00" 表示变坡点之间距离 "0.30％" 表示道路坡度 "→" 表示坡向
落叶针叶乔木	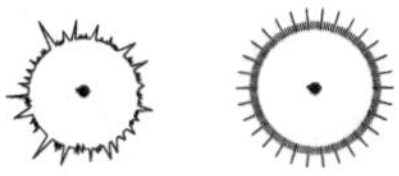	
常绿阔叶乔木		
落叶阔叶乔木林		
花卉		
草坪	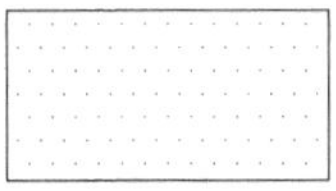	
管线	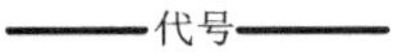 ——代号——	管线代号按国家现行有关标准的规定标注线型宜以中粗线表示
地沟管线	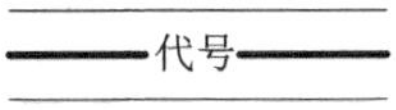  ——代号——	

图例在总图中用来表明拟建区、扩建区或改建区的总体布置，表明各建筑物及构筑物的位置，道路、广场、绿化、河流、池塘的布置情况及室外场地的标高。

（3）确定拟建或扩建工程的位置。通常是利用原有建筑或道路，通过标注尺寸对拟建或扩建工程进行定位。总图中的尺寸采用"米"为单位。

当修建成片的房屋（如住宅）、较大的公共建筑物、工厂或地形复杂时，一般采用的是坐定位。坐标网格应以细实线表示。坐标网应画成交叉"十"字线，一般画成 100m×100m 或 50m×50m 的方格网，它与地形图的比例相同。通常坐标网有以下两种形式：一种是测量坐标网，即在地形图上绘制正方形的测量坐标网，竖轴为 X，横轴为 Y，测量坐标代号用 "X、Y" 表示；另一种是建筑坐标网，即将建设地区的某一点定为 "O"，水平方向为 B，垂直方向为 A，建筑坐标应画成网格通线，坐标代号用"A、B"表示，坐标值为负数时，应注"—"号，如图 8-15 所示。

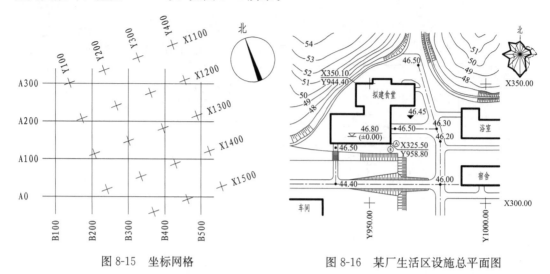

图 8-15　坐标网格　　　　　图 8-16　某厂生活区设施总平面图

　　表示建筑物、构筑物位置的坐标，宜注其三个角的坐标，如建筑物、构筑物与坐标轴线平行，可注其对角坐标。图 8-16 为某厂生活区设施总平面图。
　　（4）注明拟建房屋底层室内地面和室外整平地面的绝对标高。
　　（5）附近的地形地物。如道路、水沟、河流、池塘、护坡。当地形起伏较大的地区还应画上地形等高线。
　　（6）用指北针或风向频率玫瑰图表明房屋的朝向。
　　（7）建筑物使用编号时，应列出名称编号表。
　　（8）绿化规划、管道布置。

三、总平面图的读图示例［An Example of Reading General Arrangement Drawing］

　　图 8-17 是某单位局部的总平面图，新建房屋是一幢五层楼的住宅。在这样小范围的平坦土地上，建造房屋所绘的小区总平面图，可不必画出地形等高线和坐标网格，只要表明这幢住宅的平面轮廓形状、层数、位置、朝向、室内外标高，以及周围的地物等内容即可。从图中可以看到以下有关内容。
　　1. 图名、图例及比例
　　由于本图所画的是某单位住宅区的建筑总平面图，范围不大，所以比例选用较大，本图采用 1：500 的比例绘制。图例采用"国标"规定的图例。
　　2. 朝向
　　利用本图右上角的风向频率玫瑰图可知，该新建住宅的入口在南面，朝向为南偏东。
　　3. 新建房屋的平面形状及其定位等
　　在总平面图中，新建房屋用粗实线表示。由图 8-17 可知，房屋位于图中的东北方向，

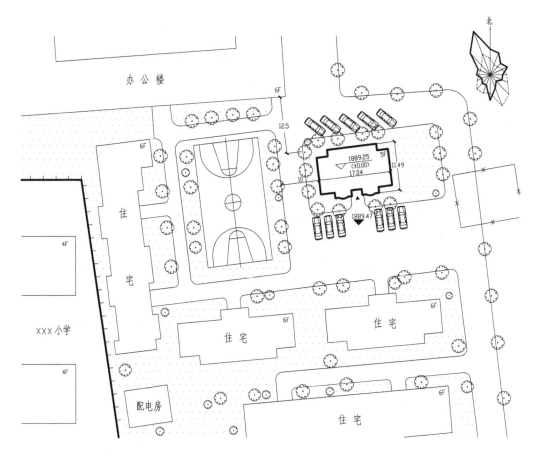

总平面图 1:500

图 8-17 建筑总平面图

图中房屋轮廓线内右上角的"5F",表明该楼共五层。其平面形状左右对称,入口朝南面,东西向总长 17.04m,南北向总宽 11.49m。它以原有建筑物或构筑物定位,房屋的西墙面距球场 10m,北墙面距北面的办公楼 12.5m。房屋的零点标高大约相当于海拔标高 1889.25m。

4. 了解拟建房屋所在地的风向情况

图 8-17 右上角是房屋所在地区常年的风向频率玫瑰图,由此可知该地区的常年主导风向是西北风,夏季主导风向是东南风。

5. 新建建筑物的周围环境情况

该总平面图中共画出了原有建筑物八座,其中南面有六层住宅三座,配电房一座;西面有六层住宅一座,并有围墙与小学相隔,学校有四层小学教室两座;北面有六层办公楼一座;东面有拆除建筑一座;住宅小区中部还有一个篮球场,同时,住宅小区内都有绿化布置。

第三节　建筑平面图
[Construction plan]

一、平面图的形成及分类 [Formation and Classification of Construction Plan]

1. 建筑平面图的用途

建筑平面图可作为施工放线、砌墙、安装门窗、预埋构件、室内装修和编制预算等的重要依据。

2. 建筑平面图的形成

除了屋顶平面图之外，建筑平面图实际上是建筑物的水平剖面图，也就是假想用水平的剖切平面在窗台上方把整幢建筑物切开，移去剖切平面以上部分后，将剩余的部分向下作正投影，此时所得到的全剖面图，即称为建筑平面图，简称平面图。

3. 建筑平面图的分类

根据建筑物的楼层及剖切平面的位置不同，建筑平面图可分为以下及几类：

（1）底层平面图。

底层平面图又称一层平面图。绘制底层平面图时，应将剖切平面放在房屋一层地面以上一层到二层楼梯的休息平台之下。

（2）标准层平面图。

对于多层建筑而言，各层均应画出其平面图，其名称就用本身的层数来命名，例如"三层平面图"等。如果多层建筑存在有许多相同或相近平面布置的楼层，可将这些相同或相近的楼层合用一张平面图来表示。这张合用的平面图，就称为"标准层平面图"，通常用其对应的楼层数命名，例如"二～五层平面图"等。建筑平面图左右对称时，也可将两层平面图画在同一张图上，左边画出一层的一半，右边画出另一层的一半，中间用对称符号作分界线。

（3）顶层平面图。

顶层平面图也可用相应的楼层数来命名。

（4）屋顶平面图和局部平面图。

屋顶平面图是将房屋顶部单独向下所作的投影图，主要表示屋顶的平面布置。对于平面布置基本相同的中间楼层，其局部的差异，只需另绘制局部平面图即可。

二、平面图中常用的图例 [Ordinary Graphic Symbols Used in Construction Plan]

由于建筑平面图所用的绘图比例较小，建筑物上的一些细部构造和配件无法画出，只能用图例表示，有关图例画法应按照《建筑制图标准》中的规定执行。现将其中一些常用的构造及配件图例介绍如下，以便于学习，如表 8-4 中所示，而更为详细的图例建议参考"建筑制图标准（GB50104—2010）"。

表 8-4　常用建筑构造及配件图例（GB/T50104—2010）

名称	图 例	说明	名称	图 例	说明
玻璃幕墙		幕墙龙骨是否表示由项目目标设计决定	空门洞		h 为门洞的高
栏杆			固定窗		（1）窗的名称代号用 C（2）立面图中的斜线表示窗的开启方向，实线为外开，虚线为内开；开启方向线交角的一侧为安装合页的一侧。开启线在建筑立面图中可不表示，在门窗立面大样图中需绘制（3）图例中剖面图左为外、右为内、平面图下为外、上为内（4）平面图和剖面图上的虚线仅表示开启方向，项目设计不表示（5）窗立面形式应按实际情况绘制（6）附加纱扇应以文字说明，在平、立、剖面图中均不表示
楼梯	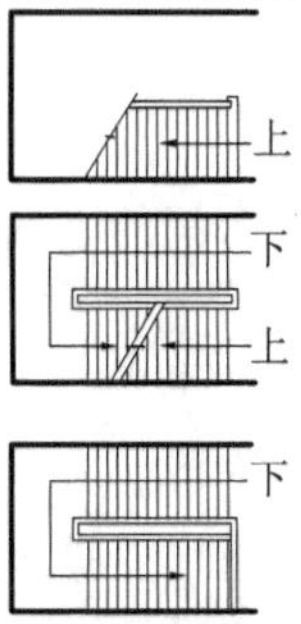	（1）上图为底层楼梯平面（2）中图为中间层楼梯平面（3）下图为顶层楼梯平面	中旋窗		
烟道			单层外开平开窗		
通风道			单层内开平开窗		
单面开启单扇门（包括平开或单面弹簧）	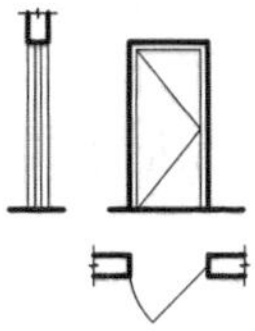	（1）门的名称代号用 M（2）图例中剖面图左为外、右为内、平面图下为外、上为内（3）立面图上开启方向线交角的一侧为安装合页的一侧，实线为外开，虚线为内开（4）平面图上门开启线为90°、60°或45°开启，开启弧线宜画出（5）开启线在建筑立面图中可不表示，在立面大样图中可根据需要绘出（6）附加纱扇应以文字说明，在平、立、剖面图中均不表示（7）立面形式应按实际情况绘制	百叶窗		
单面开启双扇门（包括平开或单面弹簧）			双层推拉窗		
双面开启单扇门（包括双面平开或双面弹簧）					
双面开启双扇弹簧门（包括双面平开或双面弹簧）					
折叠门					

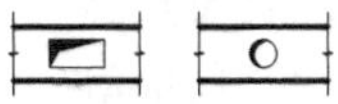

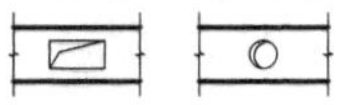

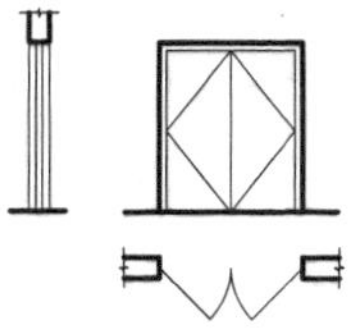

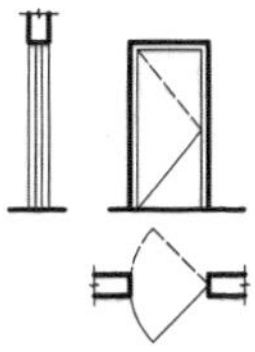

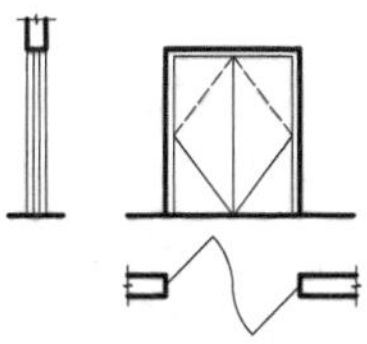

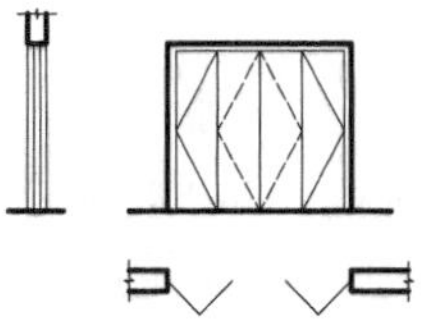

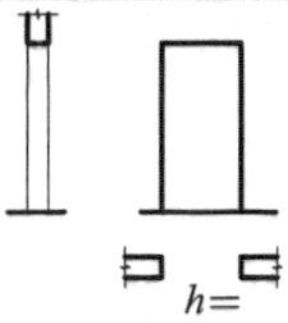

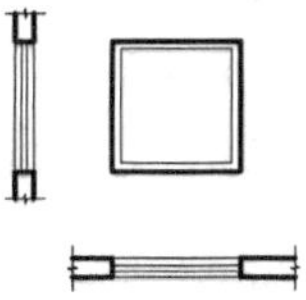

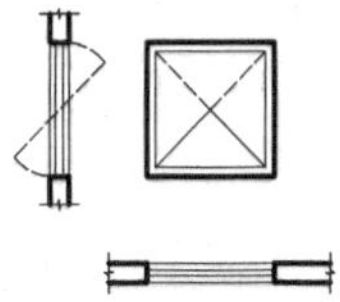

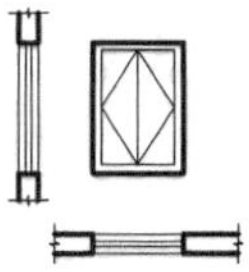

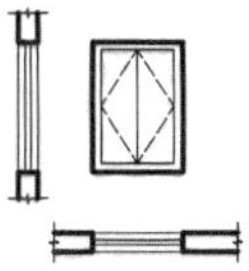

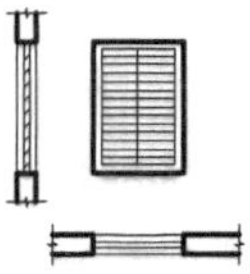

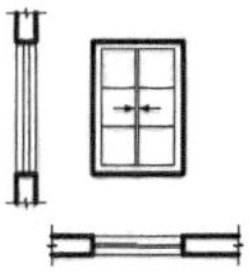

三、平面图的内容及规定画法 [Contents and Conventional Representations in Construction Plan]

（一）主要内容

建筑平面图所表示的主要图示内容有：

（1）建筑平面图的图名及其比例。

（2）表示墙、柱、墩的纵、横向定位轴线及其编号。

（3）表示建筑物的平面布置、外墙、内墙、柱和墩的位置，房间的平面分隔、形状大小和用途。

（4）表示内、外门窗的位置和类型，并标注代号和编号。

（5）表示电梯、楼梯的位置和楼梯上下方向及主要尺寸、踏步数。

（6）表示室外构配件，如底层平面图中应表示台阶、斜坡、花坛、排水沟、散水、雨水管等的位置及尺寸；二层以上的平面图表示阳台、雨篷等的位置及尺寸。

（7）标注建筑物的外形、内部尺寸和楼地面的标高以及坡比、坡向等。

（8）在底层平面图上还应标注剖面图剖切符号和编号；标注有关部位上节点详图的索引符号。

（9）在底层平面图上还应画出表示建筑物朝向的指北针。

以上所列只是平面图的主要内容，可根据具体项目的实际情况进行取舍。

（二）规定画法

1. 比例

按照《建筑制图标准》，绘制建筑平面图时可选用的比例有 1：50，1：100，1：150，1：200，1：300，但 1：100 和 1：200 的比例在绘制建筑平面图采用最多。建筑物或构筑物的局部放大图可用比例有 1：10，1：20，1：25，1：30，1：50。

2. 指北针

为表示建筑物的朝向，底层平面图上应加注指北针。一般总平面图上需标注风向频率玫瑰图，而底层平面图上则标注指北针，通常两者不得互换，且所示方向必须一致。其他层平面图上不必再标出。

3. 图线

建筑图中的图线应粗细有别，层次分明。按《建筑制图标准》对于图线的规定，在建筑平面图中，被剖切到的墙、柱等部分的轮廓线用粗实线画出，而粉刷层在 1：50 或比例更大的平面图中则用细实线画出。未被剖切到的可见轮廓线，如窗台、台阶、明沟、花台、梯段、家具陈设、卫生设备等用中实线或细实线画出。尺寸线、标高符号、定位轴线的圆圈用细实线，轴线用细单点长画线画出。有时为表达被遮挡的或不可见的部分，如高窗、吊柜等，可用虚线绘制其轮廓线。

4. 图例

在建筑平面图中门、窗等均规定的图例来绘制，详见表 8-4。凡是被剖切到的断面部分应画出材料图例，但在 1：100 ～ 1：200 的小比例的平面图中，剖到的砖墙一般不画材料图例（或在透明纸的背面涂红表示），比例为 1：50 的平面图中的砖墙也可不画图例，比例大于 1：50 时，应画上材料图例。剖切到的钢筋混凝土构件断面，一般小于 1：50 时可涂黑。

5. 尺寸标注

建筑平面图中的尺寸主要分为以下几种类型。

（1）外部尺寸。标注在建筑平面图轮廓以外的尺寸叫外部尺寸。通常外部尺寸按照所标注的对象不同，又分三道尺寸，最内侧的第一道尺寸是门、窗水平方向的定形和定位尺寸；中间第二道尺寸是轴线间距尺寸；最外侧的第三道尺寸是建筑物两端外墙面之间的总长、宽尺寸。

（2）内部尺寸。内部尺寸应注写在建筑平面图轮廓以内，它主要用于表示房屋内部构造和家具陈设的定形、定位尺寸，如室内门、窗洞的大小和定位、墙厚和固定设备（例如厨房、厕所、盥洗间等）的大小与定位。

（3）标高尺寸。建筑平面图上的标高尺寸，主要用于标注某层楼面（或地面）上各部分的标高。按建筑制图标准规定，该标高尺寸应以建筑物室内地面的标高为基准（室内地面标高设为±0.000）。底层平面图中，还需标出室外地坪的标高值。

（4）坡度尺寸。建筑平面图中，应在具有坡度处，如屋顶、散水处等，标注坡度尺寸。该尺寸通常由两部分组成：坡比与坡向。

（三）门窗表

门窗表是指新建建筑物上所有门窗的统计表。门窗表的编制，是为了计算出每幢建筑物不同类型的门窗数量，以订货加工之用。中小型建筑的门窗表一般放在建筑施工图纸内。

四、阅读实例［An Example of Reading Drawing in Engineering］

1. 阅读底层平面图

图 8-18 为某单位住宅楼建筑平面图。现以此为例，讲解建筑平面图的阅读方法。

阅读步骤：

（1）了解图名、比例。从图 8-18 可知，该平面图是某单位住宅楼的底层平面图，所用绘图比例为 1：100。

（2）了解建筑物的朝向。在底层平面图形外，画有一指北针符号，说明建筑物的朝向。由图可知，本建筑朝向为南偏东。

（3）了解定位轴线，内外墙的位置和平面布置。该平面图中，横向定位轴线编号从 ① ～ ⑨；纵向定位轴线有 Ⓐ、Ⓑ、Ⓒ、Ⓓ、Ⓔ、Ⓕ。

该住宅楼每层均为一梯两户，南面中间入口为楼梯间，两户平面布置完全一样。每户有三室两厅一厨一卫，南面还有一个阳台。以东面的一户为例：朝南的是一间客厅及一间卧室；朝北面的房间，中间⑦ ～ ⑧轴线之间为餐厅与厨房；西面⑤ ～ ⑦轴线之间为书房与卫生间；东面⑧ ～ ⑨轴线之间为卧室。内外砖墙厚度均为 240，墙的断面上涂黑处表示钢筋混凝土构造柱断面。

（4）了解门的位置、编号和数量。M1 为单元防盗门，每户有入户门 M2 一樘，M3 分别为两卧室门和书房门共三樘，M4 、M5 分别为厨房门和阳台门，该门是铝合金推拉

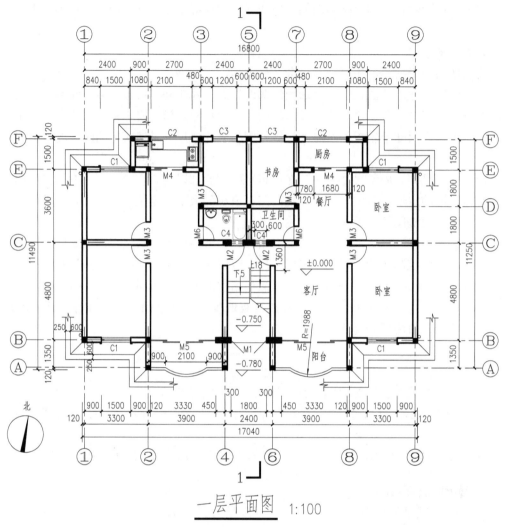

一层平面图 1:100

图 8-18　某住宅的一层平面图

门，数量为各一樘，M6 为卫生间的门，每户共计 7 樘门；窗有 C1 两樘，C2、C3、C4 各一樘共计 5 樘。

（5）了解建筑物的平面尺寸和各地面标高。该建筑物平面图中共有三道外部尺寸，最外侧的一道尺寸是建筑物两端外墙面之间的总长、宽尺寸，分别为 17040、11490；中间一道是轴线间距尺寸，一般可表示房间的开间和进深尺寸，如客厅的开间尺寸为 3900，进深为 4800；两间卧室的开间尺寸为 3300，进深分别为 4800、3600；餐厅与厨房的开间尺寸为 2700，进深分别为 3600、1500；书房与卫生间的开间尺寸为 2400，进深分别为3300（即 1800＋1500）、1800。最里的一道尺寸为门、窗水平方向的定形和定位尺寸。

内部尺寸主要用于表示房屋内部构造和家具陈设的定形、定位尺寸。

该建筑物室内地面相对标高±0.000，楼梯间的地面标高为－0.750，厨房、卫生间及阳台的标高均低于室内地面 40mm，即－0.040。

（6）了解其他建筑构配件。该建筑物入口在南面，进大门，上 5 级踏步到达室内地面；上 18 级踏步到达二层楼面。建筑物四周做有散水和明沟，宽度分别为 600 和 250。厨房、卫生间画有水池、浴缸、坐便器和煤气灶等图例。

（7）了解剖面图的剖切位置、投影方向等。该建筑物底层平面图中标有 *1—1* 剖面图的剖切符号。*1—1* 剖面是一个全剖面图，它的剖切位置通过书房、卫生间及楼梯间，其投影方向为从右向左投影。

2. 其他层建筑平面图

除了以上介绍的底层平面图之外，还有标准层平面图、顶层平面图等。与底层平面图相比，其他层平面图的阅读方法与底层平面图基本相似，需要注意的有下述三点。

（1）只需在底层平面图上绘制指北针和剖切符号，其他平面图中不必再画；已经在底层平面图中表示清楚的构配件，就不再在其他平面图中重复绘制。例如：按照建筑制图标准，二层以上的平面图中不再绘制台阶、花坛、明沟、散水等室外设施及构配件；三层以上也不再绘制已由二层平面图表示清楚的雨篷等构配件。

（2）一般情况下楼梯间底层、中间层及顶层的建筑构造图例不同。楼梯图例的具体画法见表 8-4。本幢住宅的顶层为上屋顶的楼梯间，阅读时需注意楼梯图例的画法。

（3）屋顶层平面图较为简单，需要时可用更小的比例绘制。屋顶层平面图需画出有关定位轴线、屋顶形状、女儿墙、分水线、隔热层、屋顶水箱、屋面的排水方向、天沟及其雨水口的位置等，此外，还把顶层平面图中未能表明的顶层阳台的雨篷和顶层窗子的遮阳板等画出。

五、绘制建筑平面图的步骤和方法 [Drawing Steps and Methods of Construction Plan]

绘图时要从大到小，从整体到局部，逐步深入。现以图 8-18 的底层平面图为例，说明平面图绘制步骤和方法：

（1）选取绘图比例和图幅。根据所绘房屋大小，在表 8-1 中选择合适的绘图比例，并选用合适的图幅。

（2）画定位轴线、墙身轮廓线、柱轮廓线等。定位轴线是建筑物的控制线，所以在平面图中，凡承重墙、柱、大梁、屋架等都要先画出其轴线，此时应注意构件中心线是否与定位轴线重合。画墙身轮廓线时，应从轴线处分别向两边量取，如图 8-19（a）所示。

（3）确定门、窗的位置，画出细部，如门、窗洞、楼梯、卫生间、台阶、散水等，如图 8-19（b）所示。

（4）擦去多余图线，并检查无误后，按施工图要求加黑、加粗图线，再标注轴线编号、尺寸、门窗编号、剖切符号、注写文字、图名等，如图 8-19（c）所示。

（5）完成平面图，如图 8-18 所示。

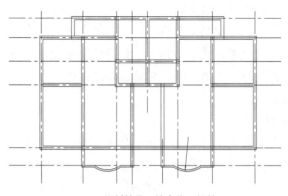

(a) 绘制轴线、墙身线、柱等

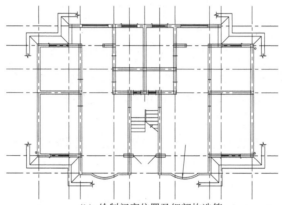

(b) 绘制门窗位置及细部构造等

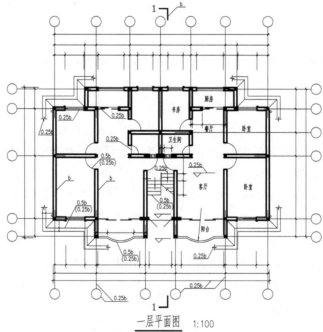

一层平面图　1:100

(c) 检查后, 加黑、加粗, 标注轴线等编号等

图 8-19　平面图的绘制步骤

第四节　建筑立面图
[Construction Elevation]

一、立面图的用途、形成及命名 [Function, Formation and Name of Construction Elevation]

1. 立面图的用途

立面图主要是用来表达房屋外部造型、门窗位置及形式、阳台、雨篷、雨水管、勒脚、台级、花台等建筑细部的形状和外墙面的装修材料及做法。建筑立面图在设计过程中，主要用于研究建筑立面的艺术处理；在施工过程中，主要用于室外装修。

2. 立面图的形成

建筑立面图是在与房屋平行的投影面上对房屋外部形状所作的正投影，一般不图示房屋的内部构造，只图示房屋的外部形状。

3. 建筑立面图的命名

为了完整地表示出房屋的各个立面外形，通常要作出房屋各立面的立面图。立面图的命名方式一般有如下三种：

（1）以房屋的主要入口命名。以房屋主要入口或比较显著地反映出房屋外貌特征的那一面为正面，投影所得的图称为正立面图，其余分别称为背立面图、左侧立面图和右侧立面图，参阅第六章第一节。

（2）以朝向命名。根据各立面的朝向来命名立面图。规定：房屋中朝南一面的立面图被称为南立面图，同理还有北立面图、西立面图和东立面图。

（3）以定位轴线的编号命名。对于那些不便于用朝向命名的房屋，还可以用定位轴线来命名。所谓以定位轴线命名，就是用该立面的首尾两个定位轴线的编号，组合在一起来表示立面图的名称，如图 8-20 所示。

以上三种命名方式，在绘图时，应根据实际情况灵活选用。

二、立面图的内容及规定画法 [Contents and Conventional Representations of Construction Elevation]

1. 主要内容

建筑立面图所表示的主要图示内容有：

（1）建筑立面图的图名及其比例。

（2）注出建筑物两端或分段的定位轴线及其编号。

（3）表示建筑物的立面造型、外形轮廓（包括门、窗的形状位置及开启方向以及台阶、雨篷、阳台、檐口、墙身、勒脚、屋顶、雨水管等的形状和位置）。

（4）注出建筑物外墙各主要部分的标高。

（5）标出各部分构造、装饰节点详图的索引符号。用图例或文字或列表说明房屋外墙面的装修材料及做法。

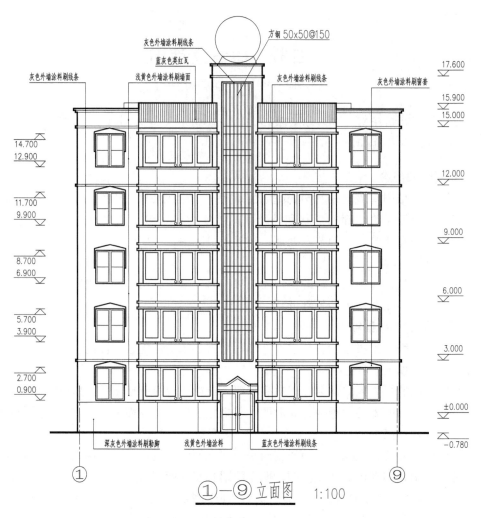

图 8-20 某住宅①～⑨立面图

2. 立面图的规定画法

（1）图名、比例。比例与建筑平面图相同。

（2）图线。为了立面图外形清晰、层次分明，通常采用加粗实线（1.4b）画出室外地坪线；粗实线（b）画出建筑物外轮廓；用中实线（0.5b）画出立面上的主要轮廓，如门窗洞、雨篷、阳台、台阶、花台、遮阳板、窗套等建筑设施或构配件的轮廓线；采用细实线（0.25b）绘制一些较小的构配件和细部的轮廓线，表示立面上凹进或凸出的一些次要构造或装修线，如雨水管、墙面上的引条线、勒脚等，还有立面图中的图例线，门窗扇的图例线和开启线等。

（3）图例。由于立面图的比例较小，如门窗扇、檐口构造、阳台栏杆和墙面复杂的装修等细部往往只用图例表示，见表 8-4 "常用建筑构造及配件图例"，它们的构造和做法，另有详图或文字说明。

（4）标高。立面图中房屋各主要部分的高度是用标高表示的。一般要标注：±0.000 标高、室内外地面、楼面、屋檐及门窗洞、雨篷底、阳台底、勒脚、窗台等各部位的标高。也可标注相应的高度尺寸，如有需要，还可标注一些局部尺寸。

通常，立面图的标高，应注写在立面图的轮廓线以外。注写时要上下对齐，大小一致，并尽量使它们位于同一条铅垂线上。

立面图中所注的标高有两种：建筑标高和结构标高。一般情况下，用建筑标高表示构件的上表面（如阳台上表面、檐口顶面等），而用结构标高来表示构件的下表面（雨篷、阳台底面等），但门窗洞的上下两面则必须都标注结构标高。

（5）装饰做法的表示。一般情况下，外墙以及一些构配件与设施等的装饰做法，在立面图中常用指引线作文字说明或材料图例表示，但有时也可写在设计总说明里。

三、阅读实例 [An Example of Reading Drawing in Engineering]

1. 阅读正立面图

现以图 8-20 所示的某住宅楼建筑立面图为例，介绍建筑立面图的阅读方法。

阅读步骤：

（1）了解图名、比例。根据图名①～⑨立面图，再对照图 8-18 所示的底层平面图，可以知道，①～⑨立面图也就是该住宅楼的正立面图，比例与平面图一致为 1：100。

（2）了解房屋的体型及立面造型。根据立面的造型特点可以大体知道房屋的使用性质（如住宅、商场、影剧院、写字楼、工厂等）。该楼为五层、一个单元的住宅楼，屋顶是带女儿墙的平屋顶，外形是长方体，两边以楼梯间为对称，中间楼梯间高出屋顶平面。

（3）了解门窗的类型、位置及数量。该楼正面每层中间为楼梯间的窗子，底层是双扇外开单元门；两边各有一樘窗和一个阳台，该窗为双扇铝合金推拉窗，阳台门为四扇铝合金组合推拉门。

（4）了解其他构配件。单元门上面有一个雨篷，中间楼梯间的窗子和两边的窗子都有窗套，楼梯间的顶部有一球形水箱。

（5）了解各部分标高。室外地坪的标高为 -0.78m，比室内低 780mm。中间楼梯间最高处（女儿墙顶面）的标高为 17.6m，两边屋顶的最高处（女儿墙顶面）的标高为 15.9m，其余部分标高如图 8-20 所示。

（6）了解外墙面的装饰等。从图 8-20 中的文字说明可知房屋一楼窗台以下的勒脚部分外墙面为深灰色外墙涂料粉刷，窗套用灰色外墙涂料粉刷，单元入口雨篷用浅黄色外墙涂料粉刷，其余部分为淡黄色外墙涂料粉刷，其他细部如图所示。

2. 阅读其他立面图

阅读正立面图时，应配合其他立面图一起进行，如⑨～①立面图（背立面图）、Ⓐ～Ⓔ立面图（左侧立面图）。

四、绘制建筑立面图的步骤和方法 [Drawing Steps and Methods of Construction Plan]

（1）画出室外地坪线、楼面线、屋面线、两端的定位轴线、外墙轮廓线等，如图 8-21（a）所示。

（2）由平面图定出门窗位置，并画出细部。如门窗洞、窗台、雨篷、檐口、勒脚、墙面分格线等，如图 8-21（b）所示。

（3）检查后按要求加粗、加深图线。

（4）标注尺寸、标高和轴线符号，书写文字说明、图名及比例等，如图 8-21（c）所示，最后完成正立面图。其他立面图的画法与正立面图一样。

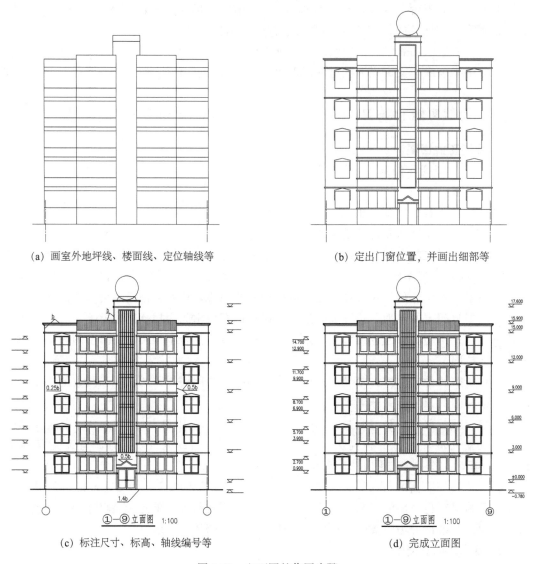

(a) 画室外地坪线、楼面线、定位轴线等   (b) 定出门窗位置，并画出细部等

(c) 标注尺寸、标高、轴线编号等   (d) 完成立面图

图 8-21　立面图的作图步骤

第五节　建筑剖面图
[Construction Section]

一、剖面图的用途及形成 [Function，Formation of Construction Section]

建筑剖面图是假想用一个或多个铅垂的剖切平面将房屋剖切开，移去剖切面与观察者之间的房屋，将留下部分向投影面投影所得的正投影图样，称为建筑剖面图，简称剖

面图。

建筑剖面图表示建筑物的垂直方向的高度、楼层分层、垂直空间的利用以及简要的结构布置和构造方式等情况的图样。

剖面图的剖切位置，应选择在内外部结构和构造比较复杂或有变化以及有代表性的部位，如尽可能地通过门、窗洞、楼梯间等位置。剖切面方向常采用横向，即平行于房屋侧面，必要时也可纵向，即平行于房屋正面。剖切面数量视建筑物的复杂程度和实际情况而定。一般情况下，选用单一剖切平面，但在需要时，也可用两个或两个以上平行的剖切平面剖切，习惯上，剖面图中不画出基础部分。

二、剖面图的内容及规定画法 [Contents and Conventional Representations of Construction Section]

（一）主要内容

建筑剖面图所表示的主要图示内容有：

(1) 建筑剖面图的图名及其比例。

(2) 墙、柱的定位轴线及其间距尺寸。

(3) 建筑物的竖向结构布置和内部构造。

(4) 建筑物各部位完成面的标高及高度方向的尺寸标注。

(5) 有关图例和文字说明。

（二）规定画法

1. 定位轴线

在剖面图中通常只需画出图中两端的墙、柱的定位轴线、编号及其轴线间尺寸，以便与平面图对照。

2. 图线

剖面图中室外地坪线画加粗线（1.4b）。用粗实线画出所剖切到建筑实体切面轮廓线，如剖切到的墙体、梁、板、地面、楼梯、屋面层等；用细实线（0.25b）画出投影可见的建筑构、配件轮廓线，如门、窗洞、洞口、梁、柱、楼梯梯段及栏杆扶手、室外花坛、可见的女儿墙压顶，内外墙轮廓线、踢脚线、勒脚线、门、窗扇及其分格线，水斗及雨水管，外墙分格线等。投影可见物以最近层面为准，从简示出。凡比例 >1∶100 的剖面应绘出楼面细线；比例 ≤1∶100 时，据实际厚度而定，厚则绘出，否则可不绘。

3. 图例

在剖面图中门、窗等均按规定的图例来绘制，详见表 8-4。砖墙和钢筋混凝土的材料图例与平面图相同。

4. 尺寸和标高标注

建筑剖面图中应标注出竖直方向剖到部位的尺寸和标高。外部尺寸有：外墙的竖向尺寸，一般也标注三道尺寸。第一道尺寸为门、窗洞及洞间墙的高度尺寸（将楼面以上及楼面以下分别标注）。第二道尺寸为层高尺寸，即底层地面至二层楼面、各层楼面至上一层楼面，顶层楼面至檐口处屋面等。第三道尺寸为室外地面以上的总高度尺寸。总高度尺寸通常按如下规定标注：由室外地坪至平屋面挑檐口上皮或女儿墙顶面或坡屋顶挑檐口下皮总高度，坡屋面檐口至屋脊高度单独注写，屋面之上的楼梯间、电梯机房、水箱间等另加注其尺寸。内部尺寸有：内墙上的门、窗洞高度，窗台的高度，隔断、隔板、平板、墙裙等的高度。同时要标注室外地坪、各层的地面、楼面、女儿墙顶面、屋顶最高处的相对标高。

注写标高和尺寸时，应注意与立面图、平面图一致。

三、阅读实例 [An Example of Reading Drawing in Engineering]

图 8-22 为某住宅楼建筑剖面图。现以此为例，讲解建筑剖面图的阅读方法。

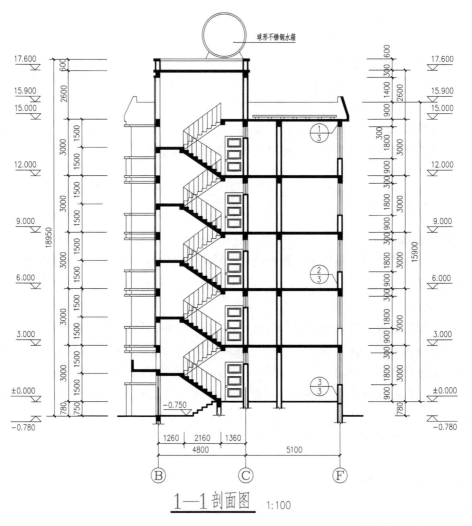

图 8-22 某住宅 1-1 剖面图

阅读步骤：

（1）了解剖切位置、投影方向和比例。从图 8-18 所示的建筑平面图可知，1—1 剖面图的剖切位置及投影方向，所用绘图比例与平面图一致，也为1：100。

（2）了解墙体的剖切情况。*1—1* 剖切面剖切到Ⓑ、Ⓒ、Ⓓ、Ⓕ四道承重墙。图中Ⓑ到Ⓒ轴线间主要表示楼梯间的剖面，Ⓒ到Ⓕ轴线间分别为卫生间和书房的剖面。墙体为砖墙，窗洞上有一道钢筋混凝土圈梁，顶层圈梁与屋面及女儿墙浇筑成整体结构。Ⓑ轴线所在墙为楼梯间外墙，在−0.75 以上为门洞，门洞上方的梯梁与雨篷板连为一体。Ⓒ、Ⓓ轴线所在墙为内墙，Ⓕ轴为外墙。

（3）了解地面、楼面及屋面构造。由于另有详图，所以在*1—1* 剖面图中，只示意性地用涂黑表示了地面、楼面和屋面的位置及屋面架空隔热层。

（4）了解楼梯的形式和构造。该楼梯为平行双跑式，每层有两个等跑梯段。图中涂黑部分为剖切到的梯段，从标高−0.75 地面先上 5 个踏步到达底层地面（标高±0.000），从下面的一层到上一层都有 18 个踏步，故在平面图中标有"上18"、"下18"的字样，该楼梯为现浇钢筋混凝土板式结构。

（5）了解各部分的标高、高度尺寸。

四、绘制建筑剖面图的步骤和方法 [Drawing Steps and Methods of Construction Section]

（1）确定定位轴线、室内外地坪线、各层楼面线、楼梯休息平台线等，如图8-23（a）所示。

（2）画出内、外墙身厚度、楼板、屋顶构造厚度，再画出门窗洞高度、过梁、圈梁、雨篷、檐口、楼梯及台阶等轮廓；再画出位剖切到的可见轮廓线，如梁、柱、阳台、门窗楼梯扶手等，如图8-23（b）所示。

（3）标注尺寸和标高，书写图名、比例等，完成全图，如图8-23（c）所示。

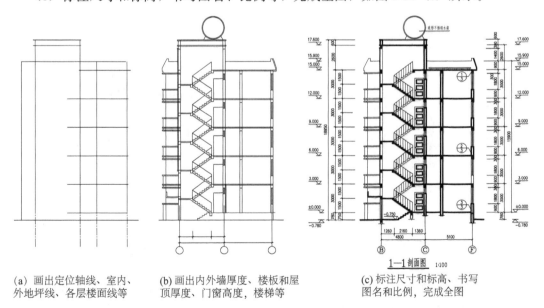

（a）画出定位轴线、室内、外地坪线、各层楼面线等

（b）画出内外墙厚度、楼板和屋顶厚度、门窗高度，楼梯等

（c）标注尺寸和标高、书写图名和比例，完成全图

图 8-23 剖面图的画法和步骤

第六节　建　筑　详　图
[Construction Detail]

一、建筑详图的作用、特点和常用符号 [Function, Feature and Commonly used Symbols of Construction Details]

1. 建筑详图的作用、特点

建筑详图是建筑细部或建筑构件、配件的施工图。

建筑平、立、剖面图一般采用较小的比例绘制，因而对房屋的细部或建筑构件、配件和剖面节点等细部的样式、连接组合方式，及具体的尺寸、做法和用料等不能表达清楚。因此，在实际施工作业中，还需有较大的比例（1∶50，1∶30，1∶25，1∶20，1∶15，1∶10，1∶5，1∶2，1∶1）的图样，将建筑的细部和建筑构件、配件的形状、材料、做法、尺寸大小等详细内容表达在图上，这样的图样称为建筑详图，简称详图。实际上，建筑详图是一种局部放大图或是在局部放大图的基础上增加一些其他图样。

详图的特点，一是比例较大，二是图示内容详尽（材料及做法、构件布置及定位等），三是尺寸、标高齐全。

详图数量的选择，与房屋的复杂程度及平、立、剖面图内容和比例有关。

2. 常用符号

在建筑详图中经常使用索引符号、详图符号和材料图例符号等。

3. 图线宽度的选用

在建筑详图中图线宽度的选用可按图 8-24 进行绘制。

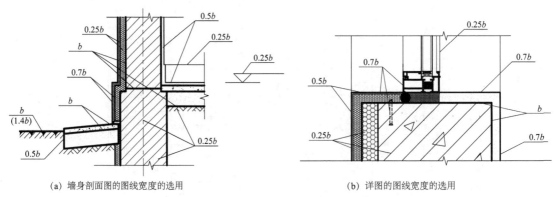

(a) 墙身剖面图的图线宽度的选用　　　　　　　　(b) 详图的图线宽度的选用

图 8-24　墙身剖面及详图图线的选用

二、外墙身详图 [Construction Details of External Wall]

外墙身详图是建筑剖面图中的外墙的局部放大图。用它详细表达房屋基础以上至屋面整个墙身的各个节点（屋面、楼层、地面和檐口等）的尺寸、材料和构造做法，是施工的重要依据。

多层房屋中，若中间各楼层节点构造相同时，可只画地面节点、屋面节点和一个楼面节点，但在楼面节点标注标高时要标注中间各层的楼面和窗台的标高。画图时，在窗洞中间断开，排列成几个节点的组合，如图 8-25 所示。有时，可单独画出一个节点详图。

现以某住宅外墙身详图为例，说明外墙身详图的内容与阅读方法，如图 8-25 所示。

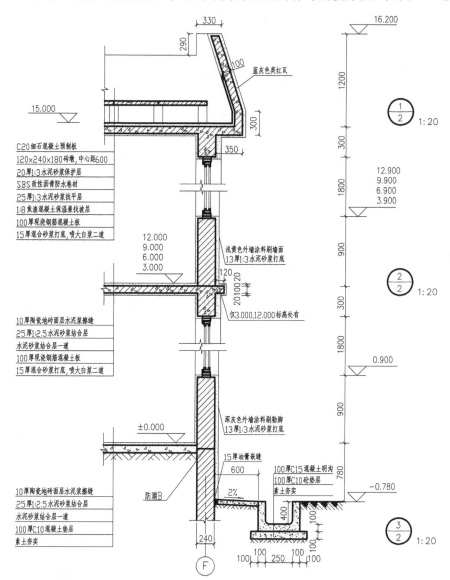

图 8-25 某住宅外墙剖面详图

（1）根据详图编号，可查找到剖面图上与它相应的索引符号（图 8-22），由此可知该详图的位置和投影方向。图中标注的轴线编号，表示该详图适用于Ⓕ轴线的墙身，即在横向轴线② ～ ⑧的范围内，Ⓕ轴线上过窗洞的位置，墙身的各相应部分的构造相同。

（2）详图中，对屋面、楼面、地面的构造，采用多层构造的文字说明方法表示。

（3）屋面节点详图表达了顶层窗洞以上部分的结构和构造状况。从图中可了解到：

屋面的承重构件为现浇的钢筋混凝土屋面板，挑出外墙面 350mm，且上翻 900mm 高的现浇钢筋混凝土的女儿墙；窗洞上方是现浇的钢筋混凝土圈梁；屋面板上做有焦渣混凝土保温兼找坡层、水泥砂浆找平层、改性沥青防水卷材层、水泥砂浆保护层和架空隔热层，屋面板下是水泥砂浆打底，喷大白砂浆两道。

（4）楼层节点详图表达了楼面板的下一层窗洞以上到本层窗台以下部分的结构和构造状况。从图中可了解到：楼面的承重构件为现浇的钢筋混凝楼面板，与窗洞上方现浇的钢筋混凝土圈梁连接在一起；楼面板上做有水泥砂浆结合层两道和陶瓷地砖面层，楼面板下是水泥砂浆打底，喷大白浆两道。楼面的标高数字 3.000 是第二层楼面的建筑标高，6.000、9.000、…依次是第三层、第四层、…楼面的建筑标高。

（5）地面节点详图表达了底层地面窗台以下到基础以上部分的结构和构造状况。从图中可了解到：地面的承重构件为 100 厚 C10 素混凝垫层，之上做 25 厚水泥砂浆结合层一道及陶瓷地砖面层；外墙身设有防潮层，室外有坡度为 2 ％宽为 600mm 的散水并有明沟相接。

（6）在详图中，还表达了外墙的厚为 240mm 及外墙面的装修。窗框、窗扇的形状和尺寸另有详图表示或采用标准图，因此可简化或省略。图中仅表示了窗框、窗扇的粗略的形状和安装的大致位置。

（7）在详图中，标注了窗台、窗洞的高度尺寸及地、楼、屋面和窗台面的标高尺寸。

三、楼梯详图 [Construction Details of Stairs]

楼梯是多层建筑物各楼层上下交通的主要设施。它的主要功能是满足行走方便和在紧急情况时人流疏散畅通。目前多采用现浇的钢筋混凝土楼梯。楼梯主要由楼梯段（简称梯段，包括踏步和斜梁）、平台（包括平台板和平台梁）和安全栏杆（或栏板）等组成。

梯段上的一个踏步称为一级（n—表示级数），由一个水平踏面（b—表示踏面宽）和一个垂直踢面（h—表示踢面高）组成。

平台分为楼层平台和中间平台（又称为休息平台），如图 8-26 所示。

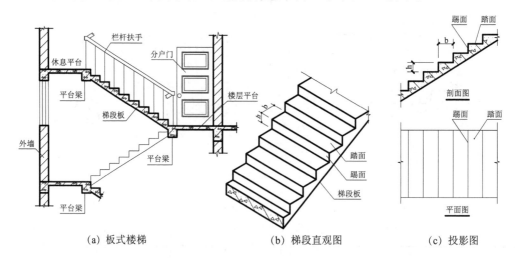

（a）板式楼梯　　　　（b）梯段直观图　　　　（c）投影图

图 8-26　楼梯的组成

楼梯的构造一般较复杂，需要另画详图表达。楼梯详图主要表达楼梯的类型、结构形式、各部位的尺寸及装修做法，是楼梯施工放线的主要依据。

楼梯详图一般包括楼梯平面图、剖面图及踏步、栏杆（板）详图等，应尽可能画在同一张图纸上。平面图与剖面图的比例（常用 1：50）应一致，以便对照阅读。踏步、栏杆（板）详图的比例要更大一些，以便表达清楚该部分的构造和尺度。楼梯详图一般分为建筑详图和结构详图，并分别绘制，分别编入"建施"和"结施"图中。对一些构造和装修较简单的现浇钢筋混凝土楼梯，其建筑和结构详图可合并绘制，编入"建施"和"结施"图中均可。

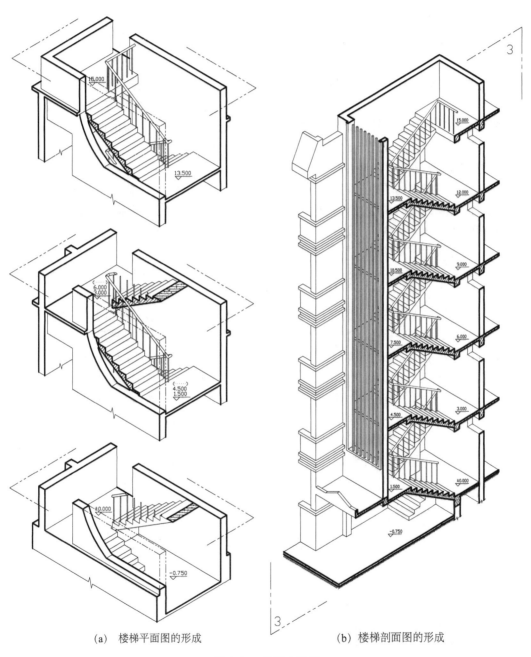

(a)　楼梯平面图的形成　　　　　　(b)　楼梯剖面图的形成

图 8-27　楼梯立体图

（一）楼梯平面图

一般每一楼层都可画一楼梯平面图。三层以上的房屋，若中间各层的楼梯形式、位置和构造、尺寸大小等完全相同时，通常只画出底层（首层）、一个中间层（标准层）和顶层三个平面图。中间各层的平台面和楼面的标高数字写在标准层相应的标高数字之上或之下，如图 8-28 中的标准层平面图所示。

1. 楼梯平面图的形成

用一假想水平面沿该层上行的第一个梯段中部（休息平台下）的任意一位置剖切开后，向下投影而得，如图 8-27（a）所示。

各层被剖切到的梯段，按"国标"规定，均在平面图中用一条 45°折断线表示。在每一梯段起始处（与地、楼面连接处）画一长箭头，并注写"上"或"下"和步级数，说明从该层楼（地）面往上（或往下）走多少步级可到达上（或下）一层的楼（地）面。如图8-28 中，箭尾处的"上 18"和"下 18"。

2. 楼梯平面图的内容

楼梯平面图中表达了楼梯间的轴线及编号，墙身的厚度，门、窗的位置、大小，楼梯的平台、梯段及栏杆的位置、大小等，同时还表达出梯段上的各步级的踏面（图中为矩形）和踢面（积聚为直线）。设一梯段的步级数为 n，踏面宽为 b，则该梯段的踏面数为 $(n-1)$，因为最后一个踏面就是平台面或楼面。n 条线表示步级的 n 个铅垂踢面。在平面图上标注梯段长度尺寸时，标注为 $(n-1) \times b =$ 梯段长。本例中（图 8-28），$8 \times 270 = 2160$，表示该梯段有 8 个踏面，每个踏面宽为 270mm，梯段长为 2160mm。

在画楼梯底层平面图时，因为剖切位置在第一梯段，所以底层平面图中，只画出了第一个梯段的一部分和底层地面与门厅地面连接的一个小梯段。因需要满足入口处净空高度 $\geqslant 2000$mm 的要求，底层地面高于门厅地面 750mm。两地面之间用 5 级的梯段连接，每级高 150mm。在向上的梯段处标注"上 18"的长箭头；在向下的梯段处标注"下 5"的长箭头。在底层平面图上还需标注楼梯剖面图的剖切位置和编号。为了标注梯段的长度，被剖向上的梯段应保留一个梯段长（45°折断线由最后一个踢面与墙面的交点开始画出）。

标准层平面图中，既画出从楼层平台至上一层楼面的梯段（画有"上 18"字样的长箭头），还画出该层向下的完整的梯段（画有"下 18"字样的长箭头）、楼梯休息平台和由该平台向下的梯段，这部分梯段与被剖切的向上的梯段的投影重合，以 45°折断线为分界。

顶层平面图中，画有两个完整的梯段和中间平台，因没有剖到的梯段，梯段上不画45°折断线。在楼梯口处标注"下 18"的长箭头。在楼层平台凌空的边上需安装上安全栏杆，以保证安全。

3. 尺寸和标高

楼梯平面图上通常应标注下列尺寸和标高：

（1）楼梯间的开间、进深尺寸（轴线间尺寸）。

（2）梯段长、平台宽及定位尺寸。

（3）梯段宽、梯井宽及定位尺寸。

（4）其他必要的一些细部尺寸。

（5）楼层平台、中间平台的标高尺寸。

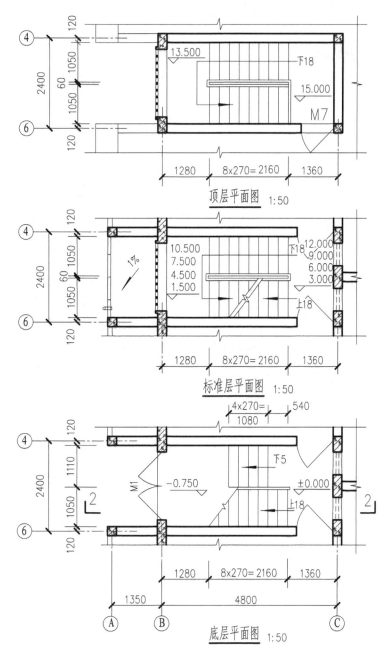

图 8-28　某住宅楼梯平面详图及其主要内容

（6）底层地面、入口地面的标高尺寸。

（二）楼梯剖面图

1. 楼梯剖面图的形成

假象用一个铅垂剖切面（2—2 剖切面），通过楼梯间门、窗洞，沿梯段的长度方向将楼梯剖开，向另一未剖到的梯段方向投射所得的剖面图，如图 8-27（b）所示。

楼梯剖面图应能完整、清晰地表达出各梯段、平台、栏杆等的构造及它们的相互关系。本例楼梯，每层有两个梯段，称为双跑式楼梯。从图中可知这是一个现浇钢筋混凝土板式楼梯。

2. 楼梯剖面图的内容

图 8-29 为楼梯剖面图。楼梯剖面图表达出楼梯的梯段数、步级数及楼梯的类型和结构形式，还表达了楼地面、平台的构造和与墙身的连接，以及栏杆的形式和做法等。

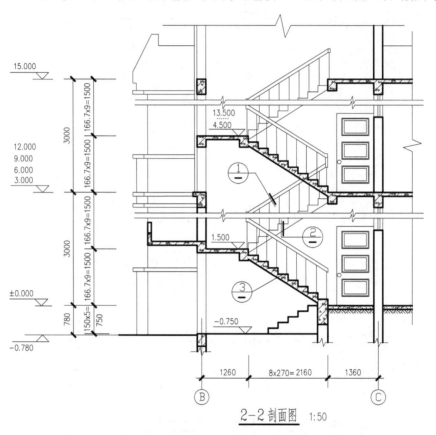

2—2 剖面图 1:50

图 8-29 某住宅楼梯剖面详图及主要内容

在多层房屋中，若中间各层楼梯的构造相同时，楼梯剖面图可只画出底层、一个中间层和顶层，中间用折断线分开。将各中间层的楼面、平台面的标高数字标注在所画中间层的相应位置，并加上括号。通常，楼梯间的屋面若已在墙身详图或其他图样上表达时，可在顶层上部用折断线断开，不再画出剖到的屋面。

楼梯剖面图中，梯段斜栏杆和顶层水平栏杆的高度一般为 900mm。斜栏杆的高度是由踏面中心垂直量到扶手顶面。

本例楼梯为前面所讲某单位住宅楼的楼梯，各梯段级数相同 $n=9$，踏面宽相等 $b=270$ mm，踢面高相等 $h=166.7$ mm。因此，各梯段的梯段长和梯段高相等，即：梯段长 $8×270=2160$mm，梯段高 $9×166.7=1500$mm。门厅入口处的地面比底层室内地面低 750mm，有 5 级 150mm 高的台阶连接。

在第一、第二跑梯段上有索引①、②、③，在剖面详图上，踏步、扶手和栏杆等另有详图，用更大比例画出它们的类形、大小、材料及构造情况，如图 8-30 所示。

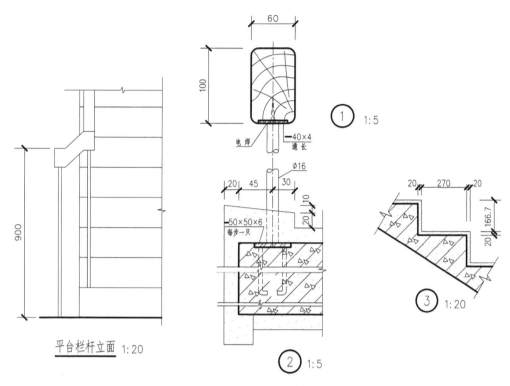

图 8-30 楼梯节点详图

3. 尺寸和标高

楼梯剖面图上通常应标注下列尺寸和标高：

（1）楼梯间的进深尺寸（轴线间尺寸）。

（2）梯段长、平台宽及定位尺寸（注法同平面图）。

（3）层高尺寸。

（4）梯段高尺寸（注法：$n \times h =$ 梯段高，h 为踢面高）

（5）其他必要的一些细部尺寸。

（6）楼层平台、中间平台的标高尺寸。

（7）底层地面、入口地面的标高尺寸。

（8）楼层平台、中间平台梁底及入口门洞等的标高。

四、楼梯详图的画法 [Drawing Methods of Construction Details of Stairs]

1. 楼梯平面详图的画法

绘图步骤如图 8-31 所示。

（1）画楼梯间平面图。定轴线。根据开间尺寸 2400mm，画出横向轴线④、⑥；根据楼梯间进深尺寸 4800mm 和门厅进深尺寸 1350mm，画出纵向轴线Ⓐ、Ⓑ、Ⓒ。画墙厚、门、窗洞口等，如图 8-31（a）所示。

（2）画梯段。根据定位尺寸 1280mm，确定梯段的位置和梯段长（2160mm），并确定梯段宽（1050mm）、梯井宽（60mm）。将梯段长等分为 $n-1$ 个等分，画出梯段的投影，如图 8-31（b）所示。

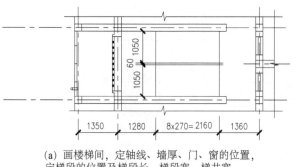

（a）画楼梯间，定轴线、墙厚、门、窗的位置，
定梯段的位置及梯段长、梯段宽、梯井宽

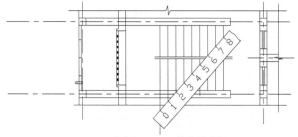

（b）画踏步，(n-1)等分梯段长

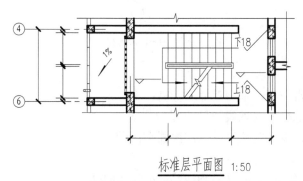

标准层平面图 1:50

（c）画细部，加深图线，注尺寸、标高，完成全图

图 8-31　楼梯平面详图的画法步骤

（3）画栏杆扶手：环绕梯井画出扶手顶面宽，并在上行的梯段上画上 45°折段线。

（4）加深图线，标注尺寸、标高等，完成楼梯平面图，如图 8-31（c）所示。

2. 楼梯剖面详图的画法

根据楼梯平面图的剖切位置和投影方向，画出楼梯的 *2—2* 剖面图，比例与楼梯平面详图一致。

绘图步骤如下：

（1）画室内、外地平线，定轴线及各层楼面和中间平台面的高度线，如图 8-32（a）所示。

（2）根据定位尺寸 1280mm，确定梯段的位置和梯段长（2160mm），画踏步，如图 8-32（b）所示。

（3）画墙厚及门、窗，画楼板厚、平台梁、栏杆、雨篷、阳台等，如图 8-32（c）所示。

（4）加深图线，标注尺寸、标高等，完成全图，如图 8-32（d）所示。

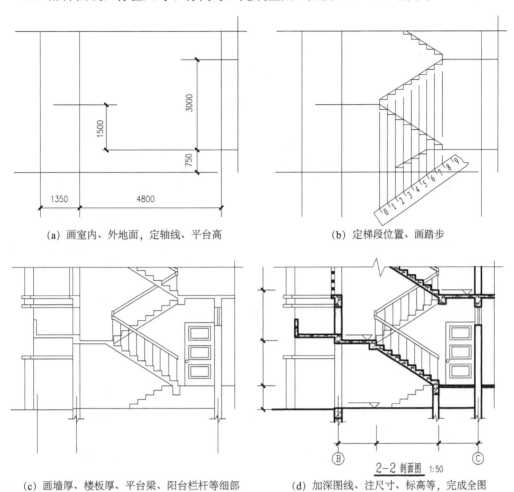

(a) 画室内、外地面，定轴线、平台高

(b) 定梯段位置、画踏步

(c) 画墙厚、楼板厚、平台梁、阳台栏杆等细部

(d) 加深图线、注尺寸、标高等，完成全图

图 8-32　楼梯剖面详图的画法步骤

第九章 结构施工图
Chapter 9 Structure Drawing

第一节 概 述
[Structure Drawing and Brief Introduction to Reinforce Concrete Member]

建筑施工图表达了建筑物的外形、内部布置、建筑构造和内外装修等，而建筑物的各承重构件（如基础、梁、板、柱以及其他构件等）的布置、结构构造等内容并没有清楚地表达。所以还必须对建筑物进行结构设计，绘出结构施工图，才能指导施工，以确保建筑物的安全性。

本章主要讲述绘制和阅读钢筋混凝土结构施工图的基本方法。

一、结构施工图概述 [Introduction of Structure Drawing]

在对建筑物进行建筑设计绘制出建筑施工图后，还需进行结构设计，并把结构设计按国家制图标准绘制成图样，该图样即称为结构施工图。结构设计时要根据建筑要求选择合理的结构类型，进行构件布置，再通过力学计算确定各承重构件（如基础、墙、柱、梁和板等）的截面形状、大小、材料及构造等。因此，凡需要经过结构设计计算的承重构件，其材料、截面形状、内部构造及其相互关系等，皆由结构施工图表明。

结构施工图是施工放线、挖填土方、支承模板、配置钢筋、浇灌混凝土、安装构件、编制预算及施工组织计划的重要依据。

常见的建筑工程结构类型按承重构件的材料可分为以下几种。

（1）混合结构。墙用砖砌筑，梁、楼板和屋面都是钢筋混凝土构件。

（2）钢筋混凝土结构。柱、梁、楼板和屋面都是钢筋混凝土构件。

（3）钢结构。柱、梁、板等主要承重构件都是钢材。

此外、还有木结构、砖木结构等现已采用得不多，这里不再详述。

结构施工图通常包括下列内容：结构设计总说明，基础平面图及基础详图，楼层结构平面图，屋面结构平面图，楼梯结构详图，结构构件详图。

二、钢筋混凝土构件的基本知识和图示方法 [Fundamentals and the Presentation of Reinforce Concrete Member]

由水泥、石子、砂及水按一定比例配合搅拌均匀后，把它浇入定形模板，经振实和养护凝固后就形成坚硬如石的混凝土。按其抗压强度的不同，混凝土的强度等级分为 C15、C20、C25、C30、C35、C40、C45、C50、C55、C60、C65、C70、C75、C80 十四个等级，数值越大，表示混凝土的抗压强度越高。混凝土的抗压强度较高，抗拉强度较抗压强度低得多，一般仅为抗压强度的 $1/10 \sim 1/20$，容易因受拉而断裂。为了解决混凝土构件的这一矛盾，常在混凝土构件的受拉区配置一定数量的钢筋，钢筋不但具有良好的抗拉强度，而且与混凝土有良好黏结力，二者形成一个整体后，由钢筋主要承担拉力，混凝土主要承担压力，充分发挥了钢筋和混凝土这两种材料各自的优点，使混凝土构件承载能力大大提高。因此，由混凝土和钢筋两种材料形成整体的构件，就叫钢筋混凝土构件。钢筋混凝土构件有工地现浇的，也有预制的，分别叫做现浇钢筋混凝土构件和预制钢筋混凝土构件。此外，有的构件在制作时预先通过张拉钢筋对混凝土施加一定的压力，以提高构件的抗拉和拉裂性能，叫做预应力钢筋混凝土构件。

1. 钢筋的种类与符号

钢筋按其强度和种类分成不同等级，分别用不同的直径符号表示，以便标注及识别，如表 9-1 所示。普通钢筋有光圆钢筋和带纹钢筋。HPB300 为光圆钢筋，其他钢筋分别是成分不同的合金钢制成的带纹钢筋，强度由 HRB335 到 RRB400 逐级提高。

表 9-1　钢筋的种类与代号

普通钢筋的种类		d（mm）	代号	冷轧带肋钢筋的种类	d（mm）	代号
热轧钢筋	HPB300（即 Q300 钢）	8～20	Φ	冷轧带肋钢筋	CRB550	5～12	ΦR
	HRB335（如 20MnSi）	6～50	Φ	CRB650	5、6	ΦR
	HRB400（如 20MnSiV）	6～50	Φ	CRB800	5	ΦR
	RRB400（如 K20MnSi）	8～40	ΦR			

注：普通热轧钢筋最为常用。

2. 钢筋的分类和作用

如图 9-1 所示，按构件中钢筋所起作用的不同，可分为以下几种：

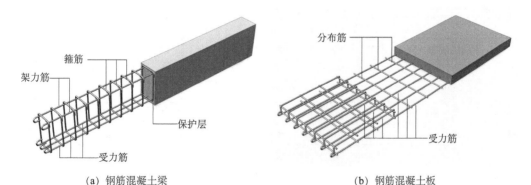

(a) 钢筋混凝土梁　　　　　　　　(b) 钢筋混凝土板

图 9-1　钢筋混凝土构件的配筋构造

（1）受力筋。是构件中主要的受力钢筋。在构件中承受拉力的钢筋，叫做受拉筋。在构件中承受压力的钢筋，叫做受压筋。在梁、板、柱等各种钢筋混凝土构件中都有配置。

（2）箍筋。是构件中承受剪力或扭矩的钢筋，同时用来固定纵向钢筋的位置，一般用于梁或柱中。

（3）架立筋。它与梁内的受力筋、箍筋一起构成钢筋的骨架。

（4）分布筋。它与板内的受力筋一起构成钢筋的骨架及分散集中荷载。

（5）构造筋。因构件的构造要求和施工安装需要配置的钢筋。架立筋和分布筋也属于构造筋。

3. 保护层和弯钩

为了保护钢筋，防火、防锈、防腐蚀和保证钢筋与混凝土的黏结力，钢筋混凝土构件的钢筋不能外露，钢筋的外边缘到构件表面应留有一定厚度的保护层。根据钢筋混凝土结构设计规定，梁、柱的保护层最小厚度为 25mm，板和墙的保护层厚度为 10 ～ 15mm。

为了使钢筋与混凝土具有良好的黏结力，应在光圆钢筋两端做成半圆弯钩或直弯钩；带纹钢筋的黏结力强，则可不做弯钩。箍筋两端在交接处也要做出弯钩。弯钩的常见形式和画法如图 9-2 所示。

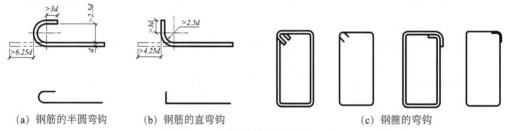

(a) 钢筋的半圆弯钩　　(b) 钢筋的直弯钩　　　　　　　(c) 钢箍的弯钩

图 9-2　钢筋弯钩的形式和画法

4. 常用构件的代号

在结构工程图中，为了便于简明扼要地表示结构、构件的种类，并把构件区分清楚，便于施工、制表、查阅，有必要将梁、板、柱等钢筋混凝土构件给予一定的代号。常用构件代号，见表 9-2。预制或现浇的钢筋混凝土构件、钢结构等，一般可直接采用代号。预应力钢筋混凝土构件的代号，应在构件代号前加注"Y—"。

表 9-2　常用构件代号（GB/T 50105—2010）

序号	名　称	代号	序号	名　称	代号	序号	名　称	代号
1	板	B	15	吊车梁	DL	29	基　础	J
2	屋面板	WB	16	圈　梁	QL	30	设备基础	SJ
3	空心板	KB	17	过　梁	GL	31	桩	ZH
4	槽形板	CB	18	联系梁	LL	32	柱间支撑	ZC
5	折　板	ZB	19	基础梁	JL	33	垂直支撑	CC
6	密肋板	MB	20	楼梯梁	TL	34	水平支撑	SC
7	楼梯板	TB	21	檩　条	LT	35	梯	T
8	盖板或沟盖板	GB	22	屋　架	WJ	36	雨　蓬	YP
9	挡雨板或檐口板	YB	23	拖　架	TJ	37	阳　台	YT
10	吊车安全走道板	DB	24	天窗架	CJ	38	梁　垫	LD
11	墙　板	QB	25	框　架	KJ	39	预埋件	M
12	天沟板	TGB	26	刚　架	GJ	40	天窗端壁	TD
13	梁	L	27	构造柱	GZ	41	钢筋网	W
14	屋面梁	WL	28	柱	Z	42	钢筋骨架	G

5. 钢筋混凝土结构图图示方法

为了表示构件内部钢筋的配置情况，可假定混凝土为透明体。主要表示构件内部钢筋配置的图样，叫做配筋图。配筋图一般由立面图和断面图组成。立面图中构件的轮廓线用细实线画出，钢筋简化为单线，用粗实线表示。断面图中剖到的钢筋圆断面画成黑色圆点，其余未剖到的钢筋仍画成粗实线，并规定不画材料图例。钢筋混凝土构件的配筋图将在本章梁、板、柱的构件详图中详细阐述。对于外形比较复杂或设有预埋件（因构件安装或与其他构件连接需要，在构件表面预埋钢板或螺栓等）的构件，还要另外画出表示构件外形和预埋件位置的图样，叫做模板图。在模板图中，应标注出构件的外形尺寸和预埋件型号及其定位尺寸，它是制作构件模板和安放预埋件的依据。对于外形比较简单、又无预埋件的构件，因在配筋图中已标注出构件的外形尺寸，则不需要再画出模板图。

6. 钢筋的图例

一般钢筋的常用图例如表 9-3 所示，其他普通钢筋、预应力钢筋、钢筋网片、钢筋的焊接接头等可参阅《建筑结构制图标准》（GB/T 50105—2010）

表 9-3　常用钢筋图例（GB/T 50105—2010）

名　称	图　例	说　明
钢筋横断面	•	
无弯钩的钢筋端部		下图表示长短钢筋投影重叠时，短钢筋的端部用 45°斜画线表示
带半圆形弯钩的钢筋端部		
带直钩的钢筋端部		
无弯钩的钢筋搭接		
带半圆弯钩的钢筋搭接		
带直钩的钢筋端部		
机械连接的钢筋接头		用文字说明机械连接的方式（如冷挤压或直螺纹等）
预应力钢筋或钢绞线		
预应力钢筋断面	+	

7. 建筑结构制图比例

绘图时根据图样的用途，被绘物体的复杂程度，应选用表 9-4 中的常用比例，特殊情况也可选用可用比例。

表 9-4　结构施工图选用比例（GB/T 50105—2010）

图　名	常用比例	可用比例
结构平面图、基础平面	1:50, 1:100, 1:150	1:60, 1:200
圈梁平面图、总图中管沟、地下设施等	1:200, 1:500	1:300
详图	1:10, 1:20, 1:50	1:5, 1:30, 1:25

8. 建筑结构制图图线

每个图样应根据复杂程度与比例大小，选用适当基本线宽 b，再选用相应的线宽。根据表达内容的层次，基本线宽 b 和线宽比可适当增加或减少。

建筑结构专业制图应选用表 9-5 所示的图线。

表 9-5　建筑结构制图图线（GB/T 50105—2010）

名　　称		线　　型	线宽	用　　途
实线	粗	——————	b	螺栓、钢筋线、结构平面图中的单线结构件线、钢木支撑及细杆线，图名下横线、剖切线
	中粗	——————	$0.7b$	结构平面图及详图中剖到或可见的墙身轮廓线、基础轮廓线、钢、木结构轮廓线、钢筋线
	中	——————	$0.5b$	结构平面图及详图中剖到或可见的墙身轮廓线、基础轮廓线、可见的钢筋混凝土构件轮廓线、钢筋线
	细	——————	$0.25b$	标注引出线、标高符号线、索引符号线、尺寸线
虚线	粗	— — — —	b	不可见钢筋线、螺栓线、结构平面图中不可见的单线结构件线及钢、木支撑线
	中粗	— — — —	$0.7b$	结构平面图中不可见构件、墙身轮廓线及不可见钢、木结构构件线、不可见的钢筋线
	中	— — — —	$0.5b$	结构平面图中不可见构件、墙身轮廓线及不可见钢、木结构构件线、不可见的钢筋线
	细	— — — —	$0.25b$	基础平面图中的沟管轮廓线、不可见的钢筋混凝土构件轮廓线
单点长画线	粗	—·—·—	b	柱间支撑、垂直支撑、设备检查轴线图中的中心线
	细	—·—·—	$0.25b$	中心线、对称线、定位轴线、重心线
双点长画线	粗	—··—··—	b	预应力钢筋线
	细	—··—··—	$0.25b$	原有结构轮廓线
折断线	细	——⌐⌐——	$0.25b$	断开界线
波浪线	细	∿∿∿	$0.25b$	断开界线

9. 钢筋的尺寸注法

钢筋的直径、根数或相邻钢筋中心距一般采用引出线方式标注，其尺寸标注有下面两种形式。

（1）标注钢筋的根数、种类和直径，如梁内受力筋和架立筋。

（2）标注钢筋的根数、直径和相邻钢筋中心距。梁、柱内箍筋和板内钢筋。一般应注出中心距，不注根数。

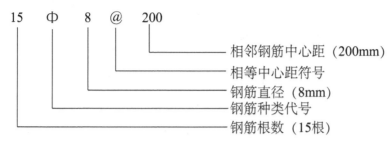

钢筋的长度在配筋图中一般不予标注，常列入构件的钢筋材料表中。

第二节 钢筋混凝土构件详图
［Detail of Reinforce Concrete member］

钢筋混凝土构件有定形构件和非定形构件两种。定形构件可直接引用标准图集或本地区的通用图集，只要在图纸上写明选用构件所在的标准图集或通用图集的名称、代号，便可查到相应的结构详图，因而不必重复绘制。非定形预制或现浇构件，则必须绘制结构详图。对于现浇构件，还应表明构件与支座及其他构件的连接关系。

下面选择工程中具有代表性的梁、板、柱构件来说明钢筋混凝土构件详图表达的内容。钢筋混凝土构件详图的一般阅读顺序为：先看图名，再结合钢筋详图、钢筋表看立面图和断面图。

一、钢筋混凝土梁［Reinforce Concrete Beam］

图 9-3 是一钢筋混凝土梁的立面图和断面图。从图名 L（150×300）得知其断面尺寸为宽 150mm、高 300mm。对照阅读立面图和断面图，可知此梁断面为矩形的现浇梁，梁的两端搁置在砖墙上，梁长为 3840mm。由 1—1 断面可知，梁下方配置了三根受力筋，编号为①，直径为 14mm、钢筋种类为 HPB300；梁的上方配置了两根架力筋，其编号为②，直径为 12mm，钢筋种类为 HPB300；同时可知箍筋③的立面形状，它的直径为 6mm，钢筋种类为 HPB300，箍筋间距为 200mm。

从钢筋详图中可知，每种钢筋的编号、根数、直径、各段设计长度和总尺寸（下料长度），为钢筋下料工作提供依据。下料长度是指：钢筋成型时，由于钢筋弯曲变形，要伸长一些，因此施工时实际下料长度应比理论长度短些。缩短量即是钢筋的延伸率，延伸率的大小取决于钢筋直径（d）和弯折角度，直径和弯折角度越大，伸长越多，应减去的长度也就越多。通常 90° 弯折，延伸率取 $1d$；$45° \sim 60°$ 弯折和半圆弯折，延伸率分别取 $0.7d$ 和 $1.5d$。①号筋下面的数字 3790，表示该钢筋从一端弯钩外沿到另一端弯钩外沿的设计长度为 3790mm，它等于梁的总长度减去两端保护层的厚度，此处保护层厚度取 25mm，即

$$
\begin{aligned}
\text{设计长度} &= \text{梁总长度} - 2 \times 25 \\
&= 3840 - 50 \\
&= 3790 \ (\text{mm})
\end{aligned}
$$

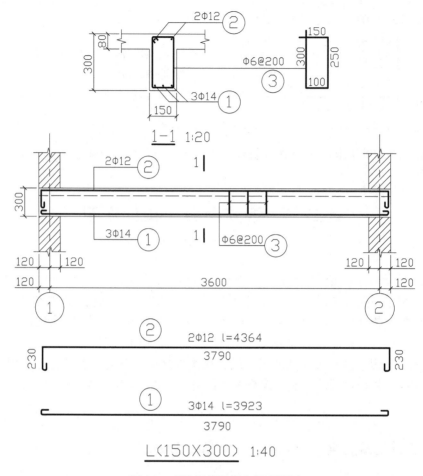

图 9-3　现浇钢筋混凝土梁配筋图

钢筋上面的 $l = 3923$，是该钢筋的下料长度，它等于钢筋的设计长度加上两个弯钩的长度（$2×6.25d$），再减去其延伸率（$2×1.5d$）所得的尺寸，即

$$下料长度 = 设计长度 + 2×6.25d - 2×1.5d$$
$$= 3790 + 2×6.25×14 - 2×1.5×14$$
$$= 3923 （mm）$$

③号箍筋各段长度是指箍筋的里皮尺寸。其余钢筋的长度计算方法类似。

二、钢筋混凝土板 [Reinforce Concrete Floor]

图 9-5、图 9-6 为一钢筋混凝土悬挑板雨篷的配筋图，包括平面图和剖面图。平面图主要应画出板的钢筋详图，表示受力筋的形状和配置，并注明其编号、规格、直径、间距或数量等。每种规格的钢筋只画一根，按其立面形状画在钢筋安放的位置上。对弯筋要注明弯起点到轴线的距离，以及伸入相临板的长度。在结构平面图中配置双层钢筋时，底层钢筋弯钩应向上或向左画出，顶层钢筋弯钩则向下或向右画出，如图 9-4 所示。在平面图中，与受力筋垂直配置的分布筋不必画出，但要在附注中或钢筋表中说明其级别、直径、间距及长度等。

底层钢筋　　　　　　　顶层钢筋

图 9-4　结构平面图中的双层钢筋画法

在图 9-5 所示的平面图中，主要表示了板内的配筋情况，①、②、③、④、⑤号钢筋种类及直径、位置和间距。沿横向轴线剖切，得梁板得重合断面图，它表示梁板关系、板顶标高和板厚。图中还表示 *1—1* 剖面图的剖切位置。

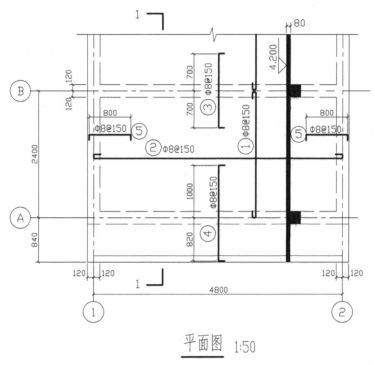

平面图 1:50

图 9-5　现浇钢筋混凝土板平面图

图 9-6 是 *1—1* 剖面图，表示各号钢筋的分布情况，⑧号钢筋级别是梁下部纵向钢筋，种类是 HRB335、两根、直径为 Φ18mm。⑥号钢筋级别是梁上部纵向钢筋、种类 HRB335，两根、直径为 Φ14mm。①、②是下层钢筋，③、④是上层钢筋。对照平面图和剖面图可以将钢筋表 9-6 的各项内容填写清楚。现以②号钢筋为例说明填写方法。

形状和成型尺寸：形状为一根直钢筋，两端弯钩，其长度是（不包括弯钩）

$$L=4800$$

钢筋数量等于构件长度减支座尺寸再除以钢筋间距加一根

$$(2400-240)\div150+1=16$$

钢筋种类、直径：HPB300、Φ8。

其余钢筋见表 9-6。

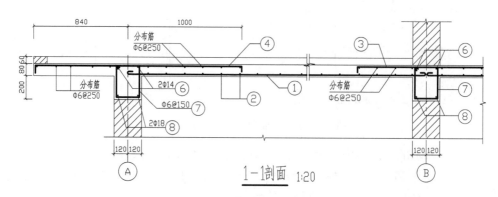

图 9-6 现浇钢筋混凝土剖面图

表 9-6 钢筋表

编 号	形状和尺寸（mm）	根 数	钢筋等数
①	2400	32	Φ8
②	4800	16	Φ8
③	50 1400 50	32	Φ8
④	50 1820 50	32	Φ8
⑤	50 800 50	32	Φ8
⑥	230 230	4	Φ14
⑦	200 230		Φ6
⑧		4	Φ18

三、钢筋混凝土柱 [Reinforce Concrete Column]

图 9-7 为一现浇钢筋混凝土柱（Z_1）的立面图和断面图。该柱从基础顶面起直通到二层屋面。底层柱为正方形断面 350×350。受力筋 8 Φ 20（1-1 断面），即 8 根钢筋等级为 HRB335 的带纹钢筋，下端与柱基预留插筋搭接，搭接长度为 800，在绘图时，由于该钢筋为无弯钩钢筋，钢筋端部需用 45° 短画线表示；上端伸出二层楼面 800，以便与二层柱受力筋 8 Φ 18（2-2 断面）搭接。二层柱为正方形断面 350×350。受力筋搭接区的箍筋间距需要适当加密为 Φ8@100；其余箍筋则为 Φ8@200。

在柱（Z_1）的立面图中还画出了与柱连接的二、顶层楼面梁 L_3 的局部（外形）立面。因搁置楼板（YKB）的需要，把楼面梁的断面做成十字形（俗称花篮梁），其断面形状和配筋如图 9-7 所示。

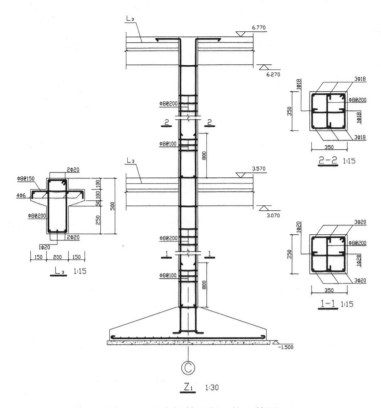

图 9-7　现浇钢筋混凝土柱配筋图

第三节　基础平面图和基础详图
[Foundation Plan and Foundation Detail]

　　基础图通常包括基础平面图和基础详图。它是表示建筑物室内地面以下基础部分的平面布置和详细构造的图样，它是施工时在地基上放灰线（用石灰粉线定出房屋定位轴线、墙身线、基础底面长宽线）、开挖基坑和砌筑基础的依据。

　　基础是在建筑物地面以下承受房屋全部荷载并将荷载传给地基的构件。基础的形式一般取决于上部承重结构的形式、荷载大小和地基下土层的物理力学性能及厚度分布状况。常用的基础形式有条形基础、独立基础、筏板基础、箱形基础、桩基础，如图 9-8 所示。

　　现以条形基础（图 9-9）为例，介绍有关基础的一些基础知识。基坑是为基础施工而开挖的土坑，坑底就是基础的底面。地基是基础底下天然或经过加固的岩土层。基础埋置深度是从室内地面（±0.000）至基础底面的深度。埋入地下的墙称为基础墙，基础墙底一般做阶梯形的砌体，称为大放脚。防潮层是基础墙上防止地下水对墙体侵蚀而设的一层防潮材料。本章实例为某单位住宅，五层砖混结构，设计采用墙下毛石条形基础。

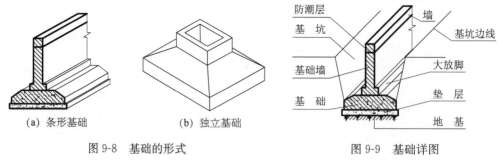

(a) 条形基础   (b) 独立基础

图 9-8　基础的形式　　　　　　　　图 9-9　基础详图

一、基础平面图 [Foundation Plan]

基础平面图是表示基槽未回填土时基础平面布置情况的图样。它是房屋基础平面作水平投影所得的图形。

1. 基础平面图的形成

如图 9-10 所示，它是假想用一个水平剖切平面沿建筑物的室内地面与基础之间把整幢房屋剖开后，移去上部的建筑物和泥土并向下投影所作出基础水平投影图。

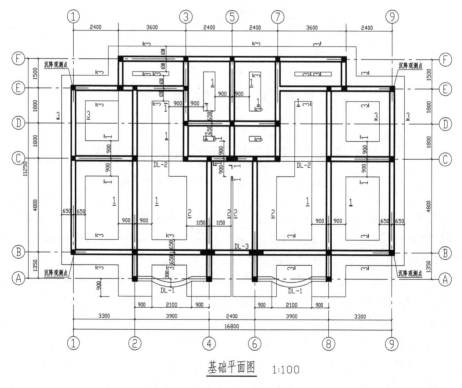

基础平面图　1:100

图 9-10　基础平面图

2. 图示内容及识图

在基础平面图中，一般只画出基础墙、柱断面及基础底面的轮廓线，基础的细部投影可省略不画，基础的这些细部做法，将具体反映在基础详图中。从图中可以看出，该房屋基础为墙下毛石条形基础。轴线两侧的粗线是剖切到的墙边线，细线是基础底边线，构造柱、受力柱涂成黑色表示。

当房屋底层平面中开有较大的门窗洞口或底层平面有地梁但其上无墙（如楼梯入口）时，为防止在地基反力作用下门窗洞口处基础有较大的变形，造成地面开裂隆起，通常在该处的条形基础中设置基础梁。同时，为了使建筑物具有较好的整体性，能够更好地满足抗震设防的要求，在基础平面图中设置基础圈梁，一般称之为地圈梁。地圈梁与基础梁拉通设置，才能使建筑物具有较好的整体性及抗震性能。构造柱可从基础梁或地圈梁的顶面开始设置。

3. 尺寸标注

基础平面图中必须注明基础的定位尺寸及定形尺寸。基础的定位尺寸是指基础墙、柱的轴线定位尺寸（轴线的编号及位置必须与建筑施工图相一致）。基础的定形尺寸是指基础墙宽度、柱外形尺寸、基础的底面宽度。这些尺寸可以直接标注在基础平面图上，也可以用文字加以说明（如基础墙宽均为 240mm，构造柱断面尺寸均为 240mm×240mm）。以①轴线为例，①轴线为左侧起始定位尺寸，图中标出基础宽度为基础底面左右边线到轴线的尺寸均为 650，墙厚 240，墙居轴线中心设置，即左右墙边线到轴线的尺寸均为 120。构造柱涂成黑色，建筑物四角设沉降观测点。基础详图采用断面图来表示，断面编号标注在基础底面线两侧，例如①轴线基础详图为 *3—3* 断面。

4. 基础平面图的绘制

（1）先按比例（常用比例为 1∶100）画出与房屋建筑平面图相一致的轴线及其编号。

（2）用粗实线画出墙（或柱）的外轮廓线，用细实线画出基础底边线。基础放台及墙体大放脚水平投影端部轮廓线不画。

（3）标注尺寸。主要标注纵横两个方向各轴线之间的尺寸，轴线到基础底边的尺寸，墙厚等。

（4）画出基础不同断面的剖切符号，分别编号标注在基础两侧。

（5）注写设计说明。一般须注明基础的设计等级、基础类型、持力土层及地基承载力、材料强度、砼结构保护层厚度、沉降观测点布置及其做法等。

二、基础详图 [Foundation Detail]

基础平面图只表示了基础的平面布置，基础各部分的形状、大小、材料、构造以及基础的埋置深度等并没有表达出来，这就需要画出各部分的基础详图。

1. 基础详图的形成

基础详图一般采用垂直断面图来表示。如图 9-11 中 *1—1* 为本工程基础详图之一。

2. 图示内容及识图

基础形式为墙下毛石条基，基础做法为 M7.5 水泥砂浆砌毛石，毛石标号为≥MU20。*1—1* 断面基底标高为－2.550，室外地坪标高－0.780，基础埋深 1.77 米，基底宽 1800mm，基顶宽 600mm，基础顶面设 300×400 地圈梁 DQL－1，DQL－1 顶标高为－0.750，梁主筋上下均为 2Φ16，箍筋为 Φ8@200。

3. 尺寸标注

在基础详图中应标出基础各部分（如基础墙、柱、基础本身、垫层等）的详细尺寸、地圈梁配筋、基础做法、基础顶面及底面标高。具体的尺寸标注如图 9-11 中 *1—1* 断面。

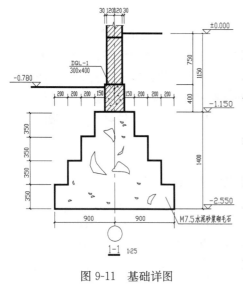

图 9-11 基础详图

4. 基础详图的绘制

基础详图常采用 1：5，1：10，1：20，1：25，1：30，1：50 的比例绘制，并要求尽可能与基础平面图画在同一张图纸上，以便施工。具体作图步骤为：

（1）先按比例画出基础断面的定位轴线及其编号。

（2）画基础底及顶面线、室内外地坪标高线，画基础的顶宽、底宽，根据基础各放阶高宽排列尺寸画出基础断面轮廓。基坑开挖及放坡线不画。

（3）画出砖或砼墙、有无大放脚、地圈梁。

（4）标出基础详图的水平及竖向尺寸，基础顶及底面标高，室内外地坪标高以及其他细部尺寸。

（5）注写设计说明。一般须注明材料强度、防潮层做法、垫层厚度及其做法等。

第四节 楼层结构平面布置图
[Layout Plan of Floor Structure]

表示建筑物基础以上各楼层及屋顶构件平面布置的图样称为楼层结构平面布置图，也称楼层结构平面图。分为楼层结构平面布置图和屋顶结构平面布置图。

当建筑物无地下室及底层架空层时，底层地面直接做在土体上，地面各层厚度及做法已经在建筑详图或装修表中注明，地面层无梁板结构，固无需画底层结构平面图。本例仅画出楼层和屋顶结构平面布置图，分别表示各层楼面和屋顶构件（墙、柱、梁、板）的平面布置情况。它是施工时布置各层各构件的依据。

一、楼层结构平面布置图 [Layout Plan of Floor Structure]

1. 结构平面布置图的形成

结构平面布置图是假想沿楼板面将房屋水平剖开后的楼面结构布置的水平投影，用来表示各层柱、墙、梁、板等构件的平面布置，其内容包括柱墙尺寸及布置、梁板尺寸及配筋、柱墙梁的相互关系及构造节点做法。

2. 图示内容及识图

图 9-12 为某单位住宅楼标高 3.000、6.000、9.000、12.000m 层结构平面布置图。

图中虚线为不可见构件的轮廓线，实线为建筑屋外边线、楼梯间洞口边、与楼面标高不同处。从图中可以看出，本工程采用普通黏土砖作为承重结构，现浇钢筋混凝土楼板及梁柱，故称为砖混结构。建筑物按抗震规范要求，设置了钢筋混凝土构造柱和圈梁，构造柱涂成黑色，并采用 GZ1、GZ2、…表示；圈梁一般同墙宽，采用 QL—1、QL—2、…表示，特殊板厚采用直接标注在该楼板上如 $h=110$，$h=80$、…表示，其余板厚均相同，采

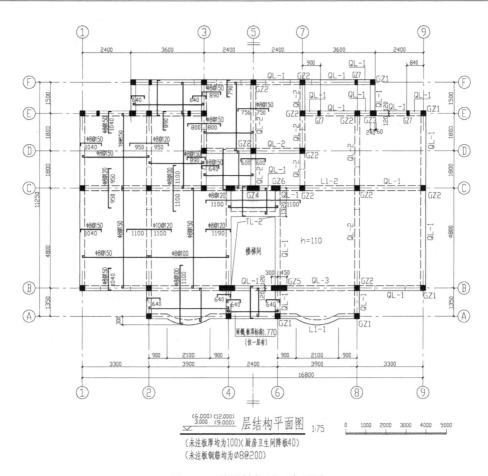

图 9-12 楼层结构平面布置图

用在结构平面图下的附加说明板厚即可。厨房、卫生间为便于排水，以及防止积水较多时水外溢至其他房间，卫生间楼板面通常低于本层楼面 40mm 左右。本层楼梯间位置及楼梯楼面平台板位置须在平面图中标出，较大洞口两侧须按抗震要求设置构造柱，构造柱一般设置在墙体纵横交接处或门窗洞口边，当构造柱位置不在纵横交接处时，须在平面图上标注其定位尺寸。当门窗洞口边设置构造柱后剩下砖墙较小，不便于砌筑或砌筑后墙体不稳时，可将小墙体与相邻构造柱整浇（加大构造柱），如本图中 GZ3、GZ4 等。砖混结构按抗震构造要求，还需设置圈梁。地震烈度较低的地区圈梁仅每层房屋周边及屋面层设，圈梁间距也较大；地震烈度较高的地区圈梁应每层均设并应纵横向贯通设置，圈梁间距较小。局部地方为保障纵横向圈梁贯通而墙体本身不贯通时，可设置次梁连通，次梁截面同相连圈梁，钢筋直径也尽量与相接圈梁同，以便将圈梁钢筋拉通设置，钢筋根数可以增加，如本图中 L1-2。构造柱与墙体、圈梁应有可靠的连接，才能使建筑屋具有更好的抗震性能。

各层结构平面图一般分层绘制。当各层配筋及结构平面布置相同时，可合并在同一层上表示。如本例中标高 3.000、6.000、9.000、12.000 四层配筋及结构平面布置均相同，因而在同一层上表示。如平面对称，可采用对称画法。如本例中结构平面以⑤轴线为对称轴，故楼板钢筋画在⑤轴线左侧，结构平面布置画在⑤轴线右侧。

结构平面布置图中除画出梁、柱、墙外，主要还应画出板的钢筋布置情况，注明其直径、间距、长度、形状等。板钢筋采用粗实线表示，板底钢筋采用端头 180°半圆弯钩钢筋，弯钩向上或向左表示；板顶钢筋采用端头 90°垂直弯钩钢筋，弯钩向下或向右表示。对于直径、间距相同的钢筋，可在平面图上省略不标，仅在图名下附加说明表示即可。

3. 尺寸标注

结构平面图中应标注出各轴线间尺寸、轴线总尺寸以及有关构件的平面尺寸，如雨棚和阳台的外挑尺寸、伸入墙内长度及宽度尺寸；楼梯楼面平台位置尺寸，大洞口边构造柱定位尺寸等。此外还应标出板面标高、楼板厚度等，也可统一用文字注写在结构设计说明中。

4. 结构平面图的绘制

（1）先按比例（常用比例 1：100）画出与建筑平面图相一致的轴线及其编号。

（2）画下层承重墙、构造柱、圈梁的布置。剖切到墙身轮廓线用中实线表示，楼板下面不可见墙身轮廓线用中虚线表示，可见的钢筋混凝土楼板的轮廓线用细实线表示，剖切到钢筋混凝土柱用涂黑表示。

（3）画楼板结构平面图。对于现浇楼板，如图 9-12 所示，需绘出钢筋形状、种类、长度、直径及间距等。对于预制楼板，因是分块制作和安装，故在每个不同的单元用细实线分块画出板的铺设方向（如板数太多，可部分画出）和画上一对角线，并标出预制板的数量、代号和编号。在图中还应注出梁、柱的代号，用重合断面方式，画出板或墙柱的连接关系。如有相同的结构单元时，可简化在其上写出相同的单元编号，其余内容可省略，如图 9-13 所示。

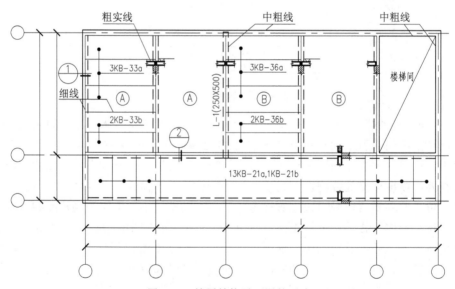

图 9-13　楼层结构平面图的画法

（4）构件标注及详图。在结构平面图中需标注构件位置及构件类型，在图中空余位置绘出各构件详图。

（5）绘各构件定位尺寸（如板厚、标高、柱定位尺寸等）。

（6）画出相关各构件连接构造图。如构造柱与墙体的连接构造做法，圈梁各节点连接做法等。构造节点做法当有地方或国标图集统一做法时，可不必画出构造节点做法，采用按图集中的做法说明即可。

（7）注说明，写文字。包括写图名、绘图比例、设计要求及施工顺序等。

二、屋顶结构平面布置图 [Layout Plan of Roof]

屋顶结构平面图是表示承重结构平面布置的图样，其内容和图示要求与楼面结构平面图基本相同。

第五节 楼梯结构详图
[Stair Structure Detail]

某住宅楼梯采用现浇钢筋混凝土的双跑板式楼梯。现浇楼梯是指按设计图纸要求采用现场绑扎钢筋及浇灌混凝土的形式形成的楼梯。双跑楼梯是指从下一层楼（地）面到上层楼面需要经过两个梯段，两梯段之间设一个休息平台。板式楼梯是指梯段的结构形式，每一个梯段板是一块斜板，梯段板不设斜梁，梯段斜板直接支承在基础或楼梯平台梁上。

楼梯结构图包括楼梯结构平面图、楼梯剖面图和配筋图。本节仍以第八章中所讲述的某单位住宅的楼梯结构图为例，选取其中的部分图样，详细说明楼梯结构图的表示方法。

一、楼梯结构平面图 [Stair Structure Plan]

如图 9-14 所示，楼梯结构平面图和楼层结构平面图一样，是表示楼梯板和楼梯梁的平面布置、代号、尺寸、结构标高及楼梯平台板配筋的图样。楼梯结构平面图应分层绘出，当中间几层的结构布置、构件类型、平台板配筋相同时，可仅绘出一个标准层楼梯平面图来表示。楼梯结构平面图应画出底层结构平面图、中间层结构平面图和顶层结构平面图。楼梯结构平面图中的轴线编号应和建筑施工图相一致，才能保证施工楼梯时建筑施工图做法与结构施工图做法相统一。楼梯结构平面图的剖切位置通常放在层间楼梯休息平台上方。如这幢五层住宅的三个楼梯结构平面图，底层结构平面图的剖切位置是在一、二层间楼梯休息平台的上方；标准层结构平面图的剖切位置是在二、三层（三、四层，四、五层）间楼梯休息平台的上方；由于顶层还有上屋顶的楼梯，所以顶层结构平面图的剖切位置则是在该楼梯的第二梯段之上。剖切后分别移去上面部分，向下投射即得该层楼梯结构平面图。楼梯结构剖面图剖切符号一般只在底层楼梯结构平面图中表示，钢筋混凝土楼梯的不可见轮廓线用细虚线表示，可见轮廓线画细实线，为避免与楼梯平台钢筋线相混淆，剖到的砖墙轮廓线用中实线表示。因为主要表示楼梯和平台的结构布置，所以没有画出各层楼面在楼梯口的两边住户的分户门及楼梯间窗户。该楼梯为等跑楼梯，即楼梯各层梯段踏步数量相同；楼梯结构平面图一般常用 1∶50 画出，也可用 1∶60，1∶100，1∶150，1∶200 画出。从图 9-14 所示的底层楼梯结构平面图可以看出：该住宅楼梯开间为 2400mm，进深为 4800mm，梯板净宽为 1170−120＝1050mm，梯井宽为 60mm，楼梯入口在 ⓒ 轴线一侧，底层第一跑楼梯位置在入口的左边，楼梯起步位置距 ⓒ 轴线 1360mm，第一跑楼梯为 9 级，水平投影为 8 等分，楼梯踏步宽为 270mm，梯段长为 8×270＝2160；第二跑楼梯起步位置距 Ⓑ 轴线 1280mm，第二跑楼梯也为 9 级，水平投影为 8 等分，楼梯踏步宽为 270mm，梯段长为 8×270＝2160。由于底层楼梯入口处必须保证净高大于

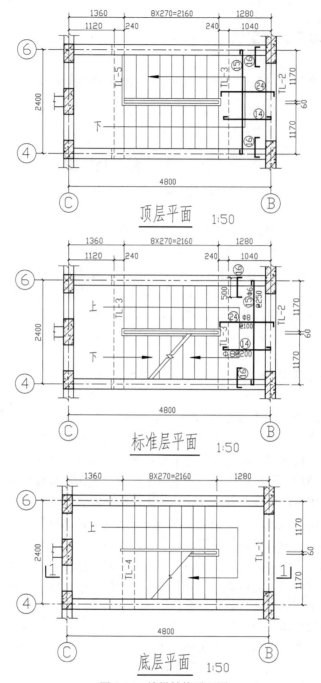

图 9-14 楼梯结构平面图

2.0m，为此底层双跑楼梯均做成折板式楼梯，即无楼梯休息平台梁。二至五层楼梯采用标准层平面及顶层平面来表示，表示内容及表示方式同底层，不同的是二至五层有楼梯休息平台梁 TL-3，为普通板式楼梯。楼梯板、楼梯梁及平台均采用现浇。

二、楼梯结构剖面图 [Stair Structure Sectional View]

楼梯结构剖面图是表示楼梯的各种构件的竖向布置、构造、梯梁位置和连接情况。在

图 9-15 所示的 *1—1* 剖面图（对照图 9-14 的底层楼梯结构平面图中的剖切符号）中，表示
了剖切到的踏步板、平台板、楼梯梁、墙和未剖切到的可见的踏步板的形状和联系情况，
剖到的梁、板采用粗实线表示，剖到的墙线用中实线表示，可见的板采用细实线表示。

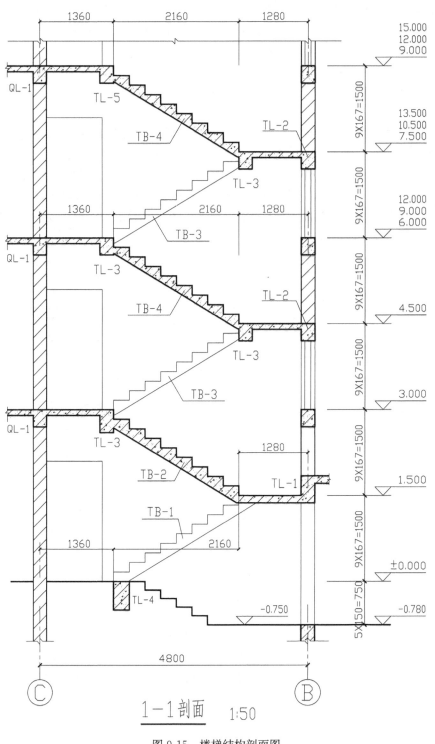

图 9-15 楼梯结构剖面图

在楼梯结构剖面图中，应标注出楼层高度和楼梯平台的高度、各梯段板踏步数量和高度、各构件编号、楼梯梁位置、起始踏步位置等。如图 9-15 所示，一层楼梯为两跑，第一跑楼梯起跑楼梯起始标高±0.000，终止标高 1.500，梯段高 1500mm，竖向踏步数为 9个，踏步高 167mm，梯板编号为 TB—1，梯板下梯梁编号为 TL—4，梯板上折板处梯梁编号为 TL—1，其余表示方法同。楼梯结构剖面图通常采用 1∶50 绘制，也可以采用 1∶60，1∶100，1∶150，1∶200 等比例画出。

三、楼梯配筋图 [Stair Reinforcement Drawings]

在楼梯结构剖面图中，不能详细表示楼梯板和楼梯梁的配筋时，应另外用较大的比例画出配筋图，如图 9-16 所示。在图中的 TB—1 配筋图中可见，梯板厚为 130mm，梯板下层受力主筋为①、⑤号筋，规格为 Φ12@100，梯板上层受力主筋为④、③号筋，规格为 Φ12@100，分布钢筋为②号，规格为 Φ6@270。若在图中不能表示清楚的钢筋布置、形状及长度，可在配筋图外面增加钢筋大样图（钢筋详图）来表示。楼梯配筋图中还表示出了楼梯平台板配筋及钢筋形状。

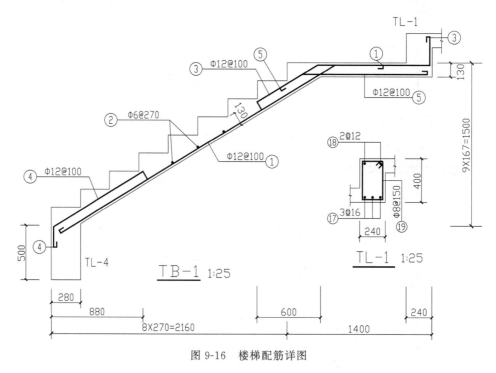

图 9-16　楼梯配筋详图

在楼梯配筋图中还按楼梯梁断面图中的表示方法，画出了楼梯梁 TL—1～TL—4 的钢筋。本图只画出了楼梯梁 TL—1，下面有 3 根Φ16 的受力筋，上面有 2 根Φ12 的架立筋，箍筋为Φ8@150。该梁为简支梁，两端搭在砖墙上，支承长度均为 240mm。

第六节 混凝土结构施工图平面整体表示法
[The Explanative plan method for Reinforced Concrete Structure Drawings]

建筑结构施工图平面整体设计方法（简称平法）对我国目前混凝土结构施工图的设计表示方法做了重大改革，被国家科委列为《"九五"国家级科技成果重点推广计划》项目和建设部列为 1996 年科技成果重点推广项目。平法的表达形式，概括来讲，是把结构构件的尺寸和配筋等，按照平面整体表示方法制图规则，整体直接表达在各类构件的结构平面布置图上，再与标准构造详图相配合，即构成一套新型完整的结构设计。改变了传统的那种将构件从结构平面布置图中索引出来，再逐个绘制配筋详图的繁琐方法。

本图集包括常用的现浇混凝土柱、墙、梁、板、板式楼梯、基础等构件的平法制图规则和标准构造详图两大部分内容。目前使用的图集代号为《图集 11G101-1》（现浇混凝土框架、剪力墙、梁、板）、《图集 11G101-2》（现浇板式楼梯）、《图集 11G101-3》（独立基础、条形基础、筏形基础及桩基承台）等。

《图集 11G101-1》（现浇混凝土框架、剪力墙、梁、板）在平面图上表示各构件尺寸和配筋值的方式，有平面注写式（标注梁、板）、列表注写方式（标注柱和剪力墙）和截面注写方式（标注梁和柱）等三种。本节只介绍梁、柱的平面整体表示法。

一、梁平面整体表示法 [The Explanative plan method for Beam]

梁平法施工图系在梁平面图上采用平面注写方式或截面注写方式表达。梁平面布置图，应分别按梁的不同结构层（标准层），将全部梁和与其相关联的柱、墙、板一起采用适当比例绘制。在梁平法施工图中，应注明各结构层的顶面标高及相应的结构层号、梁位置。

平面注写方式，系在梁平面布置图上，分别在不同编号的梁中各选一根梁，在其上注写截面尺寸和配筋具体数值的方式来表达梁平法施工图。平面注写包括集中标注与原位标注，集中标注表达梁的通用数值，原位标注表达梁的特殊数值。当集中标注中的某项数值不适用于梁的某部位时，则将该项数值原位标注，施工时原位标注取值优先。

截面注写方式，系在分标准层绘制的梁平面布置图上，分别在不同编号的梁中各选一根梁，用剖面号引出配筋图，并在其上注写截面尺寸和配筋具体数值的方式来表达梁平法施工图。

截面注写方式既可单独使用，也可与平面注写方式结合使用。

下面以梁为例，简单介绍传统的表达方法、"平法"中平面注写方式和截面注写方式的表达方法。

1. 传统的表达方法

图 9-17 所示是用传统表达方式画出的一根两跨钢筋混凝土框架梁的配筋图（为简化起见，图中只画出立面图和断面图，且立面图中未画出⑧、⑩腰筋）。从该图可以了解该梁的支承情况、跨度、断面尺寸，以及各部分钢筋的配置状况。

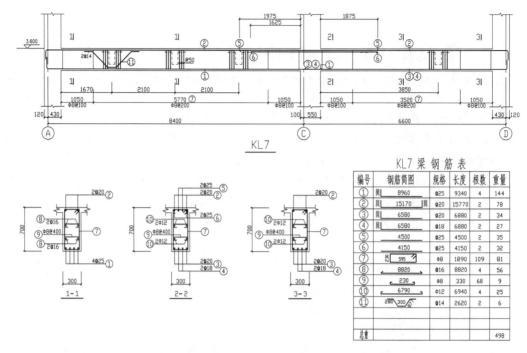

图 9-17　框架梁配筋详图

2. 平面注写方式的表达方法

图 9-17 所示用传统表达方式画出的一根两跨钢筋混凝土框架梁的配筋图,采用"平法"中平面注写方式的表达方法如图 9-18 所示。

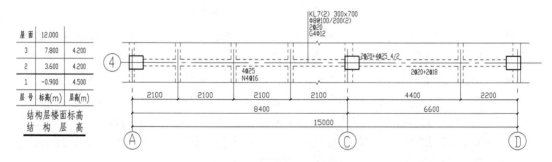

图 9-18　框架梁平面注写方式

梁的平面注写包括集中标注和原位标注两部分。集中标注表达梁的通用数值,如图 9-18 引出线上所注写的四排数字。按图集表示方法规定:第一排数字注明梁的编号和断面尺寸:KL7（2）表示这根梁为框架梁（KL）,编号为 7,共有 2 跨（括号中的数字 2）,梁断面尺寸是 300×700。第二排尺寸注写箍筋,Φ8@100/200（2）表示箍筋为直径Φ8 的 HPB235 级钢筋,加密区（靠近支座处）间距为 100,非加密区间距为 200,均为 2 肢箍筋。第三排尺寸注写上部贯通筋（或架立筋）情况:2Φ20 表示梁的上部配有两根直径为Φ20 的 HRB400 级钢筋为贯通筋。如有架立筋,需注写在括号内。如 2Φ20＋（2Φ12）,表示有 2Φ20 的贯通筋和 2Φ12 的架立筋。如果梁的上部和下部都配有贯通筋,且各跨配筋相同,可在此处统一标注。如 3Φ22;3Φ20,表示上部配置 3Φ22 的贯通筋,下部配置 3Φ20 的贯通筋,两者以分号";"分隔。第四排注写梁侧面纵向构造钢筋或受扭钢筋：G 表示梁侧面纵向构造钢筋，N 表示梁侧面纵向受扭钢筋，如 G4Φ12，表示梁的两个侧面共配置 4Φ12，每侧各配置 2Φ12。第五排数字为选注内容，表示梁顶面标高相对于楼层结构标高的值，需写在括号内，梁顶面高于楼层结构标高时，高差为正（＋）值，反之为负（－）值，无高差时不注。图中该项未注表示该梁顶面标高与楼层结构顶面标高相同，如为（－0.300）表示该梁顶面标高比楼层结构标高低 0.30 米。

当梁集中标注中的某项数值不适用于该梁的某部位时，则将该项数值在该部位原位标注。施工时原位标注取值优先。图 9-18 中，在中支座处的上面注写 2Φ20＋4Φ25 4/2，表示该处除放置集中标注中注明的 2Φ20 上部贯通筋外，还在上部放置了 4Φ25 的支座附加钢筋（共 6 根）。此处分两排配置，上排为 2Φ20＋2Φ25，第二排为 2Φ25，第一排 4 根钢筋，第二排 2 根钢筋。从图中还可看出，左跨的梁底部配有纵筋 4Φ25 钢筋，右跨的梁底部配有纵筋 2Φ20＋2Φ18 钢筋。左跨的梁底部标注有 N4Φ16 表示该跨梁侧向纵向受扭钢筋为 4Φ16，并非为 4Φ12 的构造钢筋，以此说明施工时原位标注取值。

3. 截面注写方式的表达方法

图 9-17 所示用传统表达方式画出的一根两跨钢筋混凝土框架梁的配筋图，采用"平法"中截面注写方式的表达方法如图 9-19 所示。

它的表示方式为：首先对所有梁按本图集表示方法规定进行编号，从相同编号的梁中选择一根梁，先将"单边截面号"画在该梁上，再将截面配筋详图画在本图或其他图上，当某梁的顶面标高与结构层的楼面标高不同时，还应在其梁编号后注写梁顶面标高高差（注写规定与平面注写方式相同）。在截面配筋详图上应注写截面尺寸 $b \times h$、上部筋、下部筋、梁侧构造筋或受扭筋以及箍筋的具体数值，其表达方式与平面注写方式相同。

图 9-19 中所示该梁编号为 KL7（2），表示这根梁为框架梁（KL），编号为 7，共有 2 跨（括号中的数字 2）。1—1 截面为该梁左支座截面，梁断面尺寸是 300×700，该截面上部配有 2Φ20 的钢筋，下部配有纵筋 4Φ25 钢筋，箍筋为 Φ8@100（2）表示箍筋直径为 Φ8，间距为 100，为 2 肢箍筋。梁侧面纵向受扭钢筋为 4Φ16，表示梁的两个侧面共配置 4Φ16，每侧各配置 2Φ16。梁顶面标高相对于楼层结构标高的值，需写在括号内，标注在梁编号的下面。图中该项未注表示该梁顶面标高与楼层结构顶面标高相同。

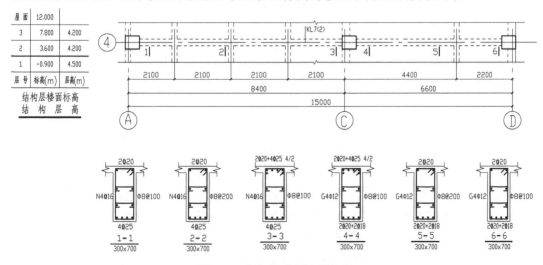

图 9-19　框架梁截面注写方式

由于截面注写方式绘图工作量较大，未充分体系平法绘图直观、简洁的特点，一般不单独使用，常与平面注写方式一起使用。仅在表达异形截面梁尺寸及配筋时，用截面注写方式相对比较方便、详细。

图9-18、图9-19中并无标注各类钢筋的长度及伸入支座长度等尺寸，这些尺寸都由施工单位的技术人员查阅《图集11G101－1》中的标准构造详图，对照确定。图9-20所示的是图集中画出的一、二级抗震等级楼层框架梁KL纵向钢筋构造图。

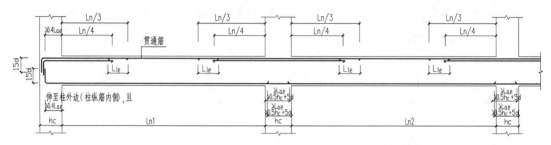

一、二级抗震等级楼层框架梁KL

注：当梁的上部既有贯通筋又有架立筋时，其中架立筋的搭接长度为150

L_a：受拉钢筋的最小锚固长度　　　　L_l：纵向受拉钢筋的绑扎搭接长度（非抗震）

L_{ae}：纵向受拉钢筋的抗震锚固长度　　L_{le}：纵向受拉钢筋的绑扎搭接长度（抗震）

图9-20　框架梁纵钢筋构造图

图中画出该梁面筋、底筋，端支座筋和中间支座筋等的伸入（支座）长度和搭接要求。图中L_{ae}是纵向受拉钢筋的抗震最小锚固长度，可在图集中有关表格查出。图9-18、图9-19所示的梁，混凝土强度等级为C30，上部受力筋为Φ20，从表中查得$L_{ae}=41d=820$mm；图中L_{n1}和L_{n2}为该跨的净空尺寸，如果$L_{n1}\neq L_{n2}$中间跨处的L_n取其大者。

二、柱平面整体表示法 [The Explanative plan method for Column]

柱平法施工图系在柱平面布置图上采用列表注写方式或截面注写方式表达。柱平面布置图，可采用适当比例单独绘制，也可与剪力墙平面布置图合并绘制（剪力墙结构施工图制图规则本书不作说明，详见平法11G101－1图集）。

在柱平法施工图中，应按图集规定注明各结构层的楼面标高、结构层高及相应的结构层号。

柱的传统表示方法在本章第二节已作详细讲述，本节不再图解说明。

1. 截面注写方式

截面注写方式系在分标准层绘制的柱平面布置图的柱截面上，分别在同一编号的柱中选择一个截面，以直接注写截面尺寸和配筋具体数值的方式来表达柱平法施工图，如图9-21所示。对所有柱截面按图集规定进行编号，从相同编号的柱中选择一个截面，按另一种比例原位放大绘制柱截面配筋图，并在各配筋图上继其编号后再注写截面尺寸$b\times h$、角筋或全部纵筋（当纵筋采用一种直径且能够图示清楚时）、箍筋的具体数值，以及在柱截面配筋图上标注柱截面与轴线关系b_1、b_2、h_1，h_2的具体数值。当纵筋采用两种直径时，须再注写截面各边中部筋的具体数值（对于采用对称配筋的矩形截面柱，可仅在一侧注写中部筋，对称边省略不注）。

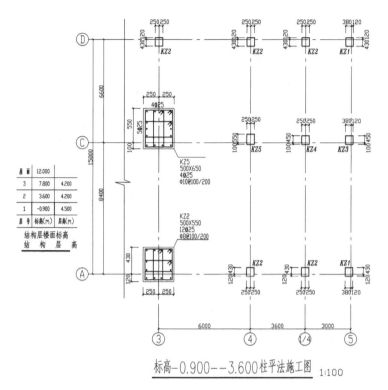

图 9-21　框架柱截面注写方式

在截面注写方式中，如柱的分段截面尺寸和配筋均相同，仅分段截面与轴线的关系不同时，可将其编为同一柱号。但此时应在未画配筋的柱截面上注写该柱截面与轴线关系的具体尺寸。

如图 9-21 所示，以框架柱 KZ2 为例说明：在相同编号的柱中选取一个截面，如图示位置，用 1：25 比例绘制出柱截面配筋图，在其上旁边引出框架柱编号 KZ2，柱截面尺寸 $b \times h = 500 \times 550$，柱纵向主筋为 12 Φ 25，箍筋为 Φ 8@100/200。柱截面与轴线尺寸关系（$b_1 = b_2 = 250$，$h_1 = 120$，$h_2 = 430$）标注在平面图上。

此外，还应根据柱平法制图规则注明各结构层的楼面标高、结构层高及相应的结构层号，详见图中左边表格。

2. 列表注写方式

列表注写方式是在柱平面布置图上（一般只需采用适当比例绘制一张柱平面布置图），分别在同一编号的柱中选择一个（有时需要选择几个）截面标注几何参数代号：在柱表中注写柱号、柱段起上标高、几何尺寸（含柱截面对轴线的偏心情况）与配筋的具体数值，并配以各种柱截面形状及其箍筋类型图的方式，来表达柱平法施工图，如图 9-22 所示。

绘图内容为：

（1）先绘出柱平面布置图，注写柱编号，如 KZ1、KZ2、KZ3、…及与轴线关系。如 KZ2，柱截面与轴线尺寸关系（$b_1 = b_2 = 250$，$h_1 = 120$，$h_2 = 430$）标注在平面图上。

（2）列表注写各框架柱起止标高、截面尺寸、柱配筋情况、柱截面类型、柱箍筋类型，如 KZ2，各段柱起止标高分别为 $-0.900 \sim 3.600$、$3.600 \sim 7.800$、$7.800 \sim 12.000$，各段柱截面相同，均为 $b \times h = 500 \times 650$，配筋情况为角筋 4 Φ 25，$b$ 边一侧配筋为 4 Φ 25，

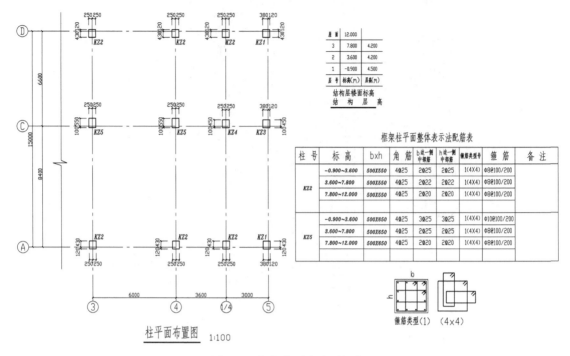

图 9-22　框架柱列表注写方式

h 边一侧配筋为 $5\Phi 25$，柱截面为矩形，柱箍筋为 $\Phi 8@100/200$，柱箍筋类型为 "1"，箍筋肢数均为 4 肢。

此外，仍应根据柱平法制图规则注明各结构层的楼面标高、结构层高及相应的结构层号，详图中右上边表格。

当建筑物柱截面沿高度无变化或变化较少（仅 1～2 次），可仅绘制出一层柱平面布置图配上柱表，采用列表注写方式即可完成整栋建筑的柱施工图。

图 9-21、图 9-22 中并无标注各类钢筋的连接方式、接头位置及基础柱插筋做法及断点位置、柱箍筋加密区范围等，这些做法都由施工单位的技术人员查阅《图集 11G101－1》中的标准构造详图，对照确定。由于柱的构造做法较多，这里就不再说明，详细做法可查阅平法图集《图集 11G101－1》。

第十章 正投影图中的建筑阴影
Chapter 10　Architectural Shadow in orthogonal projection

第一节　阴影的基本知识
[Fundamental Knowledge of Shadow]

在人们的日常生活中，建筑物是处于一个有光的世界中（如日光、月光、灯光等），制图中常用的各种投影方法，只能将建筑物的长、宽、高及形状反映清楚，为了使绘制的建筑图样更形象、逼真、富有立体感，对某些建筑图样（透视图、轴测图、正投影图）必须加绘阴影，使之看起来更符合客观实际，同时也可增加其一定的美观性。加绘了阴影的图样，仅仅从视觉效果方面考虑，看起来要生动、自然、更容易理解，由此可见，在建筑方案设计中，加绘建筑阴影的重要性。

一、阴影的形成 [Formation of Shadow]

如图 10-1 所示，形体表面产生阴影需要具备三个条件：光线、物体、承影面。光线有两种，中心光线（又称辐射光线，不常用）和平行光线（常采用）；物体又分为平面体和曲面体；承影面有平面和曲面之分。

通常所说的阴影，包含阴和影两部分。把建筑物看成不透光的物体，则在光线照射下，直接受光部分称阳面，背光部分称为阴面（或阴），阴面相对阳面来说要显得暗一些，阴面和阳面的交界线称阴线。由于物体通

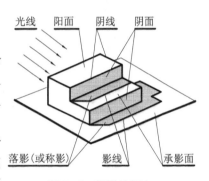

图 10-1　阴影的概念

常是不透光的，所以照射在阳面上的光线受到阻挡，以至该物体自身或其他物体原来迎光的表面（即阳面）上也会产生阴暗部分，这部分称为影（或落影），影的轮廓线称影线，阴和影合起来称阴影，承受影的面称承影面。阴面变暗是因为光线照不到，落影变暗则为光线被其他物体遮挡而照不到，此为阴与影两者区别所在。

二、常用光线 [Conventional Light Ray]

考虑到作图的简便性，正投影图中绘制阴影所用光线，采用一种特殊方向的固定平行光线，称为常用光线。如图 10-2（a）所示，投影体系中安放一个立方体，立方体各表面分别与 H、V、W 投影面对应平行，常用光线方向为立方体从左、前、上到右、后、下的对角线方向，常用光线如用 L 表示，则其在 H、V、W 面中的正投影 l、l'、l'' 应为正方体在各投影面中正方形投影的对角线，不难看出 l、l'、l'' 与水平线、垂直线夹角均为

45°。将投影体系展开，如图 10-2 （b） 所示，正投影图中绘制阴影的光线方向即确定。特别一提的是常用光线 L 与各投影面的夹角均相等，为 $\alpha = 35°15'52''$，有时作阴影需用到此角。

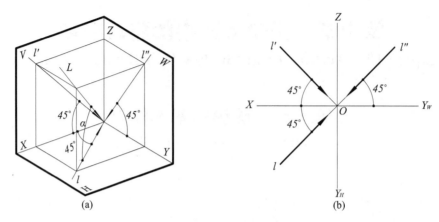

图 10-2　正投影图中所用光线的方向

第二节　点、直线、平面的落影
[Shadow Projection ofa Point，Straight Lines and Planes]

任何一个复杂的建筑形体，若将其拆开或分解来看，都可看成由基本元素点、线、面、基本形体构成。要掌握建筑形体阴影的求作方法，最根本的是了解点、线、面、基本形体的阴影是如何求作，对复杂形体而言只不过是将这些基本求作方法综合起来运用。

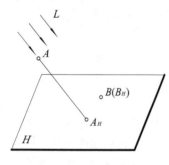

图 10-3　点的落影

一、点的落影 [Shadow Projection of a Point]

如图 10-3 所示，有一个水平承影面 H，空间有一点 A 及平行光线 L，若求 A 点在 H 面的落影，实为求过点 A 光线与 H 面的交点 A_H，同理求位于 H 面上 B 点的影，因过 B 点光线与 H 面交点 B_H 与 B 点自身重合，所以当空间点位于承影面上时，其落影为自身。

A、B 两点落影为空间点在承影面上的两种落影情况，具体反映到正投影图中，又可划分为三种情形。

1. 若承影面为投影面时

如图 10-4 （a） 所示，两投影面体系 H、V 中，有一空间点 A，在常用光线 L 照射下，A 点在 V 面有落影 A_V，落影 A_V 向 H、V 进行正投影得落影的投影 a_v[①]、a_v'，此作图归结为画法几何中求直线 L 与 H、V、W 的迹点。投影图中作法如图 10-4 （b） 所示。

---

① 本书对于落影的标注采用如下方式：用大写字母作为空间点落影的符号，用相应的小写字母表示在投影图中落影的符号。承影面是投影面时，落影用其投影符号加上相应的投影面的名称为下标来表示；承影面是地面、墙面或其他面时，落影则用其相应的小写字母加"0"下标或加承影面名称为下标来表示。

（1）过 a、a' 作光线投影 l、l'。

（2）l 与 X 轴交于 a_v（若 A 落影在 H 面，则 l' 与 X 轴先交，如图 10-4（d）所示）。

（3）过 a_v 向上作垂线与 l' 相交得 A_V。

（4）A_V 属于 V 面上的点，向 V 及 H 正投影得 a_v，a_v'。

（5）同理若 A 落影在 H 面作图类似，如图 10-4（d）所示。

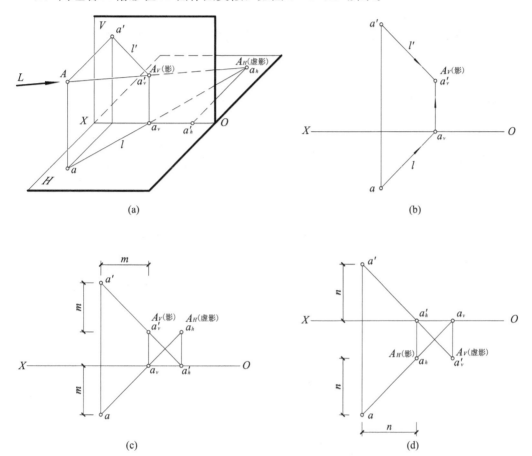

图 10-4　点在投影面上的影

作图时需要注意两点。

其一，由于常用光线各投影 l、l' 与水平、垂直线夹角为 $45°$，点投影 a、a' 与落影 a_v'（点 A 落影若在 H 面则为 a_h）有如下关系：a_v' 与 a' 的水平和垂直距离（长度为 m）等于 a 到 X 轴的距离——即点的落影到同面投影的水平垂直距离等于空间点到该面的距离。利用此条规律可使作图简化，如 A 点到 V 面距离若知道的话，即使没有 a，只需根据 a' 的位置就可确定 a_v'。

其二，图 10-4（a）中，A 点在 V 面的落影是真实的，称为影，若把 H 面向后延伸，过 A 光线也延长与 H 面相交为 A_H，此为虚影，求阴影有时也会利用此虚影。

虚影投影作图：A 点真影落在 V 面，则其在 H 面虚影分三步求，如图 10-4（c）所示。

（1）延长过 a 的光线 l。

（2）过 a' 的光线 l' 线与 X 轴交于 a_h'。

（3）过 a'_h 反向作垂线与 l 延长线交于 A_H。

若 A 点的影落在 H 面，则 V 面虚影如图 10-4（d）所示，作图方法相同，此处从略。

2. 承影面为投影面的垂直面

承影面为投影面的垂直面，在所垂直的投影面上，其投影有积聚性，利用此点可作出点的落影。

如图 10-5 所示，求点 B 在 Q 面上的落影。

（1）Q 为铅垂面，H 面投影有积聚性，b 点落影的 H 投影必在 Q_H 线上。

（2）过 b、b' 作光线 l、l'，H 面上 l 与 Q_H 交点为 b_q。

（3）过 b_q 作垂线与 l' 相交为 b'_q。

同理若 Q 为正垂面或侧垂面，也可求点的对应落影。

3. 承影面为一般位置平面

承影面为一般位置平面，投影图中没有积聚性可利用，过点的光线理解为直线，求落影归结为画法几何中求一般位置直线与一般位置平面交点的问题。求落影的方法，如图 10-6 所示。

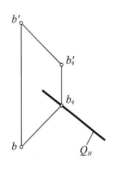 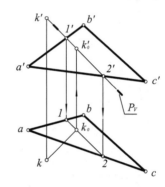

图 10-5　承影面为投影面垂直面　　　　图 10-6　承影面为一般面

（1）V 面中（也可选 H 面）包含过 k' 光线 l' 作辅助平面 P_V。

（2）求辅助平面 P_V 与 $\triangle a'b'c'$ 的交线 $1'2'$ 及对应 H 投影 12。

（3）交线 12 与过 k 点的光线 l 交于 k_0。k_0 即为所求落影，对应得 k'。

二、直线的落影 [Shadow Projection of Lines]

直线可看成由若干个点组成，求直线的影归结为求直线上若干个点落影的集合。若承影面为平面，如图 10-7 所示，由于两点可确定一条直线的方向，求直线的落影只需求直线上任意两个点的落影，再按同面相连原则相连，如 $A_H B_H$（若承影面为曲面，只求两个点就不够了，需求若干个点落影后，再依次相连）。

如图 10-7 所示为直线在一个平面上的三种落影情况。

其一，般情况直线落影仍为直线，如 $A_H B_H$。

其二，线方向平行于光线方向，落影为点，如 $D_H(C_H)$。

图 10-7　直线的落影

其三，线位于承影面上，落影为自身且等长，如 $E_H F_H$。

反映到正投影图中仍分以下三种情形。

1. 承影面为投影面

其一，直线只在一个投影面上有落影，如图 10-8 所示。

（1）运用求点落影方法求两端点 AB 在 H 面上落影 $A_H B_H$ 并相连。

（2）求落影 $A_H B_H$ 的 H、V 投影 $a_h b_h$，$a_h' b_h'$。

其二，直线在两个投影面上有落影，如图 10-9 所示。

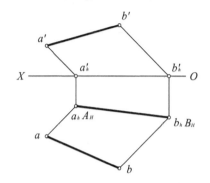

图 10-8　直线在一个面上有落影　　　　图 10-9　直线在两个面上有落影

（1）求两端点落影 C_H、D_V，两落影在不同面上，不能相连。

（2）为求折影点 K，可采用两种方法，投影作图如图 10-9 中所示。

第一种方法：CD 线上任取一点 M，求影 M_H，$C_H M_H$ 相连并延长与 X 轴相交得 K，再连 K 与 D_V（K 即在 H 面上也在 V 面上）。

第二种方法：将 D 在 H 面的虚影 D_H 求出，与 C_H 相连交 X 轴得 K（同理求 C 在 V 面虚影 C_V 也可）。

2. 承影面为投影面垂直面

利用承影面积聚性，按直线上任意两点同面落影相连原则求作，基本作图方法可以参考图 10-5。

3. 承影面为一般面

按直线上任意两点同面落影相连原则求作，基本作图方法可以参考图 10-6。

三、直线落影的基本规律 [Basic Rules of Shadow Projection of Lines]

直线落影的情形千变万化，但都可归纳为平行、相交及垂直三种情况，下面分别介绍。

1. 平行规律

（1）直线与承影面相平行，则其落影与自身平行且等长。

如图 10-10（a）所示：$AB /\!/ H$ 面，则落影 $A_H B_H$ 平行且等长于 AB。投影作图如 10-10（b）所示：$a'b' /\!/ X$ 轴，故 $AB /\!/ H$ 面，分别求出 AB 点在 H 面落影 a_h、b_h 并相连，则 $ab /\!/ a_h b_h$ 且等长。

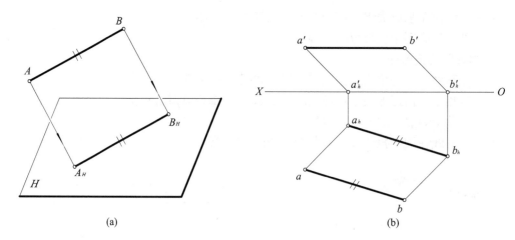

图 10-10　直线平行承影面时的落影

（2）互相平行的两直线，在同一承影面上的落影仍互相平行。

直观图如 10-11（a）所示：$AB /\!/ CD$，但与 H 面倾斜，则二者在 H 面落影 $A_H B_H$、$C_H D_H$ 互相平行。投影作图如 10-11（b）所示：H 面中 $ab /\!/ cd$，V 面中 $a'b' /\!/ c'd'$，故 AB、CD 在空间互相平行，二者又同时在 H 面有落影，则 $a_h b_h /\!/ c_h d_h$。

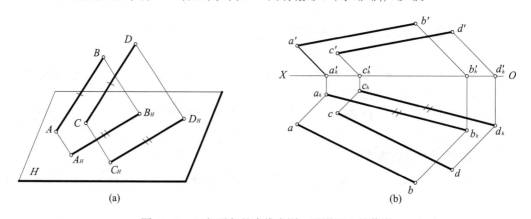

图 10-11　互相平行的直线在同一承影面上的落影

（3）直线在互相平行的承影面上，其落影仍互相平行。

如图 10-12（a）所示：P、T 平面互相平行，AB 在两平面上落影为 $A_0 1_0$ 与 $2_0 B_0$，二者互相平行。投影作图如 10-12（b）所示：利用 P、Q、T 三平面在 V 面上积聚性，先求 AB 点落影 a_0、b_0，由于 a_0、b_0 两个落影分别位于 P 与 T 面，两者不能直接相连，用返回光线法（或延棱扩面法）求 1_0 与 2_0，将 $a_0 1_0$ 与 $2_0 b_0$ 相连，因 P 与 T 面相平行，则 $a_0 1_0$ 与 $2_0 b_0$ 相平行。

2. 相交规律

（1）与承影面相交的直线，其在该面落影（或延长）必过交点。

如图 10-13（a）所示：AB 与 H 面相交于 B（B 点在 H 面上，落影 B_H 与自身重合），AB 在 H 面落影 $A_H B_h$ 必过 B 点。投影作图如 10-13（b）示：由于 b' 在 X 轴上，B 点是 H 面上的点（落影 b_h 与其自身重合），求 A 点落影 a_h、a'_h 并与 B 点落影相连。

（2）相交二直线在同一承影面上的落影必相交，空间情况及投影作图如图 10-14 所

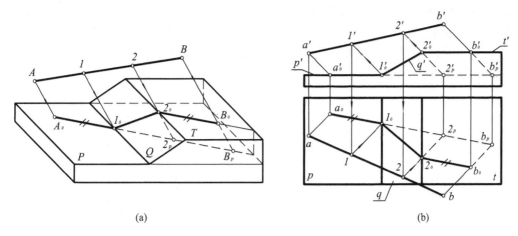

图 10-12　直线在互相平行的承影面上落影

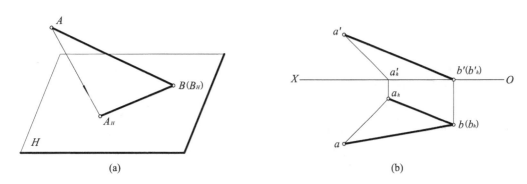

图 10-13　与承影面相交的直线的落影

示,(a) 图中,AB、CD 相交于 K,两者同时落影在 H 面上,其影 A_HB_H,C_HD_H 必相交,交点为 K_H,即落影的交点 K_H 为两直线交点 K 的落影。(b) 图中,分别求出 AB、CD 落影的 H 投影 a_hb_h,c_hd_h,两者交点为 k_h,k_h 是交点 K 的落影。

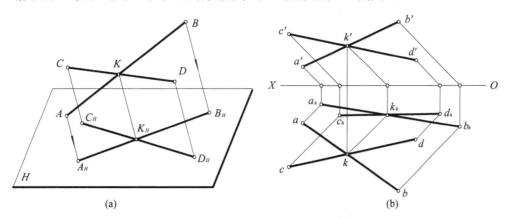

图 10-14　相交二直线在同一承影面上的落影

(3) 一直线在相交二承影面上的落影必相交,且落影交点位于两承影面的交线上。

空间情况及投影作图如图 10-15 所示,(a) 图中,P、Q 两面相交,空间直线 AB 落影为 A_0K_0、K_0B_0,两者交于 K_0(又称折影点),K_0 位于 P、Q 两面的交线上。(b) 图中，P、Q 两面相交且都与 V 面垂直，因此，P、Q 两平面的 V 面投影有积聚性，利用 V 面积聚性求出 A、B 点落影 a_0、b_0，P、Q 两面交线在 V 面积聚为点，用返回光线法求折影点 K 的 V，H 投影，从而得 AB 线在 P、Q 面上的两段落影 a_0k_0 与 k_0b_0。

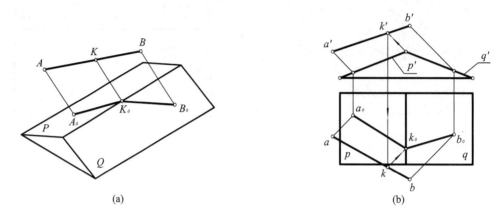

(a)　　　　　　　　　　　　　　　(b)

图 10-15　直线在相交承影面上的落影

3. 垂直规律

H、V 投影体系中，如图 10-16（a）所示，有铅垂线 AB 与 H 面交于 B 点，在 H 面上落影为 A_HB_H，对应（b）图为投影中作图，先求 A 点落影的 H 投影 a_h，再与 b_h（B 点落影与自身重合）相连，其特点为落影 a_hb_h 与光线在 H 面投影方向 l 相同，即与 OX 轴成 $45°$ 方向。同理图（c）为正垂线的落影。

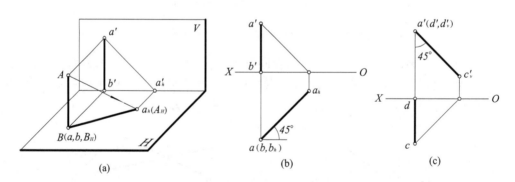

(a)　　　　　　　　　(b)　　　　　　　(c)

图 10-16　投影面垂直线的落影

如图 10-17（a）所示，与图 10-16（a）不同的是承影面除 H 面外，还有斜面 P 及 Q 两个面，落影有 4 段——$B_H1_H2_03_HA_H$，但投影作图中（图 10-17（b）），这 4 段落影的 H 投影 $b_hl_h2_03_ha_h$ 仍与光线在 H 投影方向 l 相同，即 $45°$ 方向。换句话说，不论承影面如何，对铅垂线来说，其落影的 H 投影为光线在 H 面的投影方向，即 $45°$ 方向。

由于投影面有 H、V、W 三个面，同理对正垂直线及侧垂线也可得出类似结论。

归纳起来得垂直规律：不论承影面如何，某投影面的垂线，其落影在该面投影与常用光线在该面的投影方向一致，即对应 $45°$ 方向。

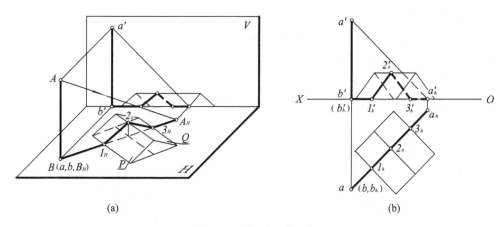

图 10-17　铅垂线的落影

四、平面的落影 [Shadow Projection of Planes]

平面图形有平面多边形及曲线图形两种，不论那种，求落影归结为求轮廓线的落影。

1. 平面多边形

先把平面多边形各顶点落影分别求出，再按同面落影才能相连的原则，依次将各顶点落影相连。

如图 10-18（a）所示，△ABC 表示的平面，将各顶点落影 $a_h b_h c_h$ 分别求出，因落影均在 H 面上，依次相连即得△ABC 的落影。图（b）中，A、C 落在 H 面上，落影同面能相连，B 点落在 V 面上，与 A、C 点落影不同面，不能直接相连，为此可将 B 点在 H 面的虚影 B_H 求出，才可与 A、C 点落影相连得对应折影点 m_0、n_0，折影点 m_0、n_0 在 X 轴上，也可看成是 V 面上的点，分别再与 B_V 相连而完成作图，具体作图如图 10-18（b）中所示。

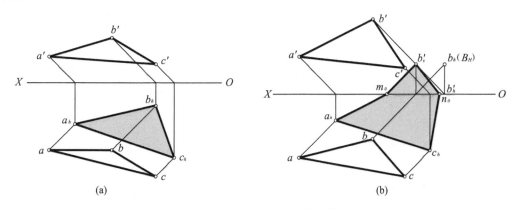

图 10-18　平面多边形的落影

如图 10-19 所示，P、Q 是铅垂面，在 H 面投影有积聚性，利用此点可将各顶点落影求出。A、B 落影在 P 面，因同面可相连，C 在 Q 面，故 AC、BC 落影不能直接相连，折影点 M、N 可用返回光线法求出从而完成作图（如图 10-19 中作图所示，已知 m_0、n_0 在 P_H，Q_H 的交点处，再返回光线法求得 m_0'、n_0'，完成 AC、BC 各段落影的 V 投影）。

2. 曲线平面图形

如图 10-20 所示，轮廓线为曲线，在轮廓线上取一系列能控制曲线轮廓的点（如图中的 *1*，*2*，*3*、…点），再将这些点的落影求出，按同面落影相连原则依次相连。

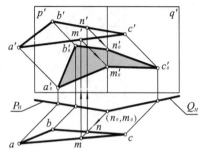

图 10-19　多边形的落影

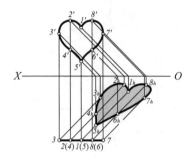

图 10-20　曲线平面图形的落影

3. 阴面、阳面的判别

平面在光线照射下，迎光的一面称阳面，背光的一面称阴面。求平面的阴影，除了把平面的落影求出外，还需判别清楚平面图形在 H、V、W 各投影面中的投影是阳面投影还是阴面投影，若是阴面投影，则需把平面对应投影涂暗，具体来说分两种情况判别。

（1）若平面为投影面垂直面时，利用平面的积聚投影及光线同面投影判别。

如图 10-21 所示，平面 P、Q 为正垂面，V 面投影均积聚为线，所不同的是积聚投影与水平线夹角不同。

P 面：光线 l' 照在 P 面上方，当向 H 投影时，其 H 投影为阳面投影。

T 面：光线 l' 照在 T 面下方，当向 H 投影时，其 H 投影为阴面投影，需涂暗。

同理当平面为铅垂面（或侧垂面），可利用光线 l'（或 l''）加以判别。

（2）若平面为一般面时，利用平面各顶点符号顺序及其落影符号顺序判别。

方法为先求出平面的落影，再依下列原则判别：平面各顶点符号顺序与落影符号顺序同向，则为阳面投影；平面各顶点符号顺序与落影符号顺序异向，则为阴面投影。

图 10-22 所示 $\triangle ABC$ 及其落影，判别其 H、V 投影是阳面还是阴面投影？V 面：平面的 V 面投影顶点顺序为顺时针，落影顶点顺序也为顺时针，两者同向，则平面的 V 面投影为阳面投影；H 面：平面 H 投影顶点顺序为逆时针，落影顶点顺序为顺时针，两者异向，则平面的 H 面投影为阴面投影，需涂暗。

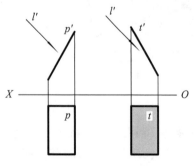

图 10-21　特殊面阴阳面判别

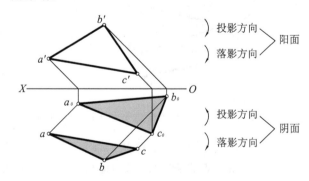

图 10-22　一般面阴阳面判别

第三节　立体的阴影
[Shadow Projection of Solids]

建筑中常见的立体分为平面立体和曲面立体两种，两者求阴影的基本方法是一样的，分为 3 步：（1）读懂投影图并确定光线方向。（2）判别立体阴面、阳面及其阴线。（3）求阴线的落影。下面运用前几节的基本内容介绍立体阴影的求作思路及方法。

一、平面体的阴影 [Shadow Projection of Polyhedra]

平面体是指表面由若干个平面多边形包围而成的立体，常见的平面体有棱柱和棱锥。

1. 长方体的阴影

建筑物在地面的落影、建筑细部，如阳台、雨篷、阳台、窗台等在墙上的落影，可以看作长方体在 H、V 面上的落影。为此需研究长方体对投影面处于不同位置时的阴影。

（1）如图 10-23 所示，长方体的影全部落影在 H 面上，或全部落影在 V 面上。

分析：

长方体由前、后、左、右、顶、底六个面包围而成。H 投影中，前后、左右面有积聚性，利用光线同面投影 l 判别知道前面、左面为阳面，后面、右面为阴面；V 投影中，顶、底面有积聚性，利用光线同面投影 l' 判别知道顶面为阳面，底面为阴面。综合判别知道长方体阴线为 $ABCDE$ 共四段，如图示求出其对应落影同面相连即可。

作图步骤：

将 $ABCDE$ 各点落影分别求出，A、E 点在 H 面，落影为自身，B、C、D 落影在 H 面，故对应各段均可相连，其中 AB、DE 段为铅垂线，在 H 面落影为光线 l 方向，即 45°线（垂直规律），BC、CD 平行 H 面，落影与自身平行且等长（平行规律），顶面在 H 面投影为阳面投影，正前面在 V 面投影也为阳面投影。

（2）如图 10-24 所示，落影在 H 面与 V 面上各有一部分。

分析及投影作图与上图类似，此处不再赘述。

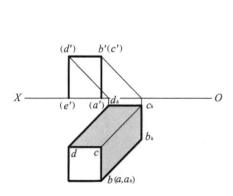

图 10-23　长方体在 H 面的落影

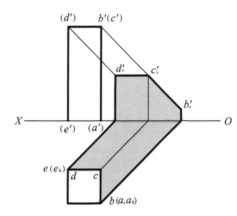

图 10-24　长方体在 V、H 面的落影

2. 切割形体的落影

分析：

图 10-25 所示的切割形体，参照长方体的阴面、阳面的判别方法，可知底面、右侧面和右前侧面（BCD）为阴面，由于该切割形体紧靠在 V 面上，故其阴线为 AB、BC、CD、DE、EF、FG，如图 10-25（a）所示。

作图步骤：

图 11-25（b）为投影图。请读者自行分析试作此图。

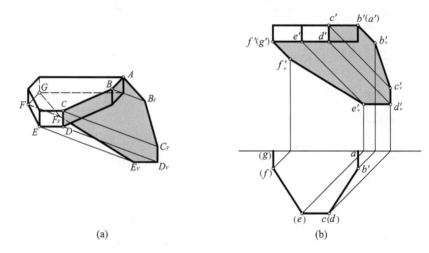

(a)   (b)

图 10-25　切割形体的阴影

3. 三棱锥的阴影

分析：

如图 10-26 所示。三棱锥由底面及三个侧面包围而成，底面平放在 H 面上，由于三

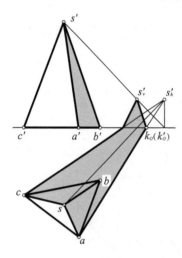

个侧棱面倾斜于 H 面，不易判别其阴阳面性质，故先求锥顶 S 落影（落在 V 面上），A、B、C 三点在 H 面上，落影为自身。棱线 SA 落影为两段，利用 S 点的 H 面虚影 s_h，先求其 H 面上落影方向 $s_h a$，得 X 轴上折影点 k_0（k_0'），再得 V 面上落影段 $s_v' k_0'$，同理求 SB，SC 棱线落影，取三条棱线中最外两条落影为棱锥的影线，与之对应的棱线为阴线，最后再判别棱锥各棱面的阴阳面。

作图步骤：

求锥顶 S 的落影 S_V 及 S_H，由于 A、B、C 落影在 H面，将 s_h 与 a、b、c 点相连，得对应 H 面上落影段及折影点 K（$s_h a$ 与 X 轴交点），取最外两条落影 $s_h a$，$s_h c$ 为影线，对应侧棱线 SA、SC 则为阴线，考虑常用光线在空中方向可知 SAC 为阳面投影，其余两个侧棱面为阴面投影，完成作图。

图 10-26　棱锥的阴影

二、曲面体的阴影 [Shadow Projection of Curved Surface Solids]

曲面体是指表面由若干平面与曲面或若干曲面包围而成的立体，常见的曲面体有圆柱、圆锥、圆球、圆环等。

1. 平面圆的阴影

在介绍曲面体阴影之前，先了解平面圆阴影的求作。

平面圆仍属曲线平面图形，按曲线平面图形阴影求作方法也可求作其阴影，但平面圆是比较特殊的曲线平面图形，故一般采用其他方法来求解。

（1）当平面圆所在平面平行投影面，并落影在相应投影面上，则落影为与自身等大的圆。

如图 10-27 所示，平面圆平行 V 面，并落影在 V 面，则落影与自身等大，投影作图只需先将圆心 O 在 V 面落影 o'_v 求出，以此为圆心，等大半径画圆并涂暗。

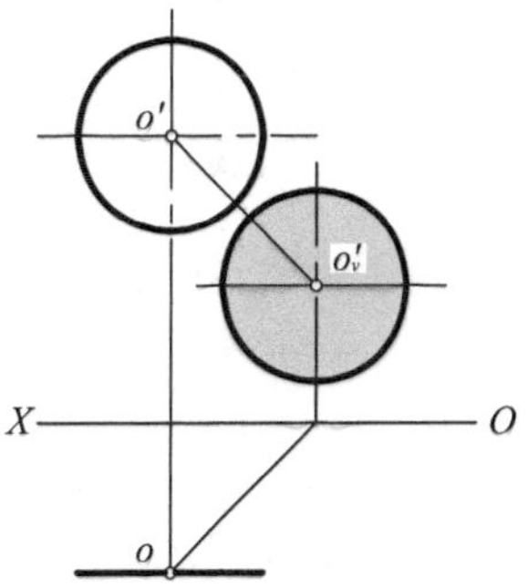

（2）当平面圆所在平面垂直于投影面，并落影在相应投影面上，则落影为椭圆。

如图 10-28 示，平面圆垂直于 V 面，并落影在 V 面，落影为椭圆，落影椭圆用"八点法"求作。

（1）图 10-28（a）中的 H 投影面，作圆的外切正方形，正方形四条边中有两条垂直 V 面，两条平行 V 面，正方形四边中点为 1、2、3、4，对角线与圆周有四个交点为 5、6、7、8，将圆周上八个点落影求出，依对应关系光滑相连。

图 10-27 承影面与圆平行

（2）图 10-28（b）中，在 V 面上将圆心落影 o'_v 求出，以此为圆心作等大半径的圆，过该圆的水平直径的两端点 $2'_v$、$4'_v$ 作光线 l' 的平行线，过该圆垂直直径的两端点作水平线，得一平行四边形，四边中点为 $1'_v$、$2'_v$、$3'_v$、$4'_v$。

（3）图 10-28（c）中，$1'_v$、$3'_v$ 连线过圆心 o'_v 并与 l' 方向平行，圆周与此线有两交点，过交点作水平线与对角线的四个交点为 $5'_v$、$6'_v$、$7'_v$、$8'_v$，将 $1—8$ 点的落影依次相连。

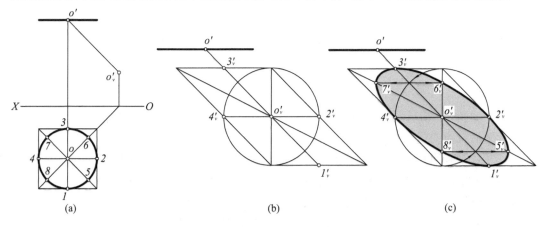

(a)　　　　　　　　(b)　　　　　　　　(c)

图 10-28 承影面与圆平面自身平行

2. 圆柱的阴影

如图 10-29 所示，求圆柱阴影的步骤如下：

（1）根据常用光线判别圆柱阴阳面及阴线。顶、底两圆在 V 面有积聚性，利用光线 l' 方向判别知顶圆为阳面，底圆为阴面；圆柱面在 H 面有积聚性，利用光线 l 与圆周相切得两阴线 ab、cd 及 V 面投影。

（2）将顶圆在 V 面的落影椭圆，底圆在 H 面的等大落影圆分别求出，再依 AB、CD 阴线相对 H、V 面位置，作出其落影将落影椭圆与落影圆相连，如图 10-29 所示。

3. 圆锥的阴影

如图 10-30 所示，求圆锥阴影的步骤如下：

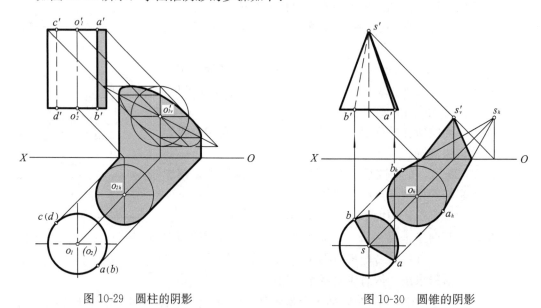

图 10-29　圆柱的阴影　　　　　　　　图 10-30　圆锥的阴影

（1）圆锥由底圆及圆锥面组成，利用底圆在 V 面积聚性知其为阴面。

（2）圆锥面阴线求作如 V 面图中所示（或先将落影求出后，再返回光线作图求作）。

（3）将底圆及锥顶落影求出，利用锥顶在 H 面假影与落影圆相切得圆锥面阴线 SA、SB 的落影。

三、建筑细部的阴影 [Shadow Projection of Building's Partial Structure]

1. 窗

分析：

（1）如图 10-31 所示，窗由遮阳、窗台、窗洞三部分组成，遮阳与窗台完全相同，仅只是承影面有所变化。

（2）遮阳利用其 V 面积聚投影及光线同面投影可判别其阴面、阳面及阴线，阴线有 $ABCDE$ 共四段（窗台同理），窗洞利用 H 面积聚性投影判别，阴线只有 FG 一段。图 10-31 中所有阴线与承影面关系为平行或垂直。

（3）利用直线相应平行或垂直落影规律分段求出阴线落影。

作图步骤：

（1）V 面中，AB、DE 与 V 面垂直，其落影 V 投影为 l' 方向，即 45°方向，BC、CD 与 V 面平行，其落影 V 投影与自身平行且等长，只需求一点落影再过此点，推对应阴线平行线，如先求 B、C 点落影。注意：若利用阴线与承影面的距离关系可使作图简化（如 BC 与墙及窗洞的距离为 m、$m+n$，V 投影中对应阴线与落影的距离反映此关系）。

（2）窗台与遮阳同理。

（3）窗洞阴线 FG 对应承影面为窗台面、窗面，特别要注意的是在窗面落影与 BC 落影公共点 K 的求作，$k'_{20}g'$ 阴线的落影段应舍去。

2. 阳台

分析：

（1）如图 10-32 所示，阳台 V 投影由上下两部分组成，尽管各自长、宽、高尺寸不同，但拆开分析与前图中窗遮阳同理，上部分有 ABCDE 共四段阴线，下部分有 FGIJ 共三段阴线（考虑到上、下两部分要合为一体）。

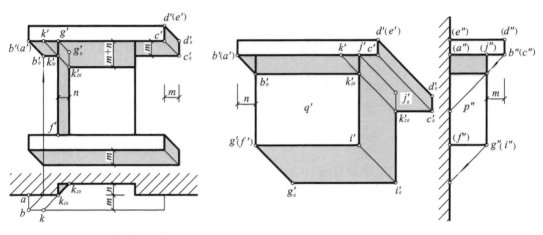

图 10-31　窗的阴影　　　　　图 10-32　阳台的阴影

（2）此图中阴线与承影面关系为平行或垂直。

（3）难点有两个，其一为公共点 K 的落影求作（同窗中公共点 K 相似），其二为 B 点落影的承影面有三种情况，P 面、Q 面、P 与 Q 的交线，投影作图中如何判别属那种情况。

（4）B 点是阴线 AB 与 BC 的交点，AB 阴线到 P 面距离为 m（V 图中示），BC 阴线到 Q 面距离为 n（W 图中示），则 n 小于 m 时，B 点落在 P 面，$n=m$ 时，B 点落在 P 与 Q 的交线上，n 大于 m 时，B 点落在 Q 面上。

作图步骤：

如图 10-32 所示。

3. 门廊

分析：

（1）如图 10-33 所示，门廊由雨棚、两根门柱、凹入墙内的门洞及台阶四部分组成，按先拆开单独分析，再合并求阴影的方法求作。

（2）利用雨棚的 V 面积聚性投影判别知其有 ABCDE 共四段阴线，对于凹入墙内门洞，利用 H 面积聚投影可知门洞左边有 FG 阴线；对于右边门柱，同样利用 H 面积聚投

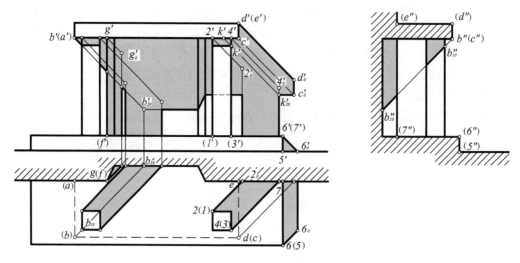

图 10-33　门廊的阴影

影可知有 *12* 及 *34* 两条阴线（左边门柱类似）；利用台阶 H 或 V 积聚投影知有 *56*、*67* 两条阴线。

（3）图中所有阴线与承影面关系为平行或垂直。

（4）注意利用阴线与承影面距离关系求作落影，如 W 面投影图中雨棚 BC 与门柱正面距离为 n。

作图步骤：

（1）雨棚在门洞及墙上落影与图 10-33 中遮阳落影相似，除此外，阴线 BC 在门柱正面落影与自身 V 投影 $b'c'$ 距离为 n（V 面中），在门柱及门洞左侧面落影为 W 面光线 l'' 方向（W 面中）。

（2）门洞阴线 FG，门柱阴线 *12* 及 *34*，承影面为台阶地面（H 面中），门面和墙面（V 面中）。

（3）台阶阴线 *567* 作图如图 10-33 中 H、V 面所示。

4. 台阶

分析：

（1）如图 10-34（a）所示，台阶由左、右两块挡板，踏面和踢面组成。

（2）左侧挡板利用其 H 或 V 投影中积聚性投影知其有 $ABCDE$ 共四段阴线（右侧相似），台阶踏面和踢面利用 W 面积聚投影或常用光线与承影面空间关系知为阳面投影。

（3）图中阴线与承影面关系有平行、垂直、倾斜三种，若为倾斜，则利用两点落影连线可确定落影方向来求作倾斜线在相应承影面上的落影。

作图步骤：

（1）先看右侧挡板，JI 阴线与 H、V 面倾斜，将倾斜线 JI 中 J 点在墙上，I 点在地面落影求出，折影点 K 利用 J 点在地面虚影与 I 点地面落影相连求出，其余段按平行及垂直规律求出。

（2）再看左侧挡板，利用踏面及踢面 W 投影中的积聚性，知 B 点落在 T_1 面，C 点落在 S_2 面，D 点落在 T_3 面。

（3）AB 落影的 H 投影为光线 l 方向，V 投影依 H 投影对应关系求出，BC、DE 落

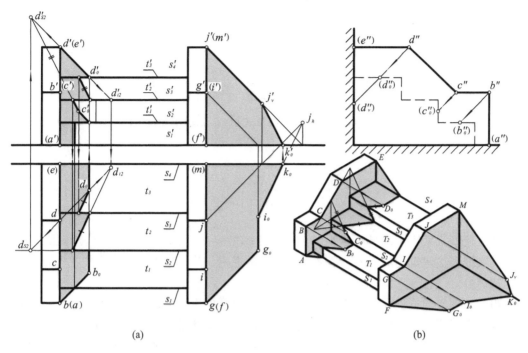

(a)   (b)

图 10-34　台阶的阴影

影的 V 投影为光线 l' 方向。

（4）倾斜线 CD，用返回光线法将 D 点在踢面 S_2 面上的假影求出，与 C 点落影相连得 CD 在踢面 S_2 上落影方向。再将 D 点在踏面 T_3 面上的虚影求出，与对应点相连得 CD 在踏面 T_3 上落影方向，其余踏面及踢面段落影依平行规律求出。

5. 建筑立面的阴影

图 10-35 所示为一建筑立面图阴影的实例，图中绘出了挑檐、烟囱、门窗、雨篷、台阶等的阴影。请读者自行分析。

图 10-35　建筑立面的阴影

第十一章　透视投影
Chapter 11　Perspective Projection

第一节　概　　述
[Introduction]

建筑造型常采用绘制具有透视、色彩及质感效果的立体外观图（又称效果图）来生动、真实地表达建筑物的形象。透视投影又称透视图，简称透视，它是建筑工程图样的重要组成部分之一。

由于新建筑的造型设计，是不具有实物存在的形象思维活动，不可能用照片之类的图样来表现未建成建筑物的形象，为了正确形象地表达设计者的设计构思和意图，在提供设计造型方案时作分析比较、征询意见，采用以透视投影为基础的造型效果图是最简便、迅速表达设计思想的一种手段。这种图能根据建筑物的平面、立面图，画出准确、逼真的建筑形象。本章将讲述有关透视投影的基本原理和作图方法。

一、透视图的形成及特点 [Formation and Characteristics of Perspective Drawing]

透视投影属中心投影。它的形成可以看作在人与建筑物之间设置一个透明铅垂面 V 作为投影面，在透视投影中，这个投影面称为画面。投影中心就是人的眼睛 S，即透视投影中的视点。过视点 S 与建筑物上各点的连线为投射线，如图 11-1 中的 SA、SB、…，透视投影中称为视线。显然，各视线 SA、SB、SC…、与画面的交点 A^0、B^0、C^0、… 就是建筑物上各点的透视。然后依次连接各点的透视，即得到整个建筑物的透视。

从图 11-2、图 11-3 所示的透视现象可以得出如下透视特性：

（1）等高的直线，距画面近者则高，距画面远则低，简述为近高远低。

（2）等距的直线，距画面近的间距疏，距画面远的较密，且越远越密，简述为近疏远密。

（3）等体量的几何体，距画面近的体量大，远则小，即近大远小。

（4）与画面相交的平行直线在透视图中必相交于一点，称为灭点。

二、透视图中常用的名词术语 [Common Terms for Perspective Drawings]

在绘制透视图时，经常用到下列专门名词与术语。首先弄懂它们对于理解透视的形成过程和掌握透视图的绘制方法是非常必要的。

有关透视的名词与术语如图 11-4 所示。

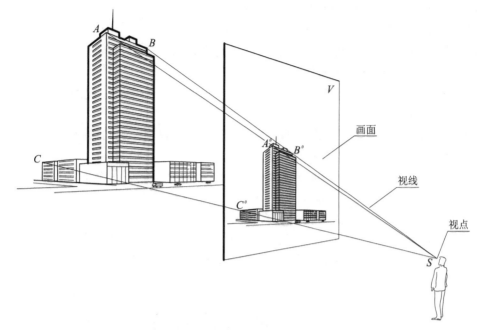

图 11-1　透视图的形成过程

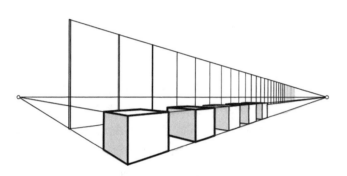

图 11-2　等高、等间距、等体量物体的透视

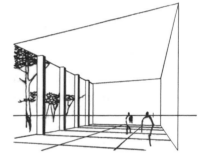

图 11-3　室内透视简图

（1）基面——放置建筑物的水平面（地平面），以字母 G 表示，也可将绘有建筑平面图的投影面 H 理解为基面。

（2）画面——形成透视图的平面，以字母 P 表示，一般以垂直于基面的铅垂面作为画面。也可用倾斜平面作画面。

（3）基线——基面与画面的交线，在画面上用 $g-g$ 表示基线，在平面图中则以 $p-p$ 表示画面的位置。

（4）视点——相当于人眼所在的位置，即投影中心 S。

（5）站点——视点 S 在基面 G 上的

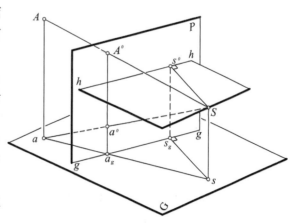

图 11-4　透视的名词与术语

正投影 s，可以理解为人在观看物体时所站的位置。

（6）心点——视点 S 在画面 P 上的正投影 s^0。

（7）中心视线——引自视点并垂直于画面的视线，即视点 S 和心点 s^0 的连线。

（8）视平面——过视点 S 所作的水平面。

（9）视平线——视平面与画面的交线，以 $h-h$ 表示，当画面为铅垂面时，心点 s^0 就位于视平线 $h-h$ 上。

（10）视高——视点 S 到基面 G 的距离，即视点 S 与站点 s 之间的距离。当画面为铅垂面时，视平线与基线的距离即反映视高。

（11）视距——视点 S 到画面 P 的距离，即中心视线 Ss^0 的长度，当画面为铅垂面时，站点到基线的距离 ss_g，即反映视距。

图 11-4 中，A 为空间任意一个点，自视点 S 引向点 A 的直线 SA，就是通过点 A 的视线；视线 SA 与画面 P 的交点 A^0，就是空间点 A 的透视；点 a 是空间点 A 在基面上的正投影，称为点 A 的基点；基点的透视 a^0，称为点 A 的基透视。

第二节　点和直线的透视规律

[Perspective Rules of a Point and Straight Lines]

一、点的透视 [Perspective of a Point]

1. 形成原理

点的透视仍是一个点。它是过空间 A 点的视线与画面 P 的交点，以字母 A^0 表示，如图 11-5 所示。从图中不难看出同样位于视线 SA 上的其他各点 A_1、A_2 的透视也是 A^0，显

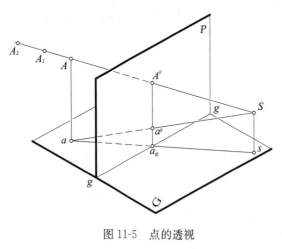

图 11-5　点的透视

然只用 A^0 不能表示出 A 点的空间位置，为此还需给出 A 点在基面 G 上的水平投影 a 点的透视 a^0。a 点称为空间点 A 的基点，a^0 则称为 A 点的基透视。A^0 与 a^0 的连线 A^0a^0 是 Aa 的透视，其长度称为 A 点的透视高度。一般情况透视高度 A^0a^0 与实际高度 Aa 不相等。

从以上分析可以得出点的透视规律：

（1）点的透视与基透视位于同一铅垂线上。

因为 Aa 垂直基面 G，所以视线平面 SAa 也垂直基面 G，其与画面的交线 A^0a^0 为一铅垂线，即垂直基线 $g-g$。

（2）点的基透视不仅确定透视高度，而且可以确定点的空间位置。

A^0 不具备可逆性，在视线 SA 上 A_1、A_2 点的透视与 A^0 重合，而它们的基透视不重合，能确定空间点 A、A_1、A_2。

2. 透视作图

点的透视求法是透视作图的基础，其实质就是根据透视形成原理，求过空间 A 点的视线与画面 P 的交点。由于不能直接在空间求出视线与画面的交点，所以需用正投影法来求这个交点。视线与画面的交点就是视线的画面迹点，故这种求透视的方法就称为视线迹点法，它是透视图的基本作图方法。

图 11-6 是求作 A 点的透视 A^0 和基透视 a^0 的作图过程的立体图：已知空间点 A (a,a') 和视点 S (s,s^0)；视线 SA 在画面 P 上的投影为 s^0a'，A^0 必在 s^0a' 上；视线 SA 的基面 G 投影是 sa，因 A^0 是 SA 与画面 P 的交点，故 A^0 的 G 面投影 a_g，既在 sa 上，又在画面的有积聚性的 G 面投影——基线 $g-g$ 上，即为它们的交点。于是过点 a_g 作铅垂线，即可与 s^0a' 交于 A^0。同理可求 Sa 与画面 P 的交点 a^0，即 A 点的基透视。

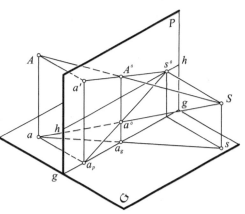

图 11-6 视线迹点法的透视原理

图 11-7（a）是作图的已知条件：在作图时，为使图形清晰起见，投影面旋转重合时，通常把基面 G 和画面 P 分开放置在一个平面上，习惯上把基面放于上方，画面在下方，左右对齐，使 s^0、s、a_p、a'符合正投影规律；基线 $g-g$、视平线 $h-h$ 以及画面在基面上的水平投影 $p-p$ 都相互平行水平放置。也可将基面放于下方，画面在上方，作图方法不变。由于基面和画面的边框线与作图无关，故可省略不画，也不必写出表明基面 G 和画面 P 的字母。

具体的作图步骤如下，如图 11-7（b）所示：

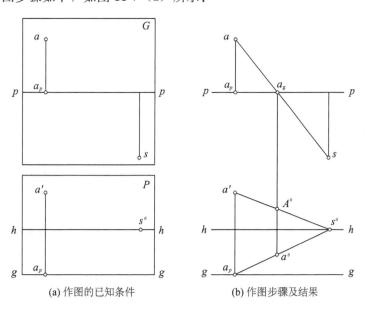

(a) 作图的已知条件　　　　(b) 作图步骤及结果

图 11-7 作点的透视和基透视

（1）先在基面 G 上作连线 sa，与 $p-p$ 交于 a_g。

(2) 在画面 P 上连线 s^0a' 和 s^0a_p。

(3) 由 a_g 作 $p-p$ 的垂直线，与 s^0a'、s^0a_p 的交点 A^0、a^0，即为 A 点的透视和基透视。

A^0、a^0 连线同位于一条与 $p-p$ 垂直的垂线上，即 A 点的透视高度。

3. 透视特征

在空间不同位置的点的透视特征，主要是根据其基透视的位置来确定。如以画面 P 为基准，可为以下 4 种情况。

(1) 当空间点位于画面后边时，如图 11-6 中的 A 点，其基透视 a^0 位于 $h-h$ 之下 $g-g$ 之上，而且点越远离画面其基透视则越远离 $g-g$ 而接近 $h-h$，其透视高度小于实际高度。

(2) 当空间点位于画面内时，则基透视 a^0 位于 $g-g$ 上。其透视高度等于实际高度，如图 11-8 (a) 所示。

(3) 当空间点位于画面前边时，则基透视 a^0 位于 $g-g$ 之下。其透视高度大于实际高度。注意：这时的视线是视点与空间点连线的延长线，如图 11-8 (b) 所示。

(4) 当点位于基面时，则 A^0 与 a^0 重合。其透视高度等于零，如图 11-8 (c) 所示。

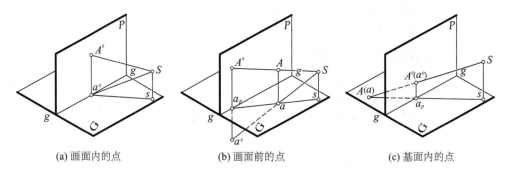

(a) 画面内的点　　　　(b) 画面前的点　　　　(c) 基面内的点

图 11-8　空间各种位置点的透视特征

二、直线的透视 [Perspective of Lines]

(一) 直线透视的几种情况

(1) 直线的透视及其基透视一般仍为直线。

如图 11-9 所示，由视点向直线 AB 引视线 SA、SB 组成一个视线平面，与画面相交，交线是一条直线 A^0B^0，即 AB 的透视。同样，AB 的基透视 a^0b^0 也是直线。特殊情况下，直线通过视线，透视为一点，但基透视仍为直线，如图 11-10 所示。

(2) 直线上的点，其透视与基透视分别在直线的透视及其基透视上。

如图 11-9 所示，因为视线 SK 属于视线平面 SAB，所以 SK 与画面的交点 K^0（即点 K 的透视）位于视线平面 SAB 与画面的交线 A^0B^0 上。同理基透视 k^0 则在 AB 的基透视 a^0b^0 上。K 在 AB 上，K^0 在 A^0B^0 上，但透视比不等于空间比，即 $AK : KB \neq A^0K^0 : K^0B^0$。

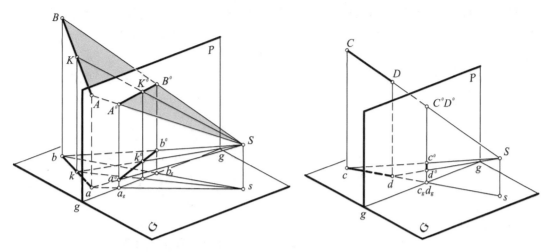

图 11-9　直线及直线上点的透视　　　　　图 11-10　直线通过视点时的透视

（二）直线的迹点、灭点

1. 直线的迹点

直线与画面的交点称为直线的画面迹点。

迹点的透视即其本身，其基透视在基线上。直线的透视必然通过直线的画面迹点，基透视必通过迹点的基透视。

如图 11-11 所示，延长直线 AB 与画面 P 相交于 T，T 即为直线 AB 在画面 P 上的迹点，其透视为本身，直线 AB 的透视 $A^0 B^0$ 通过 T，其基透视 $a^0 b^0$ 必通过 t。

2. 直线的灭点

由前面所述的视线迹点法可知，用此法作透视图时，要画出形体的立面图和平面图。因而在画面上既有立面图又有透视图，使画面混淆不清，作图困难。因此，要设法在画面上不出现立面图，就能作出透视图。利用直线灭点的概念即能解决这一问题。

直线上距画面无限远点的透视称直线的灭点。

如图 11-12 所示，求 AB 线上无限远点 F_∞ 的透视，则自视点 S 向无限远点 F_∞ 引视线 SF_∞，视线与 AB 必然是平行的，即 $SF_\infty /\!/ AB$。SF_∞ 与画面交点 F 即直线 AB 的灭点。直

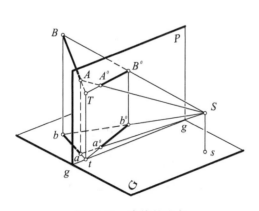

图 11-11　直线的迹点

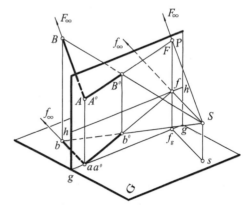

图 11-12　直线的灭点

线 AB 的透视 A^0B^0 延长一定通过直线的灭点 F。同理可求 AB 的投影 ab 上无限远点 f_∞ 的透视 f，称为基灭点 f。直线的基灭点 f 一定在视平线 $h-h$ 上，AB 的基透视 a^0b^0 延长，也必然通过基灭点 f，且 Ff 垂直于视平线 $h-h$。

从直线的迹点 A 到灭点 F 的连线是直线 AB 上所有点透视的集合，因此称 AF 为直线 AB 的全长透视。

（三）作特殊位置直线的透视

特殊位置直线与画面的相对位置分为两类：一是与画面相交直线，这类直线具有灭点称有灭点直线；其透视可用全长透视来求；另一类是画面平行线，这类直线不存在灭点，其透视只能用端点透视来求。

1. 水平线的透视

图 11-13（a）是求作水平线的透视和基透视的空间分析及作图过程的立体图，已知空间一水平线 AB、水平投影 ab 和站点 s，视平线 $h-h$ 和 AB 的高度 H，求这条水平线的透视 A^0B^0 和基透视 a^0b^0。水平线是有灭点直线，可用全长透视来求。

首先延长 AB，作出其迹点 T，T 应在基线 $g-g$ 的上方，与 $g-g$ 的距离为 AB 的高度 H；然后过视点 S 作 $SF \parallel AB$，与视平线 $h-h$ 交得 AB 直线的灭点 F；分别将 T 及其在基面上的投影 t 与 F 相连，即得 AB 的全长透视 TF 及其基透视的全长透视 tF；再过视点 S 向点 A、B、a、b 作视线，分别与 TF 和 tF 交得点 A^0、B^0、a^0、b^0；从而作出 AB 的透视 A^0B^0 和基透视 a^0b^0。

透视图的具体作图过程如图 11-13（b）所示：

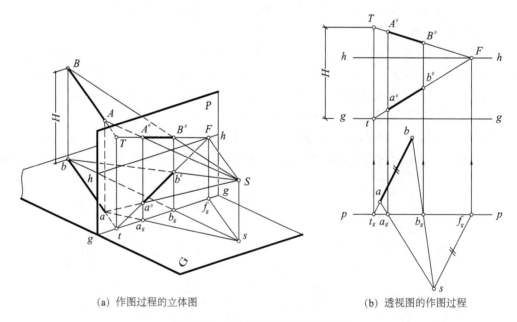

(a) 作图过程的立体图　　　　　(b) 透视图的作图过程

图 11-13　作水平线的透视和基透视

（1）延长 ab，与 $p-p$ 交得 t_g；由 t_g 向上作铅垂的连线，在 $g-g$ 上交得 t；在这条连线上，由 t 向上量取高度 H，作出 AB 的迹点 T。

（2）过站点 s 作 $sf_g \parallel ab$，与 $p-p$ 交得 f_g；由 f_g 向上作连线，与 $h-h$ 交得 AB 的灭

点 F。

(3) 将 T、t 分别与 F 相连。将 a、b 分别与 s 相连，sa、sb 与 $p-p$ 交得 a_g、b_g；由 a_g、b_g 向上作铅垂的连线，分别与 FT、Ft 交得 A^0 和 B^0、a^0 和 b^0。A^0B^0、a^0b^0 即为水平线 AB 的透视与基透视。

从以上作图结果不难看出，水平线的透视特征是：其透视灭点与基透视灭点重合并位于视平线 $h-h$ 上。

2. 正垂线的透视

图 11-14 (a) 是求作正垂线的透视和基透视的空间分析及作图过程的立体图，已知空间一正垂线 AB、水平投影 ab 和站点 s，视平线 $h-h$ 和 AB 的高度 H，求这条水平线的透视 A^0B^0 和基透视 a^0b^0。正垂线也是有灭点直线，其透视可用全长透视来求。

首先延长 AB，作出迹点 T，T 应在基线 $g-g$ 的上方，与 $g-g$ 的距离为 AB 的高度 H；由于正垂线与画面垂直，所以其灭点即心点 s^0，而迹点 T 则与其在画面上的投影 a'（b'）重合；分别将 T 及其在画面上的投影 t 与 s^0 相连，即得 AB 的全长透视 Ts^0 和基透视 ts^0；再过视点 S 向点 A、B、a、b 作视线，分别与 AB 的全长透视 Ts^0 和基透视 ts^0 交得点 A^0、B^0、a^0、b^0；从而作出 AB 的透视 A^0B^0 和基透视 a^0b^0。

透视图的具体作图过程如图 11-14 (b) 所示：

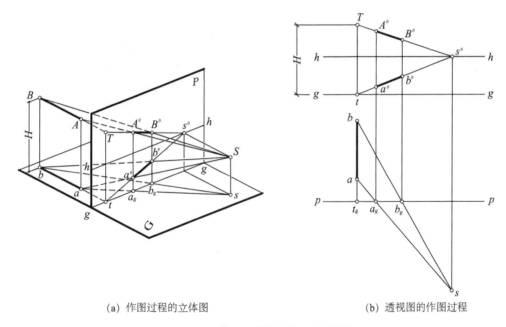

(a) 作图过程的立体图　　　　　　　　(b) 透视图的作图过程

图 11-14　作正垂线的透视和基透视

(1) 延长 ab，与 $p-p$ 交得 t_g；由 t_g 向上作铅垂的连线，在 $g-g$ 上交得 t；在这条连线上，由 t 向上量取高度 H，作出 AB 的迹点 T。

(2) 过站点 s 向上作铅垂的连线，在 $h-h$ 上交得 s^0，即 AB 的心点或灭点。

(3) 将 T、t 分别与 s^0 相连。将 a、b 分别与 s 相连，sa、sb 与 $p-p$ 交得 a_g、b_g；由 a_g、b_g 向上作铅垂的连线，分别与 s^0T、s^0t 交得 A^0 和 B^0、a^0 和 b^0。A^0B^0、a^0b^0 即为正垂线 AB 的透视与基透视。

从以上作图结果可以看出，正垂线的透视特征是：直线的灭点与其基灭点均重合于心

点 s^0 上。

3. 正平线的透视

图 11-15（a）是求作正平线的透视和基透视的空间分析及作图过程的立体图，AB 是空间一正平线，即画面 P 的平行线，由于 $AB /\!/ P$，因此 AB 与画面 P 就没有交点（即迹点）。同时，自视点 S 所作平行于 AB 的视线，与画面也是平行的，因此，该视线与画面 P 也无交点（即灭点）。所以正平线属于无灭点直线。无灭点直线既无灭点也无迹点，因此不能用全长透视的方法求其透视。自视点 S 向 AB 所作视线平面 SAB，与画面的交线 A^0B^0，即直线 AB 的透视，是与 AB 互相平行的；并且透视 A^0B^0 与基线 $g-g$ 的夹角反映了 AB 对基面的倾角 α。此外，由于 AB 平行于画面，则投影 ab 就平行于基线，所以，基透视 a^0b^0 也就平行于基线和视平线，成为一条水平线。

先作端点 A 点的透视和基透视，过 A、a 分别作画面垂直线 Aa'、aa_p 为辅助线，迹点是 a'、a_p，灭点是心点 s^0。要作 A、a 的透视和基透视，可先作正垂线 Aa'、aa_p 的透视，而 A^0、a^0 必然在 Aa'、aa_p 的透视上。求出 A^0 后，再过 A^0 向右上方作与水平方向成 α 角的直线，B 点的透视 B^0 必在这条直线上。利用点的透视的求法，即可求出 B^0，具体过程这里不再赘述。同理可求出基透视 a^0b^0。

透视图的具体作图过程如图 11-15（b）所示：

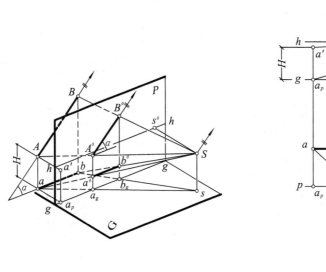 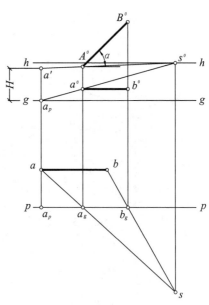

（a）作图过程的立体图 　　　　（b）透视图的作图过程

图 11-15　作正平线的透视和基透视

（1）过站点 s 向上作铅垂的连线，在 $h-h$ 上交得 s^0，即辅助线 Aa'、aa_p 的心点。

（2）由 A 点的水平投影 a 向上作铅垂的连线与 $g-g$ 线交于 a_p，并在画面上量取 A 点的高度 H，即可得到 A 点在画面上的投影 a'，也就是辅助线 Aa' 的画面迹点。同理可求出 aa_p 的画面迹点 a_p。连接 $a's^0$ 及 a_ps^0 即为辅助线 Aa'、aa_p 的全长透视。

（3）连接 sa 交 $p-p$ 于 a_g 点，再过 a_g 作铅垂的连线分别与 $a's^0$ 及 a_ps^0 相交，交点即为 A^0 和 a^0。

（4）由 A^0、a^0 向右上方作与水平方向成 α 角的直线和向右作水平线。最后再确定 B 点的透视，连接 sb 交 $p-p$ 于 b_g 点，再过 b_g 作铅垂的连线分别与上述两条直线相交即可得到 B^0 和 b^0。A^0B^0、a^0b^0 即为正平线 AB 的透视与基透视。

从以上作图结果可以看出，正平线的透视特征是：画面平行线的透视与自身平行且成比例，其透视与基线的夹角等于直线与基面的倾角。

4. 铅垂线的透视

铅垂线即基面垂直线，必与画面平行，故其透视也是一铅垂线，图 11-16（a）是求作铅垂线的透视和基透视的空间分析及作图过程的立体图。其透视和基透视的空间作图，图中已表示得很清楚，具体过程这里不再赘述。

透视和基透视的作图过程如图 11-16（b）所示：

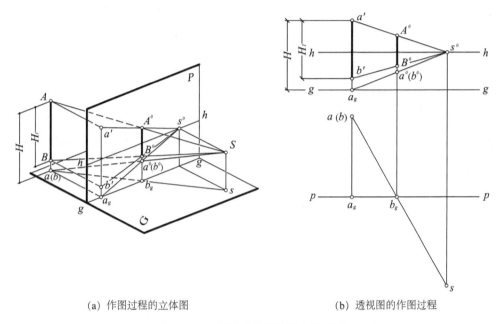

(a) 作图过程的立体图　　　　　　　(b) 透视图的作图过程

图 11-16　作铅垂线的透视和基透视

（1）在画面中将心点 s^0 分别与 A、B 在画面上的投影 a'、b' 相连，即求得 A、B 两端点投影线的全长透视；再将 s^0 与 a_g 相连，AB 的基透视必在其上。

（2）连接站点 s 和 a（b）并与 $p-p$ 交于 b_g，过 b_g 向上作垂线分别交 s^0a'、s^0b' 及 s^0a_g 于 A^0、B^0 及 a^0（b^0）点。

（3）连接 A^0、B^0 得铅垂线 AB 的透视，a^0（b^0）即基透视。

从上述图中可以看出：铅垂线的透视仍为一铅垂线，其基透视则是一点。

以上讲述了特殊位置直线的透视作图与透视特征。

对于多条直线相互关系的透视特征，这里只指出两点：一是相交直线其透视必相交，且交点的透视必是其透视的交点；二是一组与画面相交的平行直线必有共同灭点，亦即它们的透视都交于这个灭点，其基透视也有一个共同的基灭点。所以，一组与画面相交的平行线的透视及基透视，分别相交于它们的灭点和基灭点，如图 11-17（a）、（b）所示。

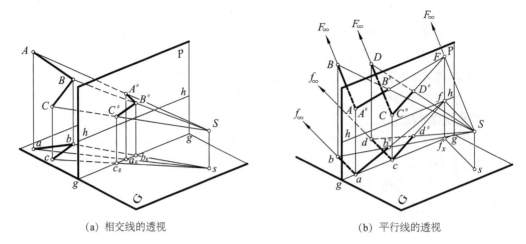

(a) 相交线的透视　　　　　　　　　　(b) 平行线的透视

图 11-17　相交线、平行线的透视

（四）直线的透视高度与真高线

1. 位于画面上的直线的透视反映实长

图 11-18 所示透视图中，有一铅直的矩形 $A^0B^0C^0D^0$。矩形的两条铅直的对边 AB 和 DC 是等高的，但 AB 是画面上的铅垂线，故其透视 A^0B^0 直接反映了 AB 的真实高度 L。而 DC 是画面后的直线，其透视 D^0C^0 不反映真高，但可以通过 AB 线确定它的真高，因此，就将画面上的铅垂线，称为透视图中的真高线。

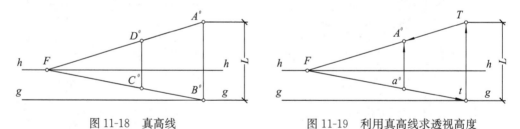

图 11-18　真高线　　　　　　　　　　图 11-19　利用真高线求透视高度

2. 利用真高线求透视高

图 11-19 所示透视图中，欲自点 a^0 作铅垂线的透视，使其真实高度等于 L。首先在基线上取一点 t，自 t 作高度等于 L 的真高线 tT，连接 t 和 a^0，延长 ta^0，使与视平线相交，得到灭点 F，然后再连接 T 和 F，TF 与 a^0 处的铅垂线相交于点 A^0，则 a^0A^0 即是真实高度为 L 的铅垂线的透视。

第三节　透视图的分类
[Classification of Perspective]

由于建筑物与画面的相对位置不同，它的长（OX）、宽（OY）、高（OZ）三组方向主要方向的轮廓线与画面可能平行或相交。与画面平行的轮廓线，在透视图中没有灭点；而与画面相交的轮廓线，在透视图中就有灭点。透视图一般以画面上灭点的多少，分为以下三类。

1. 一点透视

如图 11-20（a）所示，建筑物有两组方向的轮廓线（OX、OZ 方向）平行于画面，这两组方向的轮廓线没有灭点，而第三组（OY 方向）与画面垂直方向的轮廓线有灭点，其灭点就是心点 s^0。这样画出的透视图称为一点透视，如图 11-20（b）所示。此时，建筑物因有一个方向的立面平行于画面，故又称正面透视。

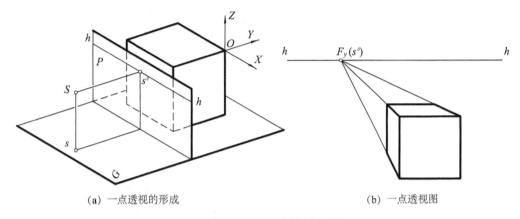

(a) 一点透视的形成　　　　　　　　(b) 一点透视图

图 11-20　一点透视

一点透视通常用于表现建筑物的外形、室内及街景等，图 11-21 为一点透视的实例。

图 11-21　一点透视的实例

2. 两点透视

如图 11-22（a）所示，建筑物仅有高度方向与画面平行，而另两组方向轮廓线均与画面相交，于是在画面上形成了两个灭点 F_x 及 F_y，这两个灭点在视平线 $h-h$ 上，这样画成的透视图中有两个主灭点，如图 11-22（b）所示，故称为两点透视。由于建筑物的两个立面均与画面成倾斜角度，所以又称为角透视。

两点透视主要用于绘制建筑物的外形、室内家具布置等，图 11-23 为两点透视的实例。

3. 三点透视

当画面与基面倾斜时，建筑物的三组主向轮廓线均与画面相交，这样在画面上就会形

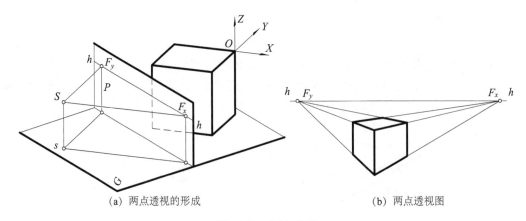

（a）两点透视的形成　　　　　　　　　（b）两点透视图

图 11-22　两点透视

图 11-23　两点透视的实例

成三个灭点，如图 11-24（a）所示。这样的透视图，称为三点透视，如图 11-24（b）所示。正因为画面是倾斜的，故又称成为斜透视。

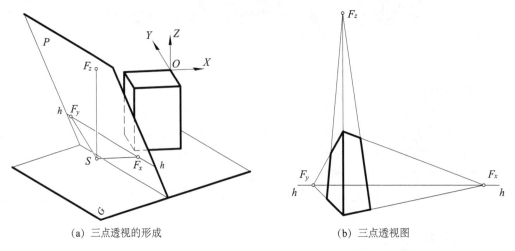

（a）三点透视的形成　　　　　　　　　（b）三点透视图

图 11-24　三点透视

　　三点透视图具有三度空间表现力强，竖向高度感突出等特点，给人以稳定庄重的感觉，主要用于绘制高耸的建筑物，图 11-25 为三点透视的实例。

图 11-25 三点透视的实例

第四节 透视图的基本画法
[Basic Drawing Methods of Perspective]

　　本节主要讲述在已确定视点、画面及建筑物位置等的条件下，透视图绘制的基本方法。这里只介绍两点透视和一点透视。

一、视线法作透视图 [Drawing Perspective by intersection lines Method]

　　视线法是利用视线在基面上的水平投影为辅助线来绘制透视图的方法。

（一）建筑形体的透视

　　建筑形体的透视，是指这个建筑形体的表面的透视，由它的可见表面的轮廓线的透视来表示。因此，作建筑形体的透视，实际上也就是作建筑形体的可见轮廓线的透视。这里只介绍平面立体构成的建筑形体的透视画法，其轮廓线都是直线。建筑形体基面投影的透视，是它的基透视。作复杂形体的透视时，可先作出它的基透视，然后按建筑物的高度再作出它的透视。对较简单的建筑形体，可不必画基透视，而直接作出其透视。

　　由于建筑形体有长、宽、高三个方向，一般高度方向即 Z 向平行于画面，长度即 X 轴向和宽度即 Y 轴向与画面倾斜，于是有两个灭点 F_x、F_y，OX、OY 一般为水平线，故 F_x、F_y 在视平线上。作图时先求出灭点 F_x、F_y。形体的立面图一般放在画面的左方或右方，地平线一般与 $g-g$ 线平齐，以便量取高度。为统一起见，左方的轴取为 X 轴，右方的轴为 Y 轴，即 F_x 在左，F_y 在右。

例 11-1 已知双坡顶小屋的平面图、立面图，如图 11-26（a）所示，求作它的两点透视。

分析与作图步骤：

选取山墙、檐墙与地面的交线为 x、y 轴。两檐墙等高，即檐口以下部分可当作一长方体来作透视。屋脊线与檐口线及檐口下的墙面与地面的交线平行，其透视的灭点为 F_x，屋脊线的透视可由求水平线的透视的方法求得。

（1）根据需要，选定了站点和画面位置 $p-p$，如图 11-26（a）所示。

（2）将房屋平面图移画至图 11-26（b）中，作出基线 $g-g$，按选定的视高画出视平线 $h-h$。在基面上过站点 s 作 x、y 轴的平行线与 $p-p$ 线交于 f_x 及 f_y 两点，由此作铅垂线，交视平线于 F_x 及 F_y，各为两组水平轮廓线，即 x、y 轴方向的灭点。

（3）过站点 s 向房屋平面图中各顶点引直线，即视线的水平投影，与画面线 $p-p$ 相交于 b_g、c_g、…点。点 a 恰在 $p-p$ 线上，表明墙转角棱线 Aa 就位于画面上。故其透视 A^0a^0 即其本身 Aa。过点 a 作垂直连线至 $g-g$ 上，得 a^0。连线 a^0F_y，与过点 c_g 之铅垂线交得透视点 c^0。连线 a^0F_x，与过点 j_g 之铅垂线交得透视点 j^0。连接 c^0F_x、j^0F_y 后即能求得房屋的基透视。过点 a^0、c^0、j^0、…作铅垂线，就是墙角棱线的透视位置，如图 11-26（c）所示。

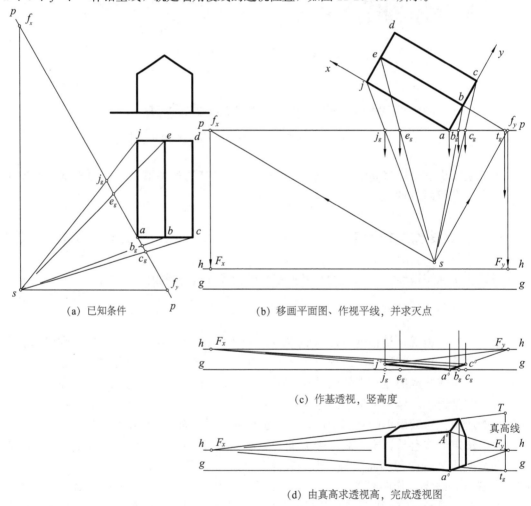

(a) 已知条件

(b) 移画平面图、作视平线，并求灭点

(c) 作基透视，竖高度

(d) 由真高求透视高，完成透视图

图 11-26　双坡屋顶小屋的两点透视

（4）确定各个墙角棱线的透视高度。棱线 Aa 位于画面上，故透视 A^0a^0 即为真高。至于求屋脊的透视高度，则先在平面图中，将屋脊的投影，按 x 方向延长，与 $p-p$ 相交于 t_g 点，由点 t_g 作铅垂线，即是画面上的真高线。在真高线上，按立面图上的实际高度。量得点 T。由点 T 向灭点 F_x 引直线，就能求得屋脊的透视，从而完成整个小屋的透视图，如图 11-26（d）所示。

例 11-2 已知纪念碑的平面图、侧立面图，站点 s，画面 $p-p$ 及视高 $h-h$，如图 11-27 所示，求作它的透视。

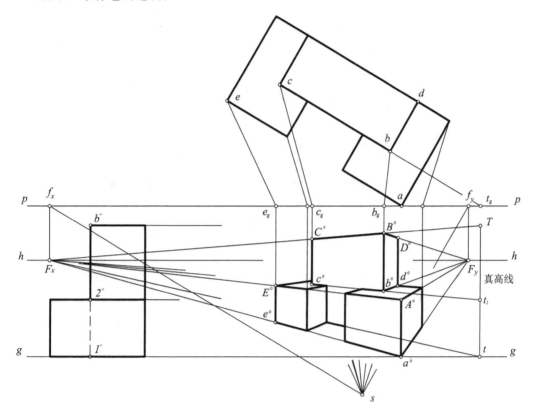

图 11-27 纪念碑的两点透视

分析与作图步骤：

由纪念碑平面图与画面 $p-p$ 的相对位置可知此透视属两点透视。纪念碑由基座（两块长方体）和碑身（长方体）组成。作图时把基座左右两长方体连成一体，在其上加一长方体，然后再切去中间部分的长方体即可完成全图。图中为节省图幅，将基面与画面重合一部分，并不影响所作透视图。

（1）求出灭点 F_x、F_y。

（2）求出基座长方体 x 向和 y 向的全长透视，即连接 F_xA^0、F_xa^0 和 F_yA^0、F_ya^0。

（3）求出基座长方体的透视图。

（4）求碑身长方体的透视。在平面图中延长 bc 与 $p-p$ 交于 t_g，由 t_g 向下作铅垂连线交 $p-p$ 于 t。以此为真高线量取 $1''b''= tT$，求得水平线 BC 的迹点 T，$tt_1= 1''2''$，$t_1T=2''b''$，连 F_xT，F_xt_1 得 BC、bc 的全长透视、过 b_g、c_g 引铅垂线与 F_xT，F_xt_1 相交得 B^0b^0、C^0c^0，过点 d^0 作铅垂线与 B^0F_y 相交得 D^0，至此完成了碑身长方体的透视。

（5）作基座缺口的透视图，完成纪念碑的透视。

例 11-3 已知带挑檐房屋的平面图、侧立面图，站点 s，画面 $p-p$ 及视高 $h-h$，如图 11-28 所示，求作它的透视。

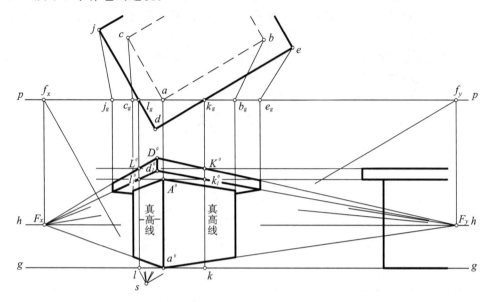

图 11-28　挑檐房屋的两点透视

分析与作图步骤：

此房屋的透视仍属两点透视。可先求出下部墙体的透视，再求挑檐屋顶的透视。由平面图可知，墙角点 a、挑檐上的点 l_g 及 k_g 在 $p-p$ 线上，说明它们在画面上，因此在画面上过基线 $g-g$ 的 a^0、l、k 点的铅垂线为真高线。房屋挑檐屋顶有一部分在画面以前，因此这部分的透视高将大于其实际高度。

（1）求出灭点 F_x、F_y。

（2）求出墙体 x 向和 y 向的全长透视，即连接 $F_x A^0$、$F_x a^0$ 和 $F_y A^0$、$F_y a^0$。

（3）求出下部墙体的透视。

（4）求挑檐屋顶的透视图。由平面图中的 l_g、k_g 点向下作铅垂线 $l_g l$、$k_g k$，即真高线，再由侧立面图屋顶处作水平线找到屋顶真高，求得相应直线的迹点 $l_1^0 L^0$、$k_1^0 K^0$。连接并延长 $l_1^0 F_x$、$L^0 F_x$ 及 $k_1^0 F_y$、$K^0 F_y$ 得屋顶棱线的全长透视。连接两组全长透视的交点 d_1^0、D^0 即为棱线 $D d_1$ 的透视。最后从 j_g、e_g 点处作铅垂线确定出屋顶的透视。

例 11-4 已知房屋平面图、剖面图，站点 s，画面 $p-p$ 及视高 $h-h$，如图 11-29 所示，求作其室内透视。

分析与作图步骤：

此例为室内透视。由平面图与画面的位置关系可知其透视为一点透视。灭点即是心点 s^0。用前述作图方法，同样可用于求作建筑物的一点透视。如图 11-29 所示，由平面图可以看出，画面位置与正墙面重合，在画面前的柱、门等，其透视较其平、剖面图所示尺度为大，而画面后的部分，其透视则较平、剖面图所示尺度为小。门、柱等透视高度都是利用画面上的真高线确定的。具体作图方法图中已表示得很清楚，这里不再赘述。

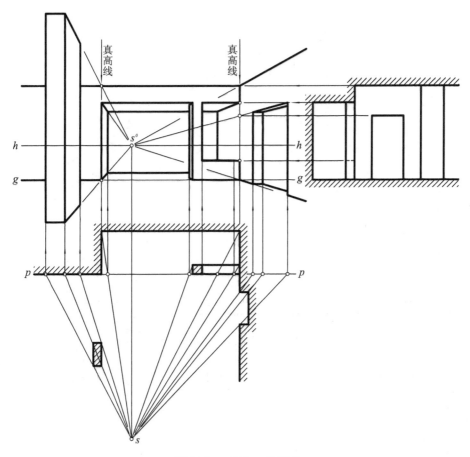

图 11-29　室内一点透视

（二）建筑细部的透视

例 11-5　已知平面图、剖面图，站点 s，画面 $p-p$ 及视高 $h-h$，如图 11-30 所示，求作门洞、雨篷的透视。

分析与作图步骤：

本题图中求出灭点 F_x、F_y 之后，站点 s 就用不着了，因为点的透视不再是用视线迹点的基面投影求得，而是用过该点的两组全长透视相交求得该点的透视，以下是具体作图过程。

（1）在平面图上过站点 s 作 $sf_x /\!/ ab$，作 $sf_y /\!/ at_1$，它们与画面线 $p-p$ 相交得 f_x、f_y，过 f_x、f_y 引铅垂线与视平线 $h-h$ 相交得 F_x、F_y。

（2）在平面图中求得各直线迹点的基面投影 t_1、t_2、t_3、t_4 及 t_5，再根据剖面图中各部分高度求得相应直线的画面迹点 $T_1 t_1$、$T_3 t_3$、$T_5 t_5$。

（3）求雨篷的透视。连接 $T_1 F_y$、$t_1 F_y$ 并延长，连接 $T_3 F_x$、$t_3 F_x$ 并延长，此两组全长透视相交得角点 A、a 的透视 A^0、a^0。连接 $T_5 F_y$、$t_5 F_y$ 与 $A^0 F_x$，$a^0 F_x$ 相交得 B^0、b^0，$t_1 F_x$ 与 $t_5 F_y$ 相交得 C^0。

（4）求门洞的透视。连接 $F_x t_1$ 即得墙体与地面的交线。连接 $t_4 F_y$、$t_2 F_y$ 与 $F_x t_1$ 相交得 d^0、k^0，过 d^0、k^0 竖高度与 $t_1 F_x$ 相交得门洞高度的透视 $D^0 d^0$、$K^0 k^0$，再连接 $t_6 F_x$ 与 $t_4 F_y$ 相交得 e^0。由于雨篷底面与门洞顶面在同一水平面上，所以连接 $D^0 F_y$ 与过 e^0 的铅垂线

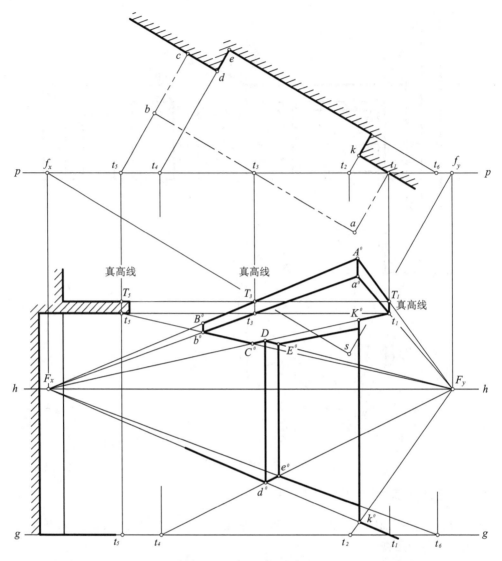

图 11-30 门洞及雨篷的透视

相交，得交点 E^0，再连接 E^0F_x 并延长到 K^0k^0 相交为止，至此门洞的透视已全部完成。

例 11-6 已知平面图、剖面图，站点 s，画面 $p-p$ 及视高 $h-h$，如图 11-31 所示，求作窗洞及窗台的透视。

分析与作图步骤：

由平面图可知，角点 a 及 t_1 点在 $p-p$ 线上，则在画面上过 $g-g$ 线上的 a 点、t_1 点的铅垂线均为真高线。在平面图中延长 de、kn 与 $p-p$ 线交于 t_2、t_3，在画面上过 t_2、t_3 的铅垂线也为真高线。

（1）求出灭点 F_x、F_y。

（2）过 a 作铅垂线即真高线，由剖面图上量取窗洞、窗台的高度以及窗台下底面离地面的高度 $A^0a_1^0$、a_1^0l、la。

（3）连接 A^0F_x、$a_1^0F_x$ 并从平面图中的 b_g 点处引铅垂线与 A^0F_x、$a_1^0F_x$ 相交得 B^0b^0，$B^0b^0a_1^0A^0$ 即为窗洞的透视大小。

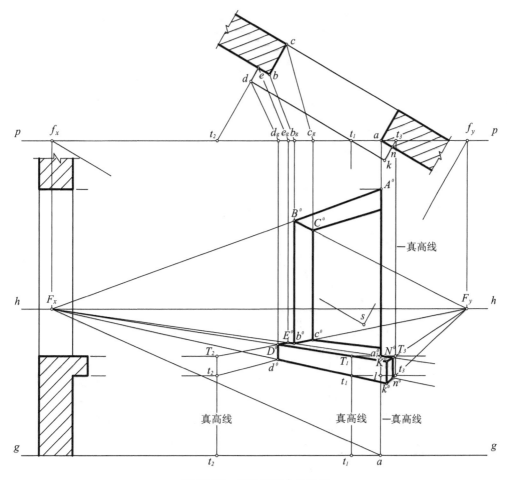

图 11-31 窗洞及窗台的透视

(4) 连接 $B^0 F_y$、$b^0 F_y$，过平面图中的 c_g 点作铅垂线与 $B^0 F_y$、$b^0 F_y$ 相交得 $C^0 c^0$，再连接 $C^0 F_x$、$c^0 F_x$ 并延长到与 $A^0 a^0$ 相交为止，至此便求得窗洞厚度的透视。

(5) 求窗台的透视。由窗台真高 T_3、t_3 点处连接 $T_3 F_y$、$t_3 F_y$ 并延长，连 $T_1 F_x$、$t_1 F_x$ 并延长，两组全长透视相交得 $K^0 k^0$。连接 $T_2 F_y$ 与 $T_1 F_x$、$a_1^0 F_x$ 相交得 D^0、E^0。过 D^0 作铅垂线与 $t_2 F_x$ 相交得 d^0，$a_1^0 b^0$ 与 $T_3 F_y$ 的延长线相交得 N^0，过 N^0 作铅垂线与 $t_3 F_y$ 的延长线相交得 n^0，最后完成此窗洞及窗台的透视。

例 11-7 已知台级和门洞的平面图、剖面图，站点 s，画面 $p-p$ 及视高 $h-h$，如图 11-32 所示，求作台级和门洞的透视。

分析与作图步骤：

由于台阶位于地面上，故一般视平线选得较高，绘成鸟瞰图。

作图时把左右栏板看做是长方体切割形成，故先作出长方体的透视，再求出长方体栏板的透视及栏板上的斜面的透视。然后把台阶的踢面高度量到 $A_1^0 a^0$ 上，得 1^0、2^0、3^0 点，连接 $F_y 1^0$、$F_y 2^0$、$F_y 3^0$，这组线与右栏板的左前棱分别相交得三个踢面的透视高度 1_1^0、2_1^0、3_1^0，再连接 $F_x 1_1^0$、$F_x 2_1^0$、$F_x 3_1^0$，过 e_g、k_g、l_g、n_g 各点作铅垂线，并与 $F_x 1_1^0$、$F_x 2_1^0$、$F_x 3_1^0$ 分别相交。就求出了台阶的踏面、踢面与右栏板左侧面的交线 $e^0 E^0 k^0 K^0 l^0 L^0 n^0 N^0$，

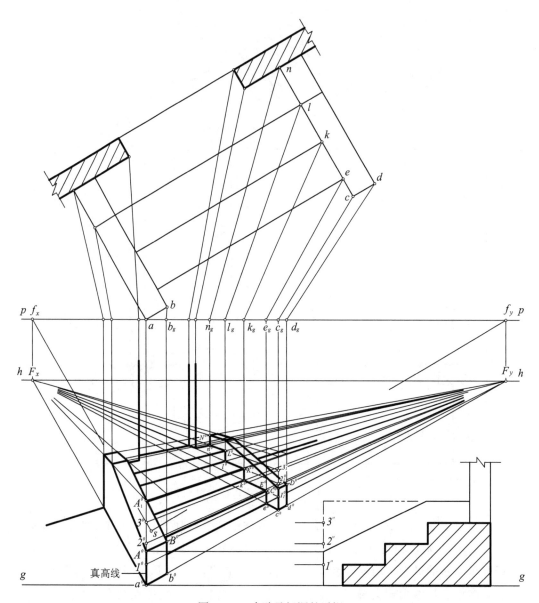

图 11-32　台阶及门洞的透视

最后连接 e^0F_y、E^0F_y、k^0F_y、K^0F_y、l^0F_y、L^0F_y、n^0F_y并延长直到与左栏板右侧棱线相交为止，即得整个台阶的透视图，如图 11-32 所示。门洞的透视，请读者自行分析完成。

二、量点法作透视图［Drawing Perspective by Method of Measuring Point］

（一）量点的概念

利用量点法作透视图有时会更为方便。量点法的基本原理是：欲求基面上 AB 直线的透视，可用视线法先求出直线 AB 的全长透视，而 AB 的透视 A^0B^0 则是利用求出通过 A、B 的两条平行线作为辅助线的全长透视，两组全长透视的交点即可确定 AB 的透视。

下面详细说明量点法的空间作图原理，如图 11-33（a）所示，欲求 AB 的透视 A^0B^0，

可先求直线 AB 的全长透视 TF，其中 T 为 AB 直线的画面迹点；再作辅助线 $AA_1 \parallel BB_1$，分别交基线于 A_1、B_1，为作图方便取 $TA_1 = TA$，$TB_1 = TB$。于是 $\triangle ATA_1$、$\triangle BTB_1$ 为等腰三角形，AA_1、BB_1 是三角形的底边；第三步求出所作辅助线 AA_1、BB_1 的灭点 M；第四步连接 A_1M、B_1M 与 TF 相交，交点即为 A、B 的透视 A^0、B^0。这里两组全长透视 TF、A_1M 相交求得 A^0，TF、B_1M 相交求得 B^0。

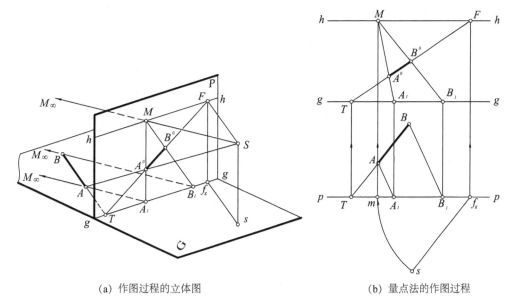

（a）作图过程的立体图　　　　　　　　（b）量点法的作图过程

图 11-33　量点法的作图原理

因为 $TA_1 = TA$，$TB_1 = TB$，则 $A_1B_1 = AB$。若已知透视 A^0B^0 和辅助线的灭点 M，即可在基线上测量出 A^0B^0 的实长，即 $A_1B_1 = AB$。故称辅助线 AA_1、BB_1 的灭点 M 为 AB 的量点。利用量点直接根据平面图中的已给尺寸来作透视图的方法，称为量点法。

（二）量点法的平面作图

利用量点法作透视，首先应找出量点。如图 11-33（a）所示，先在空间进行分析，为作辅助线 AA_1、BB_1 的灭点 M，即量点，过 S 点作 $MS \parallel AA_1$，与画面 P 交于 M。由于 $MS \parallel AA_1$、$SF \parallel AB$、$h-h \parallel g-g$，所以 $\triangle ATA_1 \backsim \triangle MSF$，$\triangle MSF$ 为等腰三角形，$SF = MF$。通过上述分析得知，量点 M 到灭点 F 的距离等于灭点 F 到视点 S 距离。所以，以 F 为圆心，FS 的长度为半径画圆弧，与视平线 $h-h$ 相交，即得量点 M。下面在平面图中作图，如图 11-33（b）所示，由 s 点作 $sf_g \parallel AB$，与 $p-p$ 交于 f_g，以 f_g 为圆心，sf_g 为半径画弧，交 $p-p$ 交于 m；再由 m 作竖直线与 $h-h$ 相交，即得量点 M，或者，直接在视平线 $h-h$ 上量取 $FM = sf_g$，也可得到 M；作出量点 M 后，在基线上量取 $TA_1 = TA$，$TB_1 = TB$，连接 MA_1、MB_1 与 AB 的全长透视相交，即得 AB 的透视 A^0B^0。

实际应用过程中不必在平面图上作出 AA_1、BB_1、…辅助线。

（三）量点法的作图实例

例 11-8　已知建筑型体的平、立面图，画面、站点 s 的位置及视高，如图 11-34 所示。使用量点法作建筑型体的透视图。

分析与作图步骤：

选取原点 O 及 x、y 轴。由平面图可知，角点 a 点在 p—p 线上，则在画面上过 g—g 线上的 a 点的铅垂线均为真高线。为便于理解先作该形体的基透视，再竖高度，完成全部透视作图。根据平面图可确定两个灭点 F_x、F_y，故也有两个量点 M_x、M_y。

(1) 在基面上过站点 s 作 x、y 轴的平行线与 p—p 线相交于 f_x 及 f_y 两点；以 f_x 为圆心，sf_x 为半径画圆弧与 p—p 交于 m_x，再以 f_y 为圆心，sf_y 为半径画圆弧与 p—p 交于 m_y；用作圆弧的方式把 x、y 方向尺寸逐个量到 p—p 线上，得到 d_1、n_1、i_1、…点，如图 11-34 (a) 所示；

(2) 在视平线 h—h 上确定灭点 F_x、F_y，量点 M_x、M_y，如图 11-34 (b) 所示；

(3) 在基面上作基透视。连接得 AB、AD 的全长透视，分别将 r_1、b_1、k_1 与 M_x 相连接，与 AB 的全长透视相交得 x 方向的透视定位点 r_x^0、b^0、k_x^0；将 d_1、n_1、i_1、l_1、u_1 与 M_y 相连接，与 AD 的全长透视相交得 y 方向的透视定位点 d^0、n^0、i_y^0、l_y^0、u^0，再将这些点与相应的灭点连接即可作出基透视图，如图 11-34 (b) 所示；

(4) 自 A 引垂直线作为真高线，在真高线上量高度，作各向 F_x、F_y 的透视线，与由基透视图中各角点引垂线分别相交而得建筑型体的透视图，如图 11-34 (c) 所示。

例 11-9 已知建筑型体的平、立面图，画面、站点 s 的位置及视高，如图 11-35 所示。使用量点法作建筑型体的透视图。

分析与作图步骤：

由平面图与画面的位置关系可知该建筑型体的轮廓线有两组，一组平行于画面，另一组垂直于画面，其透视为一点透视，灭点即是心点 s^0。由于只有一个灭点，故也有一个量点 M_x。画面垂直线的量点也称为距点，这种作图方法也称为距点法。

(四) 作建筑型体的基透视

(1) 选取原点 O 及 x 轴。由平面图可知，建筑物的正立面在 p—p 线上，即该立面在画面上，它的透视就是该立面的实形。

(2) 在平面图上由 s 引垂线到 p—p 线上得 s_p；再把它作到视平线 h—h 线上即可得到心点 s^0，如图 11-35 (a)、(b) 所示。

(3) 在平面图上由 b、k_x、j_x 点向右作与 g—g 成 45° 的平行线，使得 $ob_1 = ab$，$ok_1 = ak_x$，$oj_{x1} = jj_1$；由 u_x 向左作与 g—g 成 45° 的平行线，使得 $ou_x = uv$，如图 11-35 (a) 所示。

(4) 由 s 点向左作与 g—g 成 45° 的平行线，使得 $ss_p = sm_x$，也就是作 bb_1、k_xk_1、j_xj_{x1}、u_xu_1 这组平行线的灭点在画面线上的位置 m_x，通过 m_x 作垂线到视平线 h—h 线上即可得到量点 M_x，如图 11-35 (a) 所示。

(5) 作出画面垂直线的全长透视。把在平面图中得到的 b_1、k_1、j_{x1}、a、u_1、j_1、v、q、n_1、d 等点一起转移到透视图中的基线上；连接 ds^0、n_1s^0、qs^0、vs^0、j_1s^0、as^0；

(6) 在画面垂直线的全长透视上定出另一个透视端点。连接 b_1M_x 与 as^0 相交得到 b^0；k_1M_x 与 as^0 相交得到 k_x^0，由 k_x^0 作水平线分别与 j_1s^0、n_1s^0 相交得到 k^0、l^0；$j_{x1}M_x$ 与 as^0 相交得到 j_x^0，由 j_x^0 作水平线分别与 j_1s^0、n_1s^0 相交得到 j^0、n^0；连接 M_xu_1 并延长与 as^0 的延长线相交于 u_x^0，由 u_x^0 作水平线分别与 qs^0、vs^0 的延长线相交得到 t^0、u^0。分别把所得的透视点连接，从而画出平面图的透视，即基透视，如图 11-35 (b) 所示。

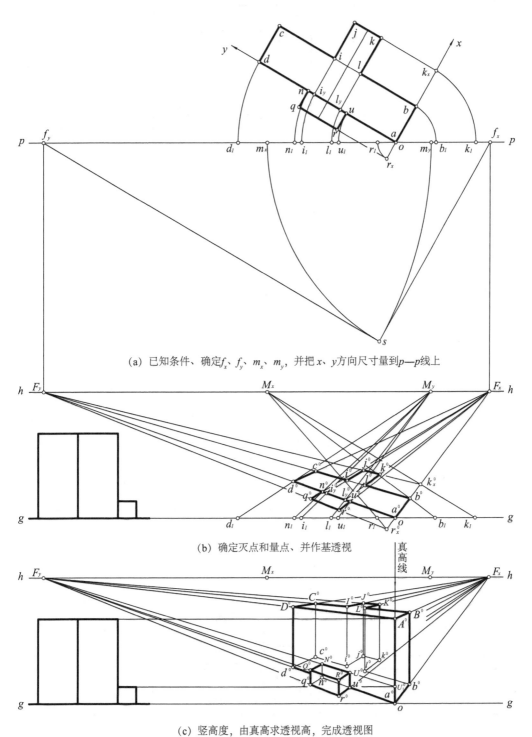

(a) 已知条件、确定 f_x、f_y、m_x、m_y，并把 x、y 方向尺寸量到 p—p 线上

(b) 确定灭点和量点、并作基透视

(c) 竖高度，由真高求透视高，完成透视图

图 11-34 量点法的作图实例一

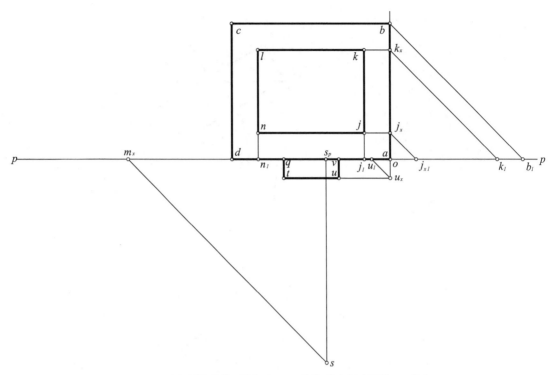

(a) 已知条件、确定 s^0、m_x，并把 x 方向尺寸量到 $p-p$ 线上

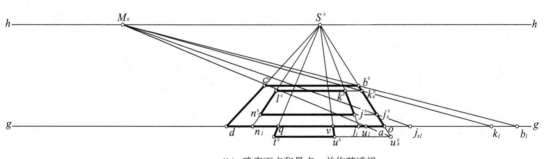

(b) 确定灭点和量点、并作基透视

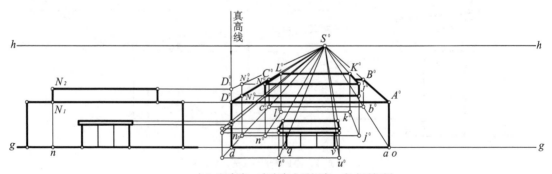

(c) 竖高度，由真高求透视高，完成透视图

图 11-35　量点法的作图实例二

（五）作建筑型体的透视

（1）在透视图中由 d 点作垂直线为真高线。

（2）作建筑主体透视图。在画面上以 a 点为基准画出立面图的实形 aA^0D^0d，过各角点与 s^0 相连得一组直线，即一组画面垂直线的全长透视，过基透视中各相应的角点引铅垂线与上述相应的全长透视线相交，即得建筑主体透视图，如图 11-35（c）所示。

（3）作主体上部凸起部分及雨篷板的透视图。首先把立面图中凸起部分及雨篷板的真高都量到过 d 点的垂直线上，即集中真高线。将这些点与 s^0 进行连接即可从真高得到各相应点的透视高度。例如，在立面图中由 n、N_1、N_2 作水平线与真高线相交得 D^0、D_1^0，连接 $D_1^0s^0$，从 n^0 作水平线与 ds^0 相交得 n_0，再通过 n_0 作铅垂线交 D^0s^0、$D_1^0s^0$ 于 N_1^0、N_2^0，n_0 N_1^0、N_1^0 N_2^0 即 nN_1、N_1N_2 的透视高。同理作出雨篷板的透视高，并由基透视中的相应点引铅垂线即可得到其余各点的透视，最后完成建筑形体的透视，如图 11-35（c）所示。

三、网格法作透视图［Drawing Perspective by a kind of Pre-defined Perspective Grid System Method］

当建筑物的平面形状复杂或为曲线、曲面形状，特别是绘制规划设计中的鸟瞰图时，采用网格法绘透视图较为方便。作图时先在建筑物平面或总平面图上绘出正方形（或长方形）网格，再作出网格的透视，采用类似坐标定点的方法把平面图上建筑物各角点描绘到网格透视图的相应位置，得到平面图的透视。最后过网格的透视平面图上各角点竖高度，即得建筑物或建筑群的透视，如图 11-36 所示。

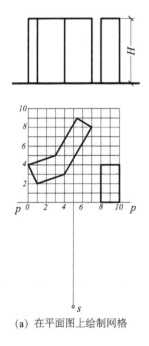

(a) 在平面图上绘制网格

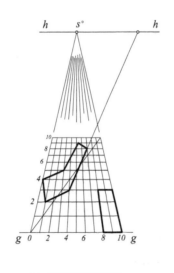

(b) 绘制透视平面图

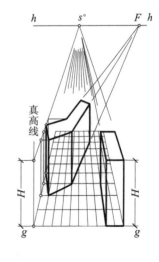

(c) 竖高度作形体的透视图

图 11-36　网格法作室外透视

当经常需要绘制透视图时，可事先根据需要绘制出几种常用的视距、视高和偏角的方格网透视图，作图时可直接将透明纸蒙在选定的透视方格网上，借用透视网格直接绘制透视平面图。在绘制方格网的透视图时，要注意方格的尺寸、比例宜与建筑模数一致，要画得准确。这样网格可重复利用且绘图迅速方便。常用的方格网有三种形式：

（1）绘制建筑物外形用的方格网。

（2）绘制室内透视用的方格网。

（3）绘制总平面透视用的方格网。

以上三种每一种又可分为一点透视方格网和两点透视方格网两种。图 11-37 为绘制室内两点透视的方格网及所绘制的室内透视图。

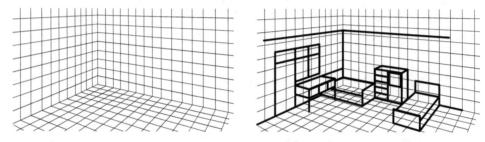

图 11-37　用准备好的网格作室内透视

第五节　透视图中的简捷画法

[Simple and Convenient Representation in Perspective]

一、直线的透视分段 [Segments of a Perspective Line into Several Parts]

直线的透视分段，是对直线的透视在透视视觉上进行成比例分段，而不是在几何上的分段。根据平面几何的理论：一组平行线可将任意两直线分成比例相等的线段，如图 11-38 所示：$ab：bc：cd = a_1b_1：b_1c_1：c_1d_1$。

在透视图中，只有画面平行线被其上的点所划分线段之比，其透视能够保持原有的比例，而画面相交线则不然，直线透视上各线段长度之比不等于实际分段长度之比，其透视产生了变形。但可利用分割线段为一组平行线这一特征，来对直线的透视进行分段。

1. 水平线透视的成比例分段

图 11-39 为一水平线的透视 A^0B^0。现需将 A^0B^0 分段，三段实长之比为 2∶1∶3。由于 C_1F_1、D_1F_1 和 B_1F_1 是相互平行的水平线透视，它们的透视应消失于 $h-h$ 线上的同一灭点，从而将 A^0B^0 和 A^0B_1 分成三段。A^0B^0 存在透视变形，不能直接在其上直接按长度之比定出分点 C^0 和 D^0，其作图方法如图 11-39 所示。

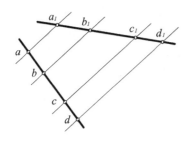

图 11-38 透视直线分段的根据

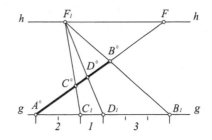

图 11-39 直线的透视成比例分段

2. 铅垂线透视的成比例分段

铅垂线属画面平行线，其透视与自身平行且成比例，故其透视可直接作比例进行分段。如图 11-40 所示。

3. 倾斜线透视的成比例分段

倾斜线透视的成比例分段，如图 11-41 所示，可先将其基透视进行分段，然后将分点升高即可。

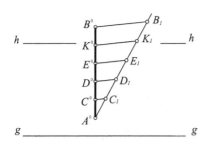

图 11-40 铅垂线的透视成比例分段

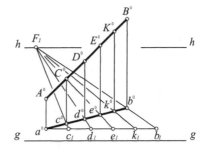

图 11-41 倾斜线的透视成比例分段

二、矩形的分割 [Divisions of a Perspective Rectangle into Several Parts]

1. 矩形的对等分割

图 11-42（a）和（b）分别为铅垂及水平矩形的透视图，需将其竖向分割成两个全等的矩形。首先作矩形的两条对角线 A^0C^0 和 B^0D^0，通过对角线的交点 E^0，作边线的透视平行线，就将矩形等分为二。不断使用此法，即可将矩形进一步等分。

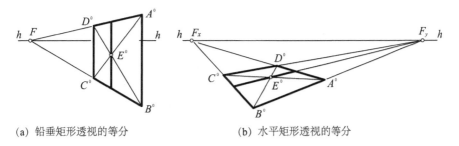

(a) 铅垂矩形透视的等分　　　　　　(b) 水平矩形透视的等分

图 11-42 透视矩形的对等分割

2. 矩形的等大分割

利用矩形的一对角线和一组平行线可将矩形分成若干等大矩形或成一定比例的若干小

矩形的原理，可实现矩形的透视分割。图 11-43（a）是将一铅垂矩形透视竖向分割成三个全等矩形，为此先在铅垂边 A^0B^0 上，以适当长度为单位，自 A^0 起依次截取三个等分点 1、2、3；连线 $1F$、$2F$、$3F$ 与透视矩形 A^0 $36D^0$ 的对角线 $3D^0$ 相交于 4、5 两点，过 4、5 点作铅垂线即可实现矩形的三等分。图 11-43（b）是将透视矩形 $A^0B^0C^0D^0$ 竖向分割成三个宽度比为 $3:1:2$ 矩形，其作图方法与等大矩形类似，只是在铅垂边 A^0B^0 上截取三段的长度之比为 $3:1:2$。

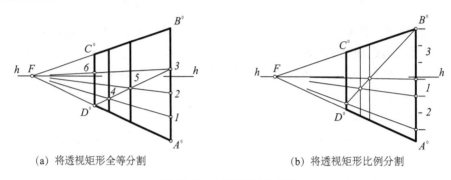

(a) 将透视矩形全等分割　　　　　　　(b) 将透视矩形比例分割

图 11-43　透视矩形的分割

3. 矩形的延续

如图 11-44 中给出了矩形的透视 $A^0B^0C^0D^0$，欲依此透视矩形再连续作出一系列等大矩形透视，为此可利用各矩形对角线相互平行的特性来解决作图问题。图 11-44（a）是在铅垂面内的连续等大矩形透视的方法。首先作出透视矩形 $A^0B^0C^0D^0$ 的水平中线 E^0G^0，连线 A^0G^0 并延长，交 B^0C^0 于点 J^0；过 J^0 作第二个矩形的铅垂边线 J^0K^0。以同样的方法可作出若干连续等大的矩形。图 11-44（b）是在水平面内的连续等大矩形透视的方法。首先将对角线 A^0C^0 延长与 $h-h$ 相交得出其灭点 F_1，其他矩形的对角线均平行于 A^0C^0，故汇交于同一灭点 F_1，据此即可作出若干连续等大的矩形。

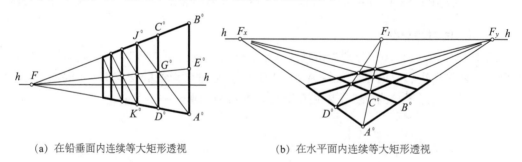

(a) 在铅垂面内连续等大矩形透视　　　　　(b) 在水平面内连续等大矩形透视

图 11-44　连续作等大矩形的透视

三、简捷画法的实例 [An Example of Simple and Convenient Drawing Method of Perspective]

图 11-45 为一房屋的透视图，在作出房屋主要轮廓透视图之后，再使用简捷画法补充其他细部。

从立面图量取各段的高度

真高线

从立面图中量取的房屋各段长度

图 11-45　用简捷画法作房屋透视实例

第六节　圆的透视画法
[Perspective Representation of Circle]

圆是建筑中常用的曲线。由于圆平面与画面所处相对位置的不同，其产生的透视形状也不同。当圆平面平行画面时，则圆的透视仍是圆；当圆平面不平行于画面时，圆的透视一般是椭圆；但当圆平面过视点时则其透视成直线，这种情况应避免。如果圆的透视仍是圆时，则应先求出圆心的位置和半径的透视长度，再用圆规画圆，即可求出圆的透视。如果圆的透视为椭圆时，可采用"八点法"求椭圆，即利用圆的外切正方形的四个中点和正方形对角线上的四个交点，求出这八个点的透视位置后用光滑曲线连接，就可求出圆的透视。

一、画面平行圆的透视 [Perspective Representation of Frontal Circle]

如图 11-46（a）所示，当圆平面与画面平行时，其透视仍然是一个圆，只是其大小有所改变。先求出圆心 O 的透视 O^0，然后以半径 OA 的透视长度 $o_g a_g$ 为半径，以 O^0 为圆心画圆，即可得到其透视。图 11-46（b）是利用其原理绘制的实例。该图为垂直于画面的

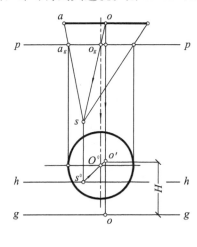

(a) 平行画面圆透视

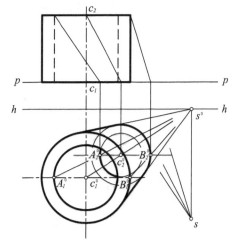

(b) 利用圆的透视作圆管的透视

图 11-46　与画面平行的圆透视及实例

圆柱管的一点透视，圆柱管前端面在画面上，其透视即为该端面自身。后端面圆周在画面后，并与画面平行，故其透视仍为圆。只要画出后端面的两个圆的透视后，作出前后端面上的两个大圆的切线，也就是圆柱管外壁的素线，从而完成圆柱管的透视。

二、水平圆的透视 [Perspective Representation of Horizontal Circle]

图 11-47（a）是水平圆的一点透视的作法。此透视为一椭圆，采用"八点法"。首先作出外切正方形的透视 $A^0B^0C^0D^0$；连接对角顶点，得对角线 A^0C^0 及 B^0D^0；对角线 A^0D^0 与 B^0D^0 的交点为 O^0，即圆心的透视；过 O^0 与心点 s^0 相连，交 A^0B^0 于 1^0，交 C^0D^0 于 3^0，再过 O^0 作 $g-g$ 的平行线与 A^0D^0、B^0C^0 交得 4^0、2^0，即得到四个切点的透视；以 A^0B^0 为直径，1^0 为圆心画一个半圆，以确定外切正方形对角线与圆相交处的宽度 9^0、10^0，并连接 9^0s^0、10^0s^0 与对角线相交得到 5^0、6^0、7^0、8^0，最后用光滑曲线连接。图 11-47（b）为圆柱的一点透视作法。

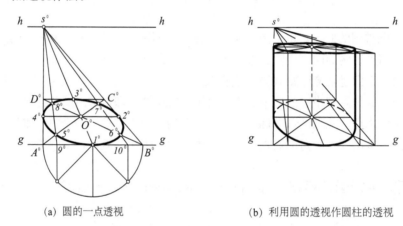

(a) 圆的一点透视 　　　　　　　　(b) 利用圆的透视作圆柱的透视

图 11-47　水平圆的一点透视及实例

图 11-48（a）是水平圆的两点透视，其作法类似这里不再复述。图 11-48（b）是一个直立圆锥的两点透视。其作法为：先作出水平底面圆的两点透视，由该圆的圆心处作铅

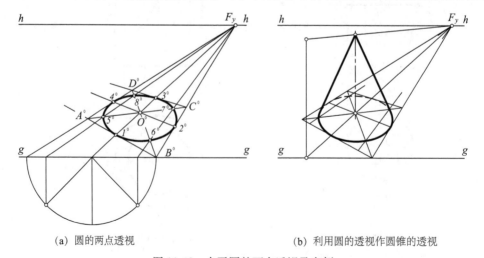

(a) 圆的两点透视 　　　　　　　　(b) 利用圆的透视作圆锥的透视

图 11-48　水平圆的两点透视及实例

垂线；再连接灭点 F_y 与圆心，并延长与基线相交；通过此点作铅垂线作为真高线，就能求出该圆锥的透视高度，完成圆锥的透视。

三、铅垂圆的透视［Perspective Representation of Vertical Circle］

当圆所在平面垂直于地面，但不平行于画面时，其作图方法与上述类似，如图 11-49（a）、（b）所示。

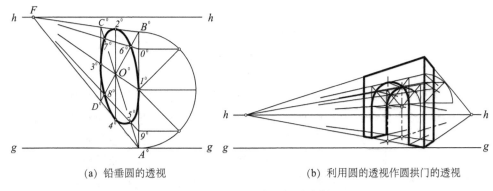

(a) 铅垂圆的透视　　　　　　　　　(b) 利用圆的透视作圆拱门的透视

图 11-49　铅垂圆的透视及实例

四、圆的透视实例［The Example of Perspective Representation of Circle］

利用上述所讲的各种圆的透视作图方法，可作出复杂的建筑物的透视图，如图 11-50 所示。

图 11-50　圆的透视实例

第十二章　给水排水施工图

Chapter 12　The Drawing of Building Water Supply and Drainage

第一节　概　　述

[Introduction]

给水排水工程，包括给水工程、排水工程和室内给水排水工程（又称建筑给水排水工程）三个方面。给水工程：由水源取水，经过水厂水质净化处理，通过给水管网输送供给用户使用；排水工程：生产、生活中产生的废水、污水，通过排水管道系统汇总，经过污水处理后排放出去；室内给水排水工程：由室内给水系统和室内排水系统组成。可见，给水排水工程，是由室内、外各种管道及其附属设备、水处理、贮存设备等组成。因此，给水排水工程图除了本专业的工艺图外，与房屋的建筑施工图、结构施工图等有密切的关系。

给水排水工程图是直接为施工服务的图样，是给水排水工程施工的依据，是设备安装、编制预算及施工组织计划的重要依据。按其作用和内容大致可分为以下三种。

（1）室内给水排水工程图。

（2）室外管网及附属设备图。

（3）水处理工艺设备图。

一、基本规定 [General Standards of the Drawing of Building Water Supply and Drainage]

给水排水工程图与其他专业图一样，除了要符合投影原理和《房屋建筑制图统一标准》GB/T50001—2010 的规定外，还应遵守《给水排水制图标准》GB/T50106—2010 的规定，以及国家规定的有关标准、规范。

（一）图线

由于管道一般是细而长，断面尺寸比其长度尺寸小得多，因此，施工图中的管道常用单粗线条表示。管道上的配件常用图例表示。

按《给水排水制图标准》的规定，给水排水专业图的粗线线宽 b，宜为 0.7 或 1mm。常用的各种线型宜符合表 12-1 的规定。

表 12-1　给水排水专业制图常用线型

名　称	线　　型	线宽	用　　途
粗实线	———————	b	新设计的各种排水和其他重力流管线
粗虚线	— — — — —	b	新设计的各种排水和其他重力流管线的不可见轮廓线
中粗实线	———————	$0.7b$	新设计的各种给水和其他压力流管线；原有的种排水和其他重力流管线
中粗虚线	— — — —	$0.7b$	新设计的各种给水和其他压力流管线的不可见轮廓线；原有的各种排水和其他重力流管线的不可见轮廓线
中实线	———————	$0.5b$	给水排水设备和其他零（附）件的可见轮廓线；总图中新建的建筑物和构筑物的可见轮廓线；原有的各种给水和其他压力流管线的可见轮廓线
中虚线	— — — —	$0.5b$	给水排水设备和其他零（附）件的不可见轮廓线；总图中新建的建筑物和构筑物的不可见轮廓线；原有的各种给水和其他压力流管线的不可见轮廓线
细实线	———————	$0.25b$	建筑物的可见轮廓线；总图中原有建筑物和构筑物的可见轮廓线；制图中各种标注线
细虚线	— — — —	$0.25b$	建筑物的不可见轮廓线；总图中原有建筑物和构筑物的不可见轮廓线
点画线	— · — · —	$0.25b$	中心线、定位轴线
折断线	——～——	$0.25b$	断开界线
波浪线	∿∿∿	$0.25b$	平面图中的水面线；局部构造层次范围线；保温范围示意线

（二）比例

建筑给水排水专业制图常用的比例，宜符合表 12-2 的规定。

表 12-2　常用比例

名　　称	比　　例	备　注
区域规划图　区域位置图	1：50000，1：25000，1：10000，1：5000，1：2000	宜与总图专业一致
总平面图	1：1000，1：500，1：300	宜与总图专业一致
管道纵断面图	竖向 1：200，1：100，1：50；纵向 1：1000，1：500，1：300	
水处理厂（站）平面图	1：500，1：200，1：100	
水处理构筑物、设备间、卫生间、泵房平、剖面图	1：100，1：50，1：40，1：30	
建筑给水排水平面图	1：200，1：150，1：100	宜与总图专业一致
建筑给水排水轴测图	1：150，1：100，1：50	宜与总图专业一致
详图	1：50，1：30，1：20，1：10，1：5，1：2，1：1，2：1	

在管道纵断面图中，竖向与纵向可采用不同的组合比例。

在建筑给水排水轴测系统中，如局部表达有困难时，该处可不按比例绘制。

（三）标高

标高符号及一般标注方法应符合现行国家《房屋建筑制图统一标准》GB/T 50001 的规定。

1. 标高的种类

室内工程应标注相对标高；室外工程宜标注绝对标高，当无绝对标高资料时，可标注相对标高，但应与总图专业一致。

2. 标高单位

以米计时，可注写到小数点后第二位。

3. 标注的部位

（1）沟渠和重力流管道：建筑物内应标注起点、变径（尺寸）、变坡点、穿外墙及剪力墙处；需控制标高处。

（2）压力流管道中的标高控制点。

（3）管道穿外墙、剪力墙和构筑物的壁及底板等处。

（4）不同水位线处。

（5）建（构）筑物中土建部分的相关标高。

4. 标高的标注方法

（1）平面图中，管道标高应按图 12-1 的方式标注。

（2）平面图中，沟渠标高应按图 12-2 的方式标注。

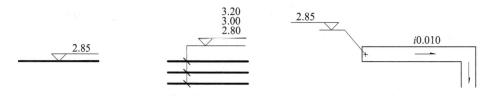

图 12-1 平面图中管道标高标注   图 12-2 平面图中沟渠标高标注

（3）剖面图中，管道及水位的标高应按图 12-3 的方式标注。

（4）轴测图中，管道标高应按图 12-4 的方式标注。

（5）建筑物内的管道也可按本层建筑地面的标高加管道安装高度的方式标注管道标高，标注方法应为 $H + \times . \times \times$，$H$ 表示本层建筑地面标高。

（四）管径

1. 管径单位

管径应以毫米位单位。

2. 管径的表达方法

（1）水煤气输送钢管（镀锌或非镀锌）、铸铁管等管材，管径宜以公称直径 DN 表示。

（2）无缝钢管、焊接钢管（直缝或螺旋缝）等管材，管径宜以外径 $D \times$ 壁厚表示。

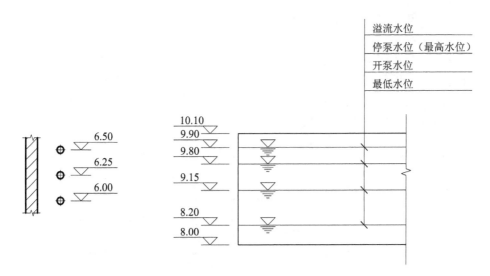

图 12-3　剖面图中管道及水位标高标注

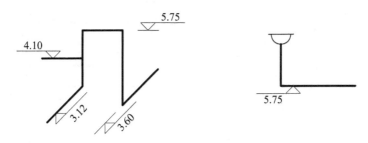

图 12-4　轴测图中管道标高标注法

（3）铜管、薄壁不锈钢管等管材，管径宜以公称外径 D_w 壁厚表示。

（4）建筑给水排水塑料管材，管径宜以公称外径 dn 表示。

（5）钢筋混凝土（或混凝土）管，管径宜以内径 d 表示。

（6）复合管、结构壁塑料管等管材，管径应按产品标准的方法表示。

（7）当设计中均采用公称直径 DN 表示管径时，应有公称直径 DN 与相关产品规格对照表。

3. 管径的标注方法

（1）单根管道时，管径应按图 12-5 的方式标注。

（2）多根管道时，管径应按图 12-6 的方式标注。

$DN20$

图 12-5　单管管径表示法

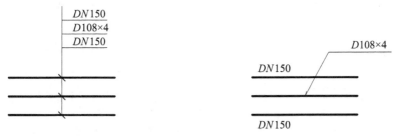

图 12-6　多管管径表示法

（五）图例

给水排水工施工图中的管道及附件、管道的连接、阀门、卫生器具及水池、设备、仪表等，采用统一的图例表示。应采用《给水排水制图标准》中的图例，表 12-3 摘录了部分图例。标准中尚未列出的图例，可自行编制，但需在图纸上专门列出，并加以说明。所编图例不得与本标准相关图例重复或混淆。

表 12-3　给水排水工程图常用图例

名　称	图　例	备　注	名　称	图　例	备　注
给水管	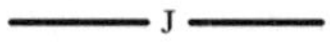 ——J——		管堵		
废水管	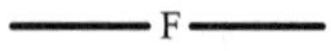 ——F——	可与中水源水管合用	法兰堵盖		
污水管	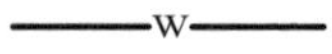 ——W——		闸阀		
管道交叉	 低 / 高	下方和后面的管道应断开	截止阀		
正三通			浮球阀		左：平面图 右：系统图
正四通	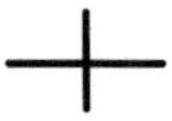		水嘴		左：平面图 右：系统图
多孔管			台式洗脸盆	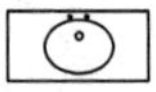	
管道立管	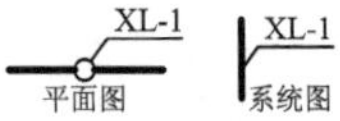 XL-1 平面图　XL-1 系统图	X—管道类别 L—立管；1—编号	浴盆	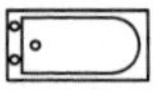	
存水弯		左—S 形存水弯 右—P 形存水弯	盥洗槽	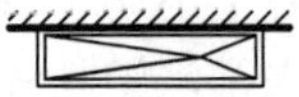	
立管检查口			污水池		
通气帽		左；成品； 右：蘑菇形	坐式大便器	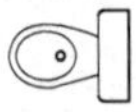	
圆形地漏		通用。如为无水封，地漏应加存水弯	小便槽		
自动冲洗水箱	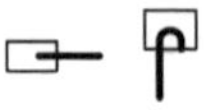		淋浴喷头		
法兰连接			矩形化粪池	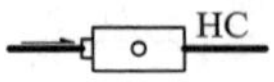 HC	HC 为化粪池代号
承插连接	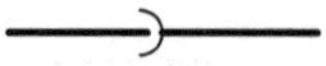		阀门井 检查井	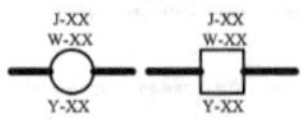 J-XX W-XX Y-XX　J-XX W-XX Y-XX	
活连接	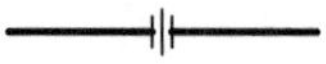		水表井		

二、给水排水施工图的基本内容及其图示特点 ［Contents and Representation Characteristics of Drawings of Building Water Supply and Drainage］

在对建筑物进行建筑设计绘制出建筑施工图后，还需进行给水排水设计。给水排水设计时，要根据建筑用水需求选择给水排水方式及系统类别，对管道进行合理布置，再经过水力学计算确定各管道直径及相关参数。凡建筑物内，给水排水管道、设备及卫生器具安装等内容均由给水排水施工图表明。并按国家制图标准绘制成图样，该图样即称为给水排水施工图。

给水排水施工图的基本内容通常包括：设计说明及图例、管道平面布置图、管道轴测图（亦称系统图），管道配件及安装详图（亦称大样图）等内容，复杂工程还应绘出各种给水、排水设备及构筑物详图。

1. 管道平面布置图和管道轴测图

管道平面布置图所画的范围，可大可小，大到一个城市，小到一个房间。为说明一个较大范围的给水排水管道的布置情况就需在该范围的总平面图上，画出各种管道的位置和相关的关系，即平面布置，这种图称为该区的管网总平面布置图，亦称平面图。有时为了表示管道的敷设深度和位置，还配以管道的纵、横剖面图及其他施工图。

在一幢建筑物内的所有用水房间（例如：厨房、卫生间、盥洗室等），均需要安装用水设备并布置给水排水等管道。在房屋平面图上画出卫生设备、盥洗器具等的位置、大小与及给水、排水、热水等管道的平面布置的图样。这种图样称为室内给水排水平面图。

当给水排水管道的进出口数多于一个时，应对进出口系统进行编号。编号按图 12-7 的方法表示：细实线圆（直径为 10~12mm）和一水平直径，可直接画在管道进出口的端部或用引出线与引入管或排除管相连。管道类别代号用汉语拼音字头大写表示，如给水用 "J"、排水管用 "P"、废水管用 "F"、污水管用 "W" 等；管道进出口的编号，宜用阿拉伯数字顺序编号。

给水排水立管是指穿过一层或多层的竖向给水排水管道，在平面图上用空心细实线小圆表示，并用引出线注明管道类别代号，例如：JL-1、FL-1、WL-2 等，其中，第一个字母 "J、F、W" 表示管道类别，"L" 表示立管，"1" 表示立管编号，如图 12-8 所示。

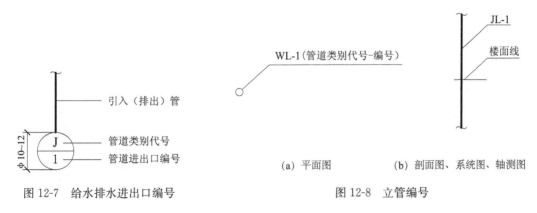

图 12-7　给水排水进出口编号　　　　　　　　图 12-8　立管编号

2. 管道配件及安装详图

给水、排水工程图，一般比例比较小，图中细部往往表示不详细。例如管道上的阀门井、水表井、管道穿墙处、排水管道的交汇处及检查井等。需要绘制比例较大的构造详图，称为详图。在管道配件及设备安装施工中，对定型产品和标准设计，有相应的标准图指导安装施工，不必另外绘制图样。

3. 给排水设备图

在给水排水工程中，根据工艺要求需要设置蓄水池、泵房及水处理设施等。因此，给水排水施工图中，要绘制出相应构筑物的施工图和设备安装图。

给水排水施工图是民用建筑中常见的管道施工图的一种。管道施工图从图形上可分单线图和双线图。由于所表示的内容不同，圆柱管道有以下三种画法。

（1）完全按投影绘制，画出内外圆柱面的方法表示，如图 12-9（a）所示。

（2）在实际施工中，要安装的管线往往很长很多，纵横交错，密集繁多，不易分清。此时管道的壁厚就很难再用虚线和实线表示清楚，所以在图形中往往用两根线条表示管道的形状。这种省去管道壁厚用两根线条表示管道，称为双线绘制法，如图 12-9（b）所示。

（3）由于管子的截面尺寸比长度尺寸要小得多，所以在小比例的施工图中，往往把管子的壁厚和空心的管腔全部看成是一条线的投影。这种在图形用单根粗线来表示管道的方法，称为单线绘制法，如图 12-9（c）所示。

(a) 正投影图表示   (b) 双线图形式表示   (c) 单线图形式表示

图 12-9 管道管段的三种表示法

在给水排水施工图中，平面图和系统图中的管道通常使用单线绘制法，在剖面图和详图中往往采用双线绘制法。本章将在以下各节予以介绍。

第二节 室内给水施工图
[Interior Water Supply Drawing]

室内给水施工图主要包括给水平面图、系统图和详图。

一、室内给水系统 [Interior Water Supply System of Pipeline]

1. 室内给水管网的组成

（1）引入管。自室外（厂区、校区、社区）管网引入房屋内部的一段水平管。引入管应有不小于 3‰ 的坡度斜向室外给水管网。每条引入管应装有阀门，必要时应设泄水装置，以便管网检修时泄水。

（2）水表节点。用以计量用水量或总控制。根据用水系统分别设置在每幢楼房、每一个单元、每一户的水表井、供水干管、供水支管上。

（3）室内配水管网。包括给水水平干管、立管、配水支管等。

（4）配水器具与附件。包括各种配水水嘴、阀门及卫生设备等。

（5）升压设备等。根据城市给水管网的水压情况或受条件限制，有时还要在室内给水系统中附加一些其他必要的加压、沉淀设备，如加压泵、加压塔、水箱、蓄水池等。

（6）室内消防设备。根据建筑物的防火等级要求必须设置消防给水设备，一般应设置消防栓、消防水池等消防设备。有特殊要求时，还应专门设自动喷淋消防或水幕设备。

根据干管敷设的不同位置，给水管网可分为下行上给和上行下给式两种，如图 12-10 所示。下行上给式的干管一般敷设在地下室或首层的顶板下方，用于直接从外部取水以及水压水量能满足要求的建筑物。上行下给式的干管经常敷设在屋顶的管沟、顶层设备间、顶层的顶棚内，用于水压水量不能满足要求以及底层敷设管道有困难的建筑物。

2. 布置室内给水管网考虑原则

（1）管系选择应使管路最短，并且便于安装和检修。

（2）给水立管尽可能靠近用水量大的房间和用水点。

（3）根据室外供水情况（水量和水压）和用水对象，以及消防对给水的要求，室内管网可以布置成水平环形下行上给式和树枝形上行下给式两种。图 12-10（a）所表示为水平环形下行上给式，即供水干管成环形可以设置两处引入管。一般适用于直接由室外给水网供水、其水压能满足使用要求时；建筑物内有地下室或沟管可供敷设管道时；用水量大、室内要求较高的建筑、不允许在顶部房间内敷设管道时。而树枝形上行下给式供水系统只有一个引入管，支管布置形状像树枝，如图 12-10（b）所示。一般适用于外部给水压力不足、室内设有加压设备及高压水箱时；建筑物的屋顶及顶部房间内允许敷设管道时；地下水位高、砌筑砖沟及敷设管道有困难时。

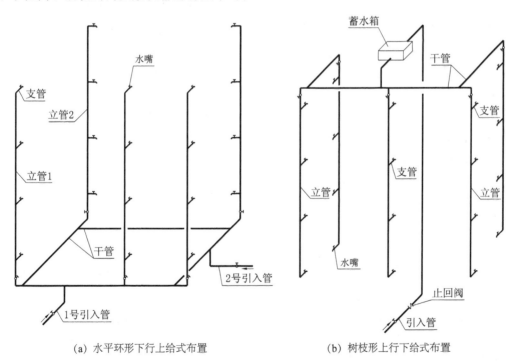

(a) 水平环形下行上给式布置   (b) 树枝形上行下给式布置

图 12-10 室内给水管网的组成及布置形式

二、室内给水平面图 [Plan of Interior Water Supply]

室内给水平面图是建筑给水排水施工图中最基本的图样。在房屋内部，厨房、洗手间和卫生间等用水房间，均需要配置给水用具和卫生设备。图 12-11 所示是某集体宿舍的室内给水管网平面布置图。

1. 室内给水管网平面图的内容

（1）比例。用适当比例（如 1∶100，1∶50，1∶40，1∶30）绘出用水房屋的平面图。可采用与房屋建筑平面图相同的比例，一般为 1∶100。画 1∶100 不足以表达清楚时，可选择较大的比例（如 1∶50 等）来画。

（2）房屋平面图。给水管道平面布置图主要反映管道系统各组成部分的平面位置，因此一般只抄绘房屋的墙身、柱、门窗洞、楼梯等主要构配件，房屋的细部、门窗代号等均可省略。建筑平面图用细实线（0.25b）绘制。底层平面图要画全轴线，楼层平面图可仅画边界轴线。

（3）卫生设备平面图。用图例画出卫生设备的平面布置。由于大便器、小便斗等是定型产品，淋浴器、盥洗台、洗脸盆均另有详图指导施工安装，因此图中只需用中实线（0.5b）按比例用图例画出卫生设备的位置即可。

（4）管道平面布置图。图中的给水管用粗实线（b）表示。多层房屋的给水排水平面图原则上应分层绘制。若楼层平面的管道布置相同时，可绘制一个管道平面图。但要说明的是：底层管道平面图均应单独绘制，屋面上的管道系统可附画在顶层管道平面图中或另画一个屋顶管道平面图。底层平面布置图应画出引入管、下行上给的水平干管、立管、支管和配水水嘴、淋浴喷头等。此外，为了便于读图，应对图中给水系统和立管编号。

本例二层以上各层相同，可只画一个平面图。如图 12-11 中，二、三层给水管道平面布置图。

（5）尺寸和标高。房屋的水平方向尺寸，一般在底层管道平面图中只需注出轴线间尺寸；至于标高，只需标注室外地面的整平标高和各层楼地面标高。

管道的长度在备料时只需用比例尺从图中近似量出，在安装时则以实际尺寸为依据，所以图中均不标注管道长度。至于管道的管径、坡度和标高，因管道平面图不能充分反映管道在空间的具体布置、管路连接情况，故均在管道系统图中予以标注。管道平面图中一概不标。

图 12-11 中的管道是暗装敷设方式，管道画在墙身断面轮廓线内。当管道是明装时，图纸上除有文字说明外，管道应绘在墙身断面轮廓线外。无论明装或暗装，管道线仅表示其安装位置，并不表示其具体平面位置尺寸，如与墙面的距离等。

管网平面布置图是给水排水工程的基本图样，是画管网系统图的主要依据。

从图 12-11 中可知，给水管通过水平干管自房屋轴线Ⓐ、Ⓑ之间隔墙及轴线①、②之间隔墙墙角处进入，分三路供水。第 1 路通过给水立管 1（标为 JL-1）供给大便器、沐浴间淋浴喷头、洗面盆和洗涤盆（拖布盆）；第 2 路、第 3 路通过给水立管 2（标为 JL-2）和给水立管 3（标为 JL-3）供给盥洗槽。

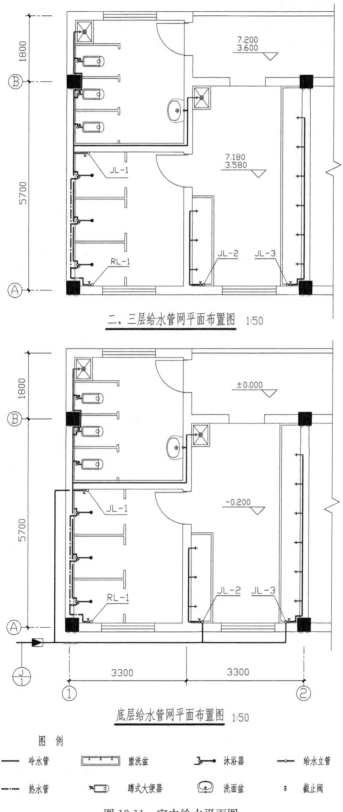

二、三层给水管网平面布置图　1:50

底层给水管网平面布置图　1:50

图　例

—— 冷水管　　盥洗盆　　沐浴器　　给水立管

—·— 热水管　　蹲式大便器　　洗面盆　　截止阀

图 12-11　室内给水平面图

2. 给水平面图绘图步骤

(1) 先画底层管道平面图，再画各楼层管道平面图。

(2) 在画每一层管道平面图时，先抄绘房屋平面图和在建筑图中已布置的卫生洁具平面图，再画管道布置，最后标注有关尺寸、标高、文字说明等。

(3) 抄画房屋平面图应先画轴线，再画墙身和门窗，最后画其他构配件。

(4) 画管道布置图时，先画立管，再画引入管，最后画出横支管和附件。给水管一般画至各设备的放水水嘴或冲洗水箱的支管。

三、室内给水系统图 [Interior Water Supply System Diagram of Pipeline]

给水排水平面图主要表达室内给水排水设备的水平安排和布置，系统因其在空间转折较多，上下交叉重叠，往往在平面图中无法完整且清楚地表达给水排水管道的空间布置情况。因此除管道平面布置图外，还应配以同时能反映空间两个方向的轴测图，如图 12-12 所示。

画管网轴测图时应注意以下几点：

(1) 比例。一般采用与给水排水平面图相同的比例 1:100，必要时也可不按比例绘制。总之，视具体情况而定，以能表达清楚管路情况为原则。

(2) 轴向选择。目前我国通常采用正面斜等轴测图。即把 OZ 轴定为高度方向，垂直向上，OX 和 OY 轴的选择则以使图上管道简单明了，避免管道过多地交错为原则。图 12-12 是根据图 12-11 给水管道平面图画出的给水管网正面斜等测图。由于室内纵向卫生设备多，所以把 OX 轴定为横向，OY 轴定为纵向，OY 轴与水平线成 45° 夹角，OZ 轴为垂直向上，三根轴的伸缩系数 $p = q = r = 1$，如图 12-12 所示。

系统图的轴向要与平面图的轴向一致，也就是说 OX 轴与平面图的水平方向一致，OY 轴与平面图的水平方向垂直。

(3) 轴测图的比例和管道平面图相同。OX、OY 轴向的尺寸可以直接从平面图上量取。OZ 轴方向的尺寸，可根据房屋的层高（本例为 3.6m）和配水水嘴的习惯安装高度尺寸决定。例如盥洗槽、拖布池等的放水水嘴高度，一般采用 1.0m 左右，淋浴喷头的高度采用 2.4m。大便器、小便器的冲洗阀高度采用 1.2m。

(4) 管道系统。各管道系统图的编号应与底层平面图中的系统索引符号的编号相同。给水排水系统图一般应按系统分别绘制，这样可避免过多的管道重叠和交叉，但当管道系统简单时，有时也可画在一起。

(5) 轴测图的画图顺序。

① 从引入管开始（设引入管标高为 -0.9m），画出靠近引入管的立管 1；

② 根据水平干管的标高（本例为 -0.9m）画出平行于 OY 轴和 OX 轴的水平干管；

③ 画出立管 2 和立管 3；

④ 在三根立管上定出楼地面的标高和各支管的高度；

⑤ 根据各支管的轴向，画出与立管 1、2、3 相连接处的支管；

⑥ 画上水表、淋浴喷头、大便器冲洗阀、水嘴等图例符号；

⑦ 注上各管道的直径、坡度和标高。

给水系统的管道因为是压力流，当不设置坡度时，可不标注坡度。排水系统的管路一

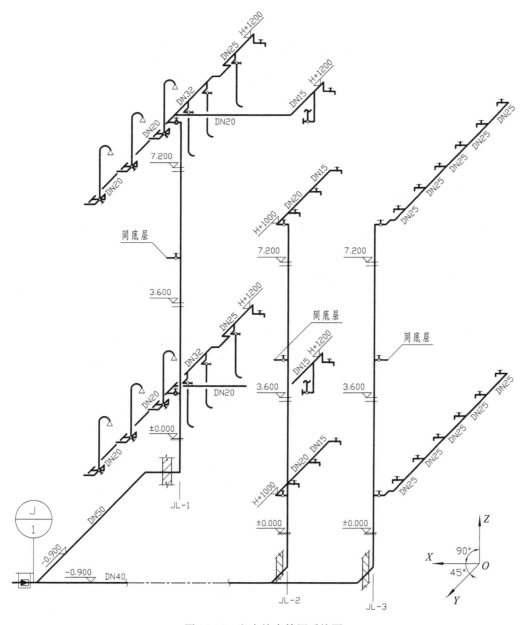

图 12-12　室内给水管网系统图

一般是重力流，所以在排水横管的旁边都要标注坡度。坡度可标注在管段的旁边或引出线上，在坡度数字前须加代号"i"，数字下边再以箭头表示坡向，如 $i = 0.02$。标高应以米为单位，宜注写到小数点后第三位。系统图中标注的都是相对标高。当各层管网布置相同时，轴测图上可只画一层管路，其他层可以省略不画，在折断的支管处注上"同××层"即可。如图 12-12 中，立管 1 和立管 2 处、立管 3 处，第二层的管路均可不画出。

（6）轴测图中，仍以粗实线（线宽为 b）表示给水管道。

第三节　室内排水施工图

[Interior Water Drainage Drawing]

室内排水施工图主要包括排水平面图、系统图和详图。

一、室内排水系统 [Interior Water Drainage System of Pipeline]

1. 室内给水管网的组成

（1）排水横管。连接卫生器具与排水立管的水平管段称为排水横管。连接大便器的水平横管管径不小于 $DN100mm$，且流向立管方向有 2% 的坡度。当大便器多于一个或卫生器多于两个时，排水横管应有清扫口。

（2）排水立管。管径一般为 $DN100mm$，但不能小于 $DN50mm$ 或所连接的横管管径。立管在底层和顶层应设检查口。多层建筑中每隔一层设一个检查口，一般检查口在离地、楼面高度 1.00m 处。

（3）排出管。把室内排水立管中的污水排入检查井或化粪池的水平管段，称为排出管。其管径应大于或等于 $DN100mm$，向检查井方向坡度保持在 1%～2%（管径 $DN100mm$ 时取 2%，管径为 $DN150mm$ 时取 1%）。

（4）通气管。在顶层检查口以上的一段立管称为通气管，以排除臭气。高层建筑往往在卫生间单独设一个通气管与排污立管并行，它们之间每隔 2～3 层设一个连通管，由通气管排除臭气。通气管应高出屋面 0.3～0.7m。屋顶设平台，有人活动的地方通气管应高出屋面 2m 以上。在高纬度的寒冷地区，通气管管径应比排水立管管径大 50mm，以备冬季管内结冰使管内径缩小。在低纬度的南方地区，通气管管径与排水立管管径相同，最小不应小于 50mm。

（5）清扫口和检查口。用于清理、疏通排水管道用。

2. 布置室内排水管道原则

（1）立管布置要便于安装和维修。

（2）立管应尽量设置在污物、杂质多的卫生设备（如大便器、污水池）附近，横管设有坡度，斜向立管。

（3）排出管应选最短路径与室外管道连接，连接处应设检查井。

二、室内排水施工图 [Drawing of Interior Water Drainage]

1. 室内排水管网平面布置图

室内排水管网平面布置图，亦即室内排水平面图。图 12-13 所示是某集体宿舍卫生间的排水管网平面布置图。为了靠近室外排水管道，将立管布置在临近外墙位置。同时，为了便于粪便的处理，尽量将粪便污水排出管与淋浴、盥洗废水排出管分开。本例将盥洗废水单独设废水管排除至室外雨水沟，再由雨水沟排入室外排水管道。与给水平面图一样，排水立管也要进行编号，如图中 WL-1 即表示编号为 1 的污水立管。排水管道一般用粗虚

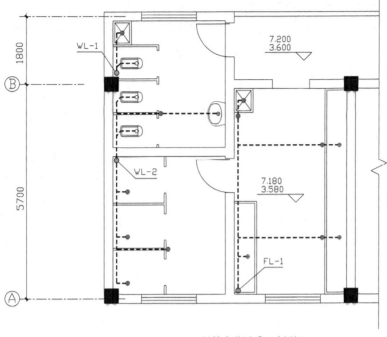

二、三层排水管网平面布置图　1:50

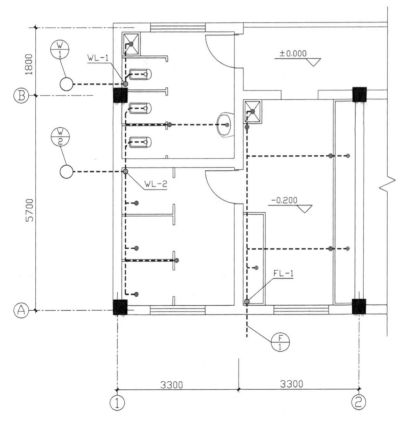

底层排水管网平面布置图　1:50

图 12-13　室内排水管网平面布置图

线画出。绘制排水管网平面布置图的方法与步骤与绘制给水管网平面布置图的基本相同。需要注意的是：画管道布置时，先画立管，再画排水管，最后按水流方向画出横支管和附件。排水管一般画至各设备的废、污水的排泄口。

2. 室内排水管网系统图

室内排水管网系统图，亦即室内排水系统图。排水管道的空间连接和布置情况也需要用轴测图表示。一般均选用正面斜等轴测图表示排水管网系统的全貌。在同一幢房屋中，排水管道的轴向选择应与给水管道的轴测图一致。图 12-14 是根据图 12-13 排水管道平面图画出来的排水管网正面斜等测图。本例中设置了三根排出管，所以它们的轴测图也应分别画出。在立管上，每层（或隔一层）应有一个检查口，以利疏通管道。排水横管与立管相连接，并向立管方向倾斜，形成一定的坡度。在支管上与卫生器具相接处，应画上存水弯（水封装置）。水封装置是指在 U 形管内存有一定高度（50～100mm）的水层，即水封。以阻断室外下水道、检查井中产生的臭气和有害气体污染室内空气，影响卫生。顶层检查口以上，并延伸到屋面之上的管道是通气管。

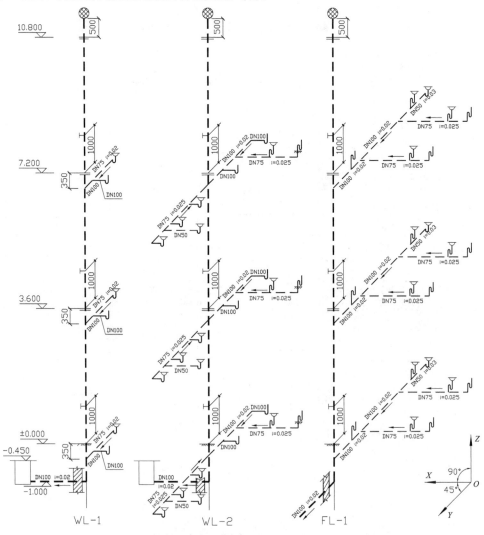

图 12-14　室内排水管网系统图

画排水管道轴测图的步骤与画给水管道轴测的步骤基本相同，这里就不再赘述了。画图时，应标注立管的分段管径、横管的管径和坡度、坡向，另外多层建筑要标注各层标高及排出管的管内底标高、坡度、坡向，最后还应标注检查口的定位尺寸和通气管出屋面的尺寸。

第四节　卫生设备安装详图
[Installation Detail of Sanitary Fixture]

给水排水平面图和管道系统图表示了水池、卫生器具、地漏，以及管道的布置等情况，而水池、卫生器具的安装，管道的连接，需有施工详图作为依据。常用的卫生设备安装详图，通常套用全国通用给水排水标准图集——《99S304 卫生设备安装》中的图样，不必另行绘制，只要在施工说明中写明所套用的图集名称及其中的详图图号即可。

安装详图采用的比例较大，可按需要选用 $1:10$，$1:20$，$1:30$，$1:50$，也可用 $2:1$，$1:1$，$1:2$，$1:5$ 等。安装详图必须按施工安装的需要表达得详尽、具体、明确，一般都用正投影的方法绘制，设备的外形可以简化画出，管道用双线表示，安装尺寸也应注写得完整和清晰，主要材料表和有关说明都要表达清楚。在本章所引用的这一幢集体宿舍中的盥洗槽，卫生间内的洗脸盆、蹲便器、淋浴器等安装详图，都套用《99S304 卫生设备安装》中的标准图。例如图 12-15 为洗脸盆安装图，从图中可知洗脸盆安装的各种尺寸及参数。在设计和绘制给水排水水平面图和管道系统图时，各种卫生器具的进出水管的平面位置和安装高度，必须与安装详图一致。

第五节　室外给水排水施工图
[Water Supply and Sewerage Drawing]

室外给水排水施工图主要表示一个小区范围内的各种室外给水排水管道布置的图样，与室内管道的引入管、排出管相连接，以及管道敷设的坡度、埋深和交接等情况。室外给水排水施工图包括给水排水平面图、管道纵断面图、附属设备的施工图等。在一般工程中，室外给水排水管道较为简单时，可不画出管道纵断面图。这里将对室外给水排水平面图举例，做一些简单的介绍。

一、室外给水排水平面图图示内容和表达方法 [Contents and Representation of Plan of Water Supply and Sewerage Network]

图 12-16 是某单位一幢新建集体宿舍附近的一个小区的室外给水排水平面图，表示了新建集体宿舍附近的给水、污水、雨水等管道的布置，及其与新建集体宿舍室内给水排水管道的连接。现结合图 12-16 讲述室外给水排水平面图的图示内容、表达方法以及绘图步骤。

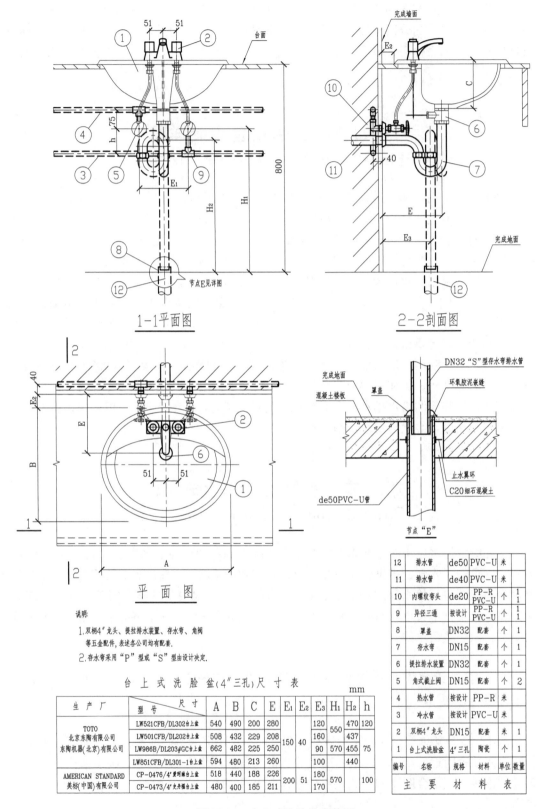

1-1平面图

2-2剖面图

平面图

节点"E"

说明:

1. 双柄4"龙头、提拉排水装置、存水弯、角阀
   等五金配件,表述各公司均有配套.
2. 存水弯采用"P"型或"S"型由设计决定.

台 上 式 洗 脸 盆(4"三孔)尺 寸 表

mm

生 产 厂	型 号 尺寸	A	B	C	E	E₁	E₂	E₃	H₁	H₂	h
TOTO 北京东陶有限公司 东陶机器(北京)有限公司	LW521CFB/DL302台上盆	540	490	200	280			120		470	120
	LW501CFB/DL202台上盆	508	432	229	208	150	40	160	550	437	
	LW986B/DL203#GC台上盆	662	482	225	250			90	570	455	75
	LW851CFB/DL301-1台上盆	594	480	213	260			100		440	
AMERICAN STANDARD 美标(中国)有限公司	CP-0476/4"夏阿丽台上盆	518	440	188	226	200	51	180	570		100
	CP-0473/4"太丹福台上盆	480	400	185	211			170			

主 要 材 料 表

编号	名 称	规 格	材 料	单 位	数量
12	排水管	de50	PVC-U	米	
11	排水管	de40	PVC-U	米	
10	内螺纹弯头	de20	PP-R PVC-U	个	1 1
9	异径三通	按设计	PP-R PVC-U	个	1 1
8	罩盖	DN32	配套	个	1
7	存水弯	DN15	配套	个	1
6	提拉排水装置	DN32	配套	个	1
5	角式止回阀	DN15	配套	个	2
4	热水管	按设计	PP-R	米	
3	冷水管	按设计	PVC-U	米	
2	双柄4"龙头	DN15	配套	米	
1	台上式洗脸盆	4"三孔	陶瓷	个	1

图 12-15 台上式洗脸盆安装图

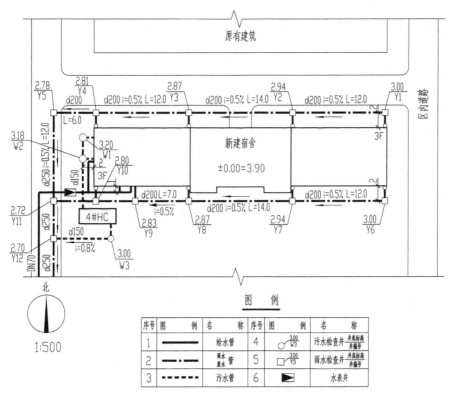

图 12-16　室外给水排水平面图

1. 比例

一般采用与建筑总平面图相同的比例，常用 1∶500、1∶300 等，图 12-16 室外给水排水平面图采用 1∶500 比例绘制。范围较大的厂区或小区给水排水平面图可采用 1∶2000、1∶1000 等比例绘图。

2. 建筑物及道路、围墙等设施

由于在室外给水排水平面图中，主要反映某个区域范围管道的布置情况。所以在平面图中，应画出原有房屋以及道路、围墙等附属设施，按建筑总平面的图例，用细实线画出轮廓线，新建建筑物则用中实线画出它的轮廓线。

3. 建筑物及道路、围墙等设施

由于在室外给水排水平面图中，主要反映某个区域范围管道的布置情况。所以在平面图中，应画出原有房屋以及道路、围墙等附属设施，按建筑总平面的图例，用细实线画出轮廓线，新建建筑物则用中实线画出它的轮廓线。

4. 管道及附属设备

一般把各种管道，如给水管、排水管、雨水管，以及水表（流量计）、检查井、化粪池等附属设备，都画在同一张图纸上。新建的管道均用粗单线表示，如本例中新建给水管用粗实线表示，新建污水管用粗虚线表示，雨水管用粗点画线表示。水表、检查井、化粪池等附属设备则按表 12-3 中的图例绘制。管径及坡度等参数都直接标注在相应管道的旁边：给水管一般采用铸铁管，用公称直径 DN 表示；雨水管、污水管一般采用钢筋混凝土管，则用内径 d 表示。对于范围和规模不大的小区的室外管道，不必另画排水干管纵剖面图。室外管道应标注绝对标高。

给水管道宜标注管中心标高，由于给水管是压力管，且无坡度，往往沿地面敷设，如敷设时为统一埋深，可在说明中列出给水管中心标高。从图中可以看出：从该建筑西南角引入的 DN70 给水管，沿南墙 1m 处敷设，中间接一水表，分三根引入管接入屋内，沿管线都不注标高。

排水管道（包括雨水管和污水管）应注出起讫点、转角点、连接点、交叉点、变坡点的标高，排水管道宜注管内底标高。为简便起见，可在检查井处引一指引线，在指引线的水平线上面标注井底标高，水平线下面标注管道种类及编号组成的检查井编号，如 W 为污水管，Y 为雨水管，编号顺序按水流方向，从管上游编向下游。从图 12-16 中可以看出：污水干管在房屋中部离西墙 2m 处沿西墙敷设，污水自室内排出管排出室外，用支管分别接入标高为 3.18、3.20 的污水检查井中，检查井用污水干管（d150）连接，接入化粪池。化粪池采用《标准图集 02S701》中的标准设计，图 12-16 中用图例表示。雨水干管沿北墙、南墙在离墙 2m 处敷设。自房屋的东端起有两根雨水和废水干管（雨水和废水用同一条排水管）：一根干管 d200 沿南墙敷设，雨水通过支管流入东端的检查井 Y6（标高 3.00m），经这条干管，流向检查井 Y7（标高 2.94m）在 Y7 上又接入一支管；d200 干管继续向西，与检查井 Y8（标高 2.87m）连接，在 Y8 处再接入一支管。与此类推，在 Y9 处此干管接入了一根废水管后经 Y10 流入区内干管上的检查井 Y11（标高 2.72m），另一根沿北墙敷设的雨水干管同样由 Y1 汇入区内干管上的检查井 Y5。由 Y5 至 Y12 的管段即为区内干管，管径增大为 d250，该干管向南延伸接至区外。雨水管、废水管、污水管的坡度及检查井的尺寸，均可在说明中注写，图中可以不予表示。

5. 指北针，图例和施工说明

如图 12-10 所示，在室外给水排水平面图中，应画出指北针，标明图例，书写必要的说明，以便于读图和按图施工。

二、室外给水排水平面图的绘图步骤 [Drawing Procedure of Plan of Water Supply and Sewerage Network]

（1）先抄绘建筑总平面图中各建筑物、道路等的布置，画出指北针。

（2）按照新建房屋的室内给水排水底层平面图，将有关房屋中相应的给水引入管，废水排出管、污水排出管、雨水连接管等的位置在图中画出。

（3）画出室外给水和排水的各种管道，以及水表、检查井、化粪池等附属设备。

（4）标注管道管径、检查井的编号和标高，以及有关尺寸。

第十三章　标　高　投　影
Chapter 13　Topographical Projection

由于地面形状高低起伏，变化非常复杂，直接影响许多工程建设的设计和施工。因此，要研究、掌握地面的形状变化对工程建设的影响。由于地面高度与地面长、宽相比一般很小，用多面正投影的方法难以表达清楚地面的形状。因此，在实践中产生了标高投影法。标高投影就是在形体的水平投影上，以数字标出各处的高度来表示形体的形状的一种图示方法。

第一节　点、直线的标高投影
[Topographical Projection of a Point, Straight Line]

一、点的标高投影 [Topographic Projection of a Points]

在标高投影中，水平投影面，称为基准面，用字母 H 表示。它是测量高程的基准，即基准面 H 的高程为零。基准面以上的高程为正，基准面以下的高程称为负。图 13-1（a）中，A 点高程为 $+4m$，B 点高程为 $+3m$，C 点高程为 $0m$，D 点高程为 $-2m$。标高投影如图 13-1（b）所示。在投影图中，应画上绘图比例尺，并注明刻度的单位。标高投影中，常用单位为米（m），一般可略去不写。

点的标高投影，就是在点的水平投影旁注上点的高程数值，其高程数值称为该点的标高。

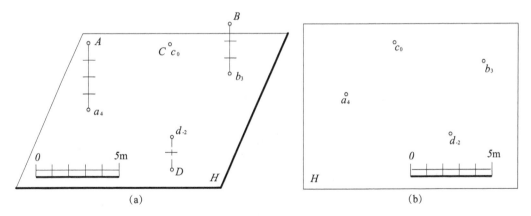

图 13-1　点的标高投影

二、直线的标高投影 [Topographic Projection of Straight Lines]

1. 直线的表示法

直线的标高投影，可用直线的水平投影，并在直线的两个端点加注标高值表示。如图 13-2 中，一般直线 AB、水平线 CD、铅垂线 EF 的标高投影分别是 a_4b_3、c_2d_2、e_5f_1。

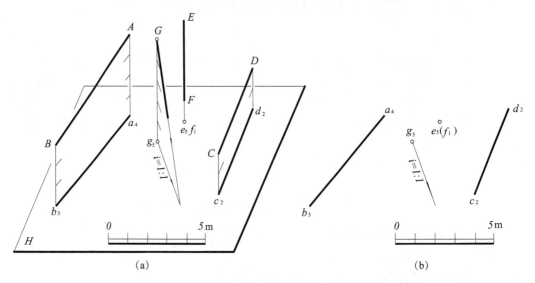

图 13-2　直线的标高投影

也可用直线上一点的水平投影及该点标高值和直线下降的坡度方向及坡度值 i 表示。如图中 g_5，$i=1$，箭头表示直线下坡方向。

2. 直线的实长及刻度

（1）标高投影中要求直线的实长，可用直角三角形法。以标高投影长为一直角边，以标高投影两端点高程之差为另一条直角边，作出直角三角形，斜边为所求直线的实长，斜边与标高投影的夹角是直线对水平面的倾角。如图 13-3 所示，a_6B_0 为实长，α 为直线对基准面 H 的倾角。

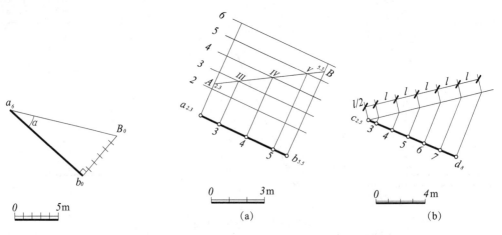

图 13-3　直线的实长和倾角　　　　　　图 13-4　直线的刻度

（2）直线的刻度。在直线的标高投影上，定出直线上各整数的标高点。求作直线标高投影上的整数标高点，可采用换面法的概念：如图 13-4（a）所示，要求 AB 的整数标高点，可作一组任意间距的等距平行线平行于标高投影图中为 2、3、4、5、6 五条。过两端点 $a_{2.3}$、$b_{5.5}$ 作 $a_{2.3}b_{5.5}$ 的垂线，并按标高 2.3 和 5.5 定出 A、B 两点，连接 AB。AB 与等距平行线的交点 $Ⅲ$、$Ⅳ$、$Ⅴ$，即为 AB 直线的整数标高点，过这些点作 $a_{2.3}b_{5.5}$ 的垂直线，在 $a_{2.3}$、$b_{5.5}$ 标高投影上得到 AB 直线刻度 3、4、5。也可采用直线定比性求出，如图 13-4（b）中 CD 直线标高投影为 $c_{2.5}$、d_8。确定整数标高点的作法见图中所示。

3. 直线的坡度

直线段上两端点的高度差（标高之差）与直线段的水平距离（水平投影长）之比，称为该直线的坡度，用 i 表示，如图 13-5 所示。即

$$i = \frac{H}{L} = \tan\alpha ,$$

若取高度差为一个单位长，设所对应的水平投影长称为平距，用 l 表示，则

$$i = \frac{1}{l} = \tan\alpha$$

即

$$l = \frac{1}{i} = \cot\alpha$$

该式表明，直线的坡度与平距互为倒数。坡度越大，平距越小，坡度越小，平距越大。

例 13-1 求图 13-6 中 AB 直线的坡度，平距及 C 点的标高。

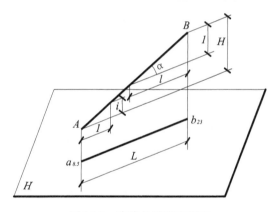

图 13-5 直线的坡度和平距

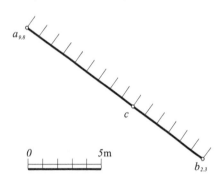

图 13-6 求 AB 的平距和 C 点的标高

解：先求 H 和 L 为

$$H_{AB} = a_{9.8} - b_{2.3} = 9.8 - 2.3 = 7.5 \text{ (m)}$$

$$L_{AB} = 15 \text{ (m)（比例尺量取）}$$

坡度

$$i = \frac{H_{AB}}{L_{AB}} = \frac{7.5}{15} = \frac{1}{2} = 0.5$$

平距

$$l = \frac{1}{i} = \frac{1}{0.5} = 2 \text{ (m)}$$

量得

$$ac = 9, \quad L_{AC} = 9 \text{ (m)}$$

由 $i = \dfrac{H_{AC}}{L_{AC}}$ 得

$$H_{AC}=0.5\times9=4.5\ (\mathrm{m})$$

故 C 点的标高为

$$9.8-4.5=5.3\ (\mathrm{m})$$

第二节　平面、平面立体的标高投影
［Topographic Projection of Planes and Polyhedra］

一、平面的标高投影 ［Topographic Projection of Planes］

（一）平面上的等高线和坡度比例尺

如图 13-7 所示，平面上的水平线称为等高线。应用中，常取平面上整数标高的水平线为等高线。平面与 H 面的交线就是高程为 0 的等高线。等高线是相互平行的水平直线，平距相等。

平面上与 P_H 垂直的直线叫最大坡度线。平面上的 H 面的最大坡度线，代表平面对基准面的坡度，如图 13-7 （a）中 AB 为平面 P 的最大坡度线，α 是平面对基准面的倾角。平面的最大坡度线垂直同一平面上的等高线，在标高投影中最大坡度线与等高线的垂直关系不变，如图 13-7 （b）所示。

在最大坡度线的标高投影上，画上整数标高刻度，标上相应整数标高数，则称该最大坡度线为平面的坡度比例尺。如图 13-7 （b）所示，P_i 是平面 P 的坡度比例尺。

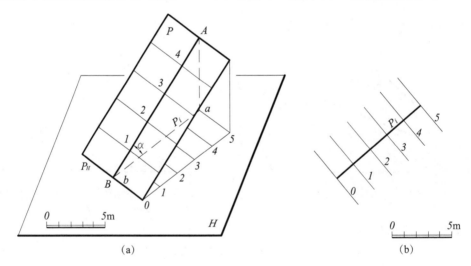

图 13-7　平面的等高线和坡度比例尺

（二）平面的标高表示法

（1）几何元素表示，即正投影中所用的几何元素表示法。如图 13-8 （a）中的 $\triangle A_8 B_4 C_3$。

（2）用坡度比例尺表示，如图 13-8 （b）中的 P_i。

（3）用平面上一等高线和平面坡度及坡向表示，图 13-8 （c）中要求其他等高线，只要求出平面的平距，在坡度线上量取点（间距 = 平距），过点作原等高线平行线即得。

（4）用平面上一直线（非等高线）和平面的坡度及平面坡向那一侧表示，如图 13-8（d）中所示。图中虚线箭头仅表示平面下坡方向在直线那一侧，而非真实方向，故用虚线箭头表示。

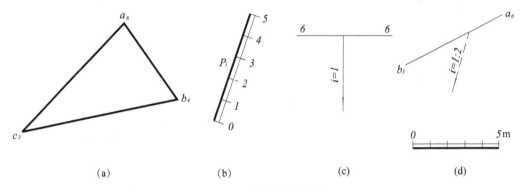

图 13-8　平面的表示方法

例 13-2　求作图 13-8（a）中，平面 ABC 的整数等高线和最大坡度线。

作法如图 13-9 所示：

（1）将 a_8b_4 边四等分，a_8c_3 边五等分。

（2）由 a_8 向下依次连 a_8b_4 连 a_8c_3 上等分点，得等高线 7—7、6—6、5—5、4—b_4。

（3）过 a_8 作 5—5 的垂线 a_8d_4。a_8d_4 即为最大坡度线。

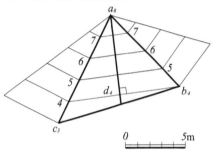

图 13-9　求平面的等高线和最大坡度线

例 13-3　求作图 13-10（b）所示平面的等高线和最高大坡度线。

分析：

如图 13-10（a）所示，以 A 点为锥顶作一圆锥，使圆锥的母线坡度与平面坡度相等（$i=0.5$），高度等于 AB 两点的标高之差。作 BC 与圆锥底圆相切，过切点 C 作 AC，AC 为平面最大斜度线，在 AC 上求作整数标高点（所得为坡度比例尺）。过整数标高点作 BC 平行线，可得平面上整数等高线。

作法如图 13-10（c）所示。

（1）求 AC 的标高投影长 L_{AC}。

$$L_{AC}=\frac{H_{AC}}{i}=（9-4）\times 1.5=7.5（m）$$

（2）以 a_9 为圆心，$L_{AC}=7.5（m）$ 为半径作圆。

（3）过 b_4 作与圆相切直线 b_4c_4，切点 c_4。b_4c_4 为平面 ABC 上一等高线投影。

（4）连接 a_9c_4，a_9c_4 即平面的最大坡度线标高投影。

（5）求作 a_9c_4 或 a_9b_4 的整数标高点。

（6）过整数标高点作直线平行于等高线 b_4c_4。所得该组直线，即为所求平面上等高线。

注：在第（4）步后，也可作 AB 直线的刻度，然后过刻度点作与 b_9c_4 平行的直线，可得平面的等高线。

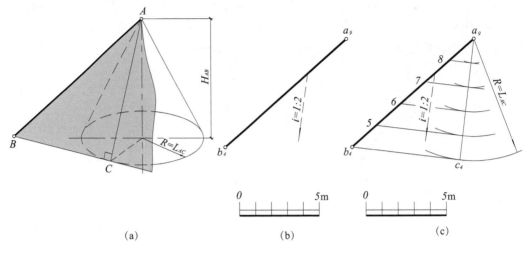

(a)　　　　　　　(b)　　　　　　　(c)

图 13-10　求 ABC 平面的坡度和等高线

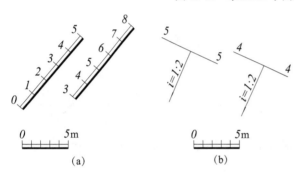

(a)　　　　　　　(b)

图 13-11　两平面平行

2. 两平面相交

两平面相交，交线为一直线。在标高投影中，求交线可用辅助水平面来求。

如图 13-12（a）所示，水平面 H_6、H_9 与两已知相交平面 P、Q 相交。交点 M 是水平面 H_9 与 P、Q 三平面公有点，即相交两平面上同高的等高线必相交，如 H_9 上 M 点。改变水平面的高程，如 H_6，可得交线上另一个点 N。连接 MN 可得两相交平面 P、Q 的交线 MN。

在标高投影中，求作两平面的交线，就是求作两平面上同高程的等高线的交点。作出两个不同高程的等高线上的两个交点，连线可得两平面交线的标高投影，如图13-12所示。

（三）平面的相对位置

1. 两平面平行

两平面平行，则它们的坡度比例尺相互平行，平距相等，标高（数值）递增（或递减）方向一致，如图 13-11（a）所示，P∥Q。

两平面平行，则它们的等高线相互平行，坡度相等，坡度（箭头）方向一致，如图 13-11（b）所示。

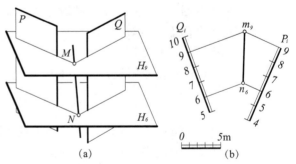

(a)　　　　　　　(b)

图 13-12　两平面相交

例 13-4　图 13-13（a）中，给出了两平面，求作两平面的等高线和交线。

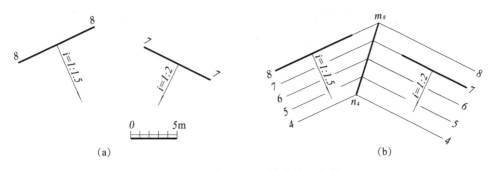

图 13-13 求两平面的等高线和交线

解：求两平面平距

$$l_P = \frac{1}{i_P} = 1.5 \ (m) \qquad l_Q = \frac{1}{i_Q} = 2 \ (m)$$

在对应两坡度线上量取 $l_P = 1.5$（m），$l_Q = 2$（m）。并过交点作同面等高线的平行线。可得两平面上整点等高线，如图 13-13（b）所示。

连结两平面上同高程整点等高线的交点，可得两平面交线。

讨论：若 P、Q 坡度相等（即 $i_P = i_Q$），则平距相等（$l_P = l_Q$），即整数等高线间距相等。交线是两平面上同高程等高线分角线。

二、平面立体的标高投影 [Topographic Projection of Polyhedra]

平面立体各表面均为平面。其标高投影可用平面立体的水平投影，并在各顶角标注高程表示或用平面体上一个水平面及与它相邻表面的坡度表示。如图 13-14（a）表示一个三棱锥，（b）表示一个四棱台。

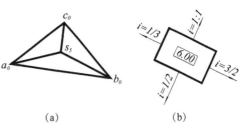

图 13-14 平面表示法

例 13-5 如图 13-15（a）所示，已知四棱台顶面表高程 +4m，底面在基准面上，四个棱面的坡度如图中所示。求作四棱台标高投影。

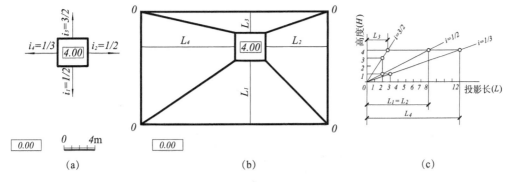

图 13-15 四棱台的标高投影

解：因顶面是一水平面，四条边高程均为＋4m，四个棱面倾斜于基准面。本例可归结为作出四个棱面的两两交线及与基准面的交线。

因基准面高程为 0m，各棱面 4m 等高线到对应棱台底边的高差均相等，即 $H=4m$。求出各棱面 4m 等高线到对应底边的平距。

$$L_1=\frac{H}{i_1}=4\times2=8\ (m)\qquad L_2=L_1$$

$$L_3=\frac{H}{i_3}=4\times\frac{2}{3}=2.6\ (m)$$

$$L_4=\frac{H}{i_4}=4\times3=12\ (m)$$

按平距作顶面各对应边平行线可得底面各对应边。连接顶面、底面对应各顶点，得各棱面的交线，所得平面图即为所求，如图 13-15 (b) 所示。

距离 L_1、L_2、L_3、L_4 也可用图解法求出，求法如图 13-15 (c) 所示。

例 **13-6** 如图 13-16 (a) 所示，一倾斜路面与标高为 0 的地面及标高为 3m 的平台面相连。条件由图 (a) 中给出，求平台面、斜路面及护坡的标高投影。

解：如图 13-16 (b) 所示。

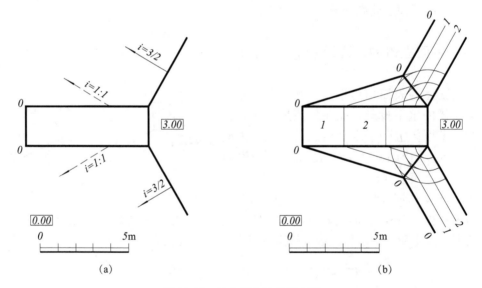

图 13-16 地台平台边坡的交线

（1）求出各护坡水平距离。

$$L_1=\frac{H}{i_1}=3\div\frac{3}{2}=2\ (m)\qquad l_1=1.5\ (m)$$

$$L_2=\frac{H}{i_2}=3\div1=3\ (m)\qquad l_2=1\ (m)$$

（2）作出与地面的交线及护坡之间的交线。

（3）对各边坡边界线进行刻度，并过刻度作出各边坡及斜路面等高线。

第三节　曲线、曲面、曲面立体的标高投影

[Topographical Projection of Curves, Curved Surfaces and Curved Surface Solids]

一、曲线的标高投影 [Topographical Projection of Curve]

在标高投影中，平面立体与曲面立体的交线，两曲面立体的交线的标高投影都是曲线的标高投影。曲线的标高投影，可用曲线的水平投影，并加注曲线上整数标高点表示，如图 13-17 所示。

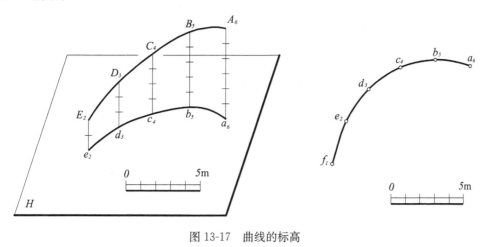

图 13-17　曲线的标高

二、曲面的标高投影 [Topographical Projection of Curved Surfaces]

曲面立体的曲面的标高投影，就是曲面的标高投影。有时，曲面的标高投影与曲面立体的标高投影相同，很难区分。比如圆锥面和圆锥体的标高投影的表示完全相同。曲面的标高投影，是用一系列整数高程的水平面与曲面相交，画出这些水平面与曲面的交线的标高投影。即曲面的标高投影，可用曲面的水平投影和曲面上整数等高线及在等高线上注上标高表示。

1. 圆锥面的标高投影

如图 13-18 所示，用一组间距相等的水平面截圆锥面，截交线为等高线，若用整数高程的一组水平面截，所得等高线为整数标高。在等高线上标注标高，并注上锥顶标高。规定标高数字字头朝向高处。图 13-18 中，图（a）为锥顶向上的正圆锥；图（b）为锥顶向下的正圆锥；图（c）为锥顶向上的斜圆锥。从图中可看出：正圆锥，它们的等高线都是同心圆，而且平距相等。

2. 同坡曲面的标高投影

同坡曲面，就是一个坡度处处相等的曲面。如图 13-19（a）所示，同坡曲面是一正圆锥，锥顶沿一空间曲线 M 运动，正圆锥的回转轴在运动中始终垂直于基准面 H，所有正圆锥的包络曲面就是同坡曲面。因此，正圆锥面的坡度就是同坡曲面的坡度，正圆锥的平距也就是同坡曲面的平距。

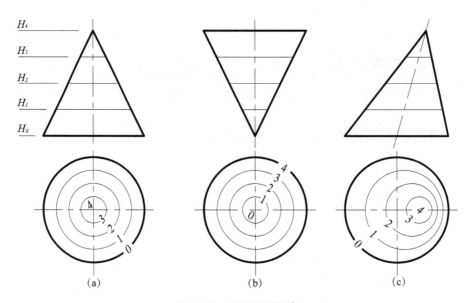

图 13-18　圆锥面的标高

如图 13-19（b）所示，若知道曲线 M 的投影 $a_4 b_3 c_2 d_1 e_0$ 及该同坡曲面的坡度 $i=1:2$。作该同坡曲面的标高投影。

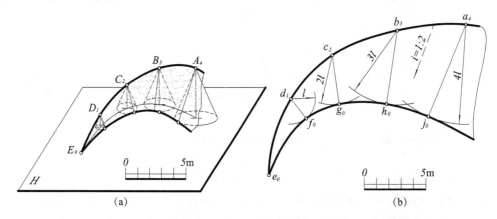

图 13-19　同坡曲面的标高投影

首先，求出同坡曲面的平距 $l=1/i=2$（m），然后分别以 a_4、b_3、c_2、d_1 为圆心，分别以 $4l$、$3l$、$2l$、l 为半径作各圆锥面的同心圆，即得圆锥面的等高线。作各圆锥面上相同高程等高线的包络线（即过 e_0 作 $f_0 g_0 h_0 j_0$ 公切线），即得同坡曲面的等高线。设地面标高为 0。

例 13-7　如图 13-20（a）所示，平台高标高为 4m，用一弯曲的路面与平台相连，道路坡度不变。则道路两边的边坡是同坡曲面。求作道路、平台及地面的交线。

解：作法如图 13-20（b）所示。

（1）计算同坡曲面和平台的平距

$$L_1 = \frac{1}{i_1} = 1.5 \text{（m）}$$

$$L_2 = \frac{1}{i_2} = 1 \text{（m）}$$

（2）弯道两边线是同坡曲面的导线，在其上取整数标高点（如 a、b、c、d）作为锥顶位置。

（3）过各锥顶，并根据各点的高程，作半径为 l_1、$2l_1$、$3l_1$、$4l_1$ 的正圆锥等高线（圆），并作这些正圆锥上同高等高线的包络线（曲切线），即得弯道两面的同坡曲面上的等高线。

（4）作平台的等高线，即平距为 $l_2=1$（m），相互平行且平行于平台边的等高线。

（5）平台与同坡曲面同高的等高线交点为交线上点。连接各交点，即得交线的标高投影。

（6）同坡曲面 0 等高线和平台边坡面上 0 等高线是两坡面与地面的交线。

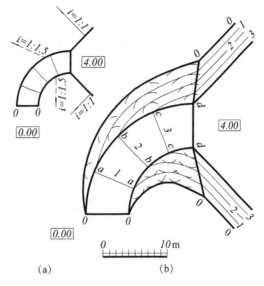

图 13-20　平台、弯斜路面的标高投影

三、曲面立体的标高投影 [Topographical Projection of Curved Surface Solids]

曲面立体的表面由曲面和平面围成。由于曲面变化繁杂，曲面立体简繁不一。曲面立体的标高投影的形成，是用一系列的水平面与曲面立体相截，截交线是等高线，将这些等高线投影到水平基准面上，并在等高线上加注标高。若用整数高程的水平面相切，则等高线为整数标高的等高线。因此，曲面立体的标高投影，就是用曲面立体表面上整数标高的一组等高线来表示的。

如图 13-21 所示，一个山体的标高投影图（a）为标高投影的形成，图（b）为某一区域地形的标高投影。

由图中可知，山体（曲面立体）的标高投影有以下特性：

（1）等高线一般是封闭曲线。

（2）除悬崖绝壁（铅垂平面）的位置外，等高线一般不相交。

（3）等高线越密，表明坡度越陡；反之坡度越小。

曲面立体的标高投影，一般用整数等高线及等高线上的标高值来表示。例如山体或地面地形的高低起伏，在工程建设中，往往要在高低起伏的地面上平整出一块平地，或修建道路。这就要求出在地形面上的挖方、填方。实际上就是要求出平面、曲面（即立体表面）相互之间和与地形面之间相交的交线的问题。

例 13-8　如图 13-22 所示，一弯曲平路面，路面两侧边界半径为 R_1、R_2，通过一山丫口。路段两侧开挖的边坡均相同，$i=2:1$。设路面标高为 20m，试求作路段两侧边坡及山体的交线（挖方边界线）。

解：道路两边界曲线为圆，标高均为 20m，两侧边坡为同坡曲面，且两侧同坡曲面的等高线应为对应道路边界线的同心圆，且平距相等。

作法：如图 13-23 所示

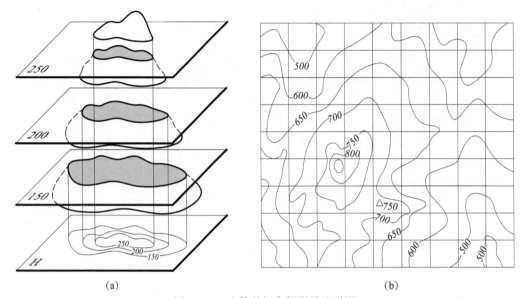

(a)   (b)

图 13-21 山体的标高投影及地形图

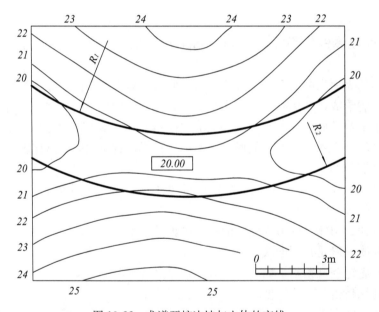

图 13-22 求道开挖边坡与山体的交线

（1）计算边坡的平距

$$l = \frac{1}{i} = 0.5 \ (\text{m})$$

（2）以 $R_1 - l$、$R_1 - 2l$、$R_1 - 3l$、…作一组等高线，以 $R_2 + l$、$R_2 + 2l$、$R_2 + 3l$、…作一组等高线。

（3）求出所作等高线与山体同高程等高线的交点，并光滑连接。

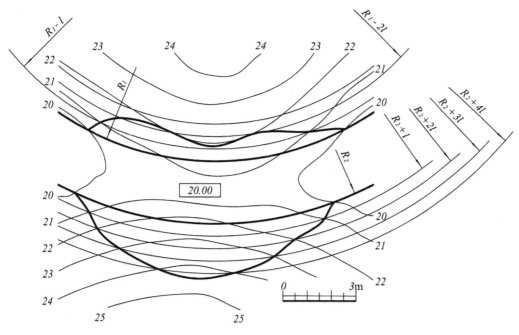

图 13-23　作弯道开挖边坡与山体的交线

第十四章 机械图
Chapter 14 Mechanical Drawing

第一节 概 述
[Introduction]

在建筑工程的设计、施工和管理工作中，经常要对各种机械设备和施工机械进行选型、保养、维护或革新等工作。此外，建筑上一些构造设备和金属配件，如灯饰、门窗开关和铰链、金属栏杆、扶手等，都要按机械图的规定绘制出生产图样。因此，作为一个建筑工程技术人员，应掌握一定的机械制图的基本知识，有一定的阅读和绘制机械图的能力。

机械图和建筑图的图示基本原理都是正投影法，因而有相同点，但由于两者表达的对象的不同，因此在表达方法和表达内容上不尽相同。

每台机器都是由若干部件和零件组成，部件又由若干零件装配而成。因此，机械图一般分为零件图和装配图。各种图中，都有一定的规定画法和简化画法。要阅读和绘制机械图，除掌握投影原理以外，还必须了解和遵循国家标准《机械制图》的各项规定，弄清机械图和建筑图的差异，掌握机械图的图示特点和表达方法。

一、基本视图 [Principle View]

与建筑图的投影原理一样，机械图仍然采用六面投影图。在机械制图中，把正面投影称为主视图，水平投影称为俯视图，侧面投影称为左视图。此外，还有右视图、仰视图、后视图。这六个视图称为基本视图。

六个基本视图的配置关系如图 14-1 所示。机械制图国家标准规定：同一张图纸内，当采用缺省配置（按投影关系配置）时，一律不标注视图的名称。

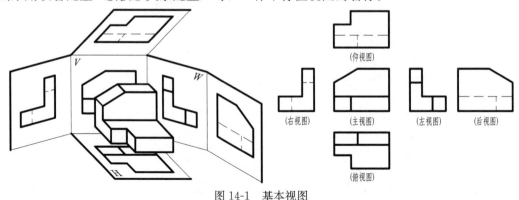

图 14-1　基本视图

若一个机件的基本视图不按图 14-1 的缺省配置，或未画在同一张图纸上时，则此视图称为向视图。此时，应在视图上方用大写拉丁字母字母标出视图的名称"×"，并在相应的视图附近用箭头和相同的大写字母表示该向视图的投射方向，如图 14-2 所示。

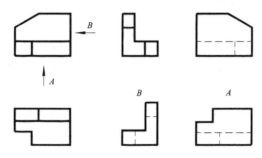

图 14-2　向视图及其标注

现将机械图、建筑图的视图名称、标注对照列于表 14-1 中。

表 14-1　机械图、建筑图的视图名称、标注对照表

视图名称		视图标注	
机械图	建筑图	按投影关系配置	不按投影关系配置
主视图	正立面图	机械图：不必标注；建筑图：习惯上都需注写图名	机械图：在不按投影关系配置的视图上方正中间用大写字母标出视图的名称，如"A"，在相应的视图附近用箭头指明投射方向，并在箭头旁注上相同的字母 建筑图：在不按投影关系配置的视图下方正中间标出视图的名称，并需在图名下画上一条粗横线，如"平面图"
俯视图	平面图		
左视图	左侧立面图		
右视图	右侧立面图		
仰视图	底面图		
后视图	背立面图		

二、剖视图、断面图 [Sectienal Views and Cut]

机械零件或装配体的内部一般较为复杂，为了能清晰地表达其内部形状和结构，并便于标注尺寸，往往采用剖视图、断面图的形式来表达。它与建筑图中的剖面图、断面图的概念是完全一致的，仅是名称上的不同，即机械图中的剖视图相当于建筑图中的剖面图，机械图中的断面图相当于建筑图中的断面图。

如图 14-3 所示，托架的左视图采用是几个平行剖切平面剖切的方法。在托架的主视图中用短粗实线（5～8mm）作为剖切符号在起、迄和转折处标出剖切位置，两端画上箭头，表示投射方向（本例箭头已省略），并在箭头和每个拐角处标写字母 A 作为标记。在左视图上方标出对应的"A—A"字样。

图 14-3 还用了一处移出断面图来表示托架上肋板的形状。

现将机械图的剖视图和建筑图的剖面图标注对照列于表 14-2。

表 14-2　机械图的剖视图和建筑图的剖面图标注对照表

	机械图的剖视图	建筑图的剖面图
剖切符号	用短的粗实线画出积聚的剖切平面位置	
投影方向	用垂直于剖切符号的箭头表示投影方向，并在箭头旁注写大写字母	用垂直于剖切符号的粗折线表示投影方向，并在折线旁注写数字
剖视（面）图名称	用相同字母"×—×"表示剖视图的名称，如"A—A"，水平地标注在剖视图的上方正中	用相同数字"×—×"表示剖面图的名称，水平地标注在剖面图的下方正中，并在图名下加粗横线，如"2—2"，
轮廓线	无变化，均为粗实线	剖面轮廓线为粗实线，可见轮廓线为中实线
省略标注的原则	相同	

第二节　机械零件图
[Drawings of Mechanical Parts]

机械和设备都是由加工出的零件装配而成的。生产过程中，指导制造和检验零件的所依据图样，称为零件图。它不仅应将零件的内外结构形状和大小、材料表达清楚，还要对零件的加工、检验、测量提出必要的技术要求。

图 14-3（a）是这个托架零件的立体图。图 14-3（b）是托架的零件图，这个托架是滑轮装置中的一个零件。

(a) 托架立体图

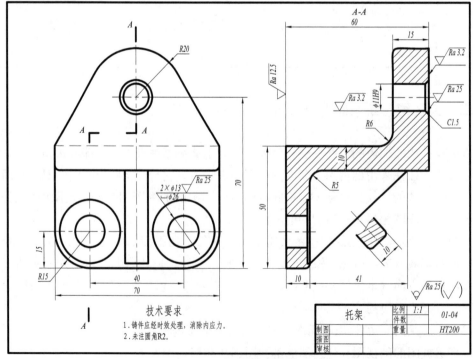

(b) 托架零件图

图 14-3　滑轮装置零件——托架

一张零件图主要包括下列三个方面的内容。

一、一组视图 [A Group of Views]

如图 14-3 所示，托架的零件图由两个视图，即主视图和全剖的左视图组成，左视图是几个相互平行的剖切面剖切的方法所得，剖切符号标注在主视图上。还用了一处移出断面图来表示肋板的形状，并在断面图上标注了肋板的厚度。

二、完整的尺寸 [Integrated Dimensions]

零件图中应正确、完整、清晰、合理地注出制造加工零件所需的全部尺寸。机械图的尺寸要求完整，是指尺寸无遗漏，在一般情况下，没有重复或多余的尺寸，不能注成封闭的尺寸链，不像建筑图中可以注出必要的重复尺寸。建筑图中，尺寸一般注成连续的封闭形式，但机械图由于零件的加工精度和装配精度的要求，尺寸必须注成没有重复的开口形式，这是机械图和建筑图在尺寸标注上的一个重要的不同之处。

在机械零件图中，尺寸线终端符号一般采用的是箭头，也可画成 45°的斜线。尺寸界线应由图形的轮廓线、轴线或对称中心线处引出，即要和图形接触，这是和建筑图不同的地方。

机械零件图的尺寸标注得合理，需要较多的机械设计和加工制造方面的知识，即标注的尺寸能满足设计、加工工艺和装配的要求，也就是使零件能够在部件或机器中很好地工作，又能够使零件便于制造、测量和检验。这涉及有关机械专业知识，在此不作详述。

三、技术要求 [Technical Requirements]

零件图中必须用规定的代号、数字和文字表示出在制造和检验零件时所应达到的技术要求。例如尺寸公差 $\phi 11$ $\left(^{+0.043}_{0}\right)$、表面结构等 $\sqrt{\overline{Ra\,1.6}}$。

1. 尺寸公差

尺寸公差是指零件的尺寸在加工时允许的变动量，目的是使零件具有互换性。

有关公差方面的名词术语、定义以 $\phi 11$ $\left(^{+0.043}_{0}\right)$ 为例，作简要说明如下。

（1）公称尺寸：由图样规范确定的理想形态要素的尺寸，即零件图上标注的尺寸。本例中 $\phi 11$ 为基本尺寸。

（2）上极限尺寸：制造时允许达到的最大尺寸。本例中为 $\phi 11.043$。

（3）下极限尺寸：制造时允许达到的最小尺寸。本例中为 $\phi 11.000$。

（4）上极限偏差：上极限尺寸减去公称尺寸所得的代数差。本例中，上极限偏差 ＝ 11.043－11 ＝ +0.043。

（5）下极限偏差：下极限尺寸减去公称尺寸所得的代数差。本例中，下极限偏差 ＝ 11.000－11 ＝ 0。

（6）公差：允许尺寸的变动量。公差等于上极限尺寸减去下极限尺寸，本例中公差为 11.043－11.000 ＝ 0.043；也等于上极限偏差与下极限偏差之代数差的绝对值，本例中

的公差还可这样计算为 $|0.043 - 0| = 0.043$。

（7）实际尺寸：对制成的零件实际测量所得的尺寸。实际尺寸应在上极限尺寸和下极限尺寸之间的范围内，即在公差范围内，否则该零件为不合格品。

尺寸公差常用公差带代号来表示，例如图 14-3 所示托架的零件图上，有一处重要尺寸注有公差 $\phi 11H9$ 等。$\phi 11H9$ 即为 $\phi 11 \left(^{+0.043}_{0}\right)$ 的公差带代号。公差带代号可通过查阅 GB/T 1800—2009 中的轴和孔的极限偏差表，就能得到该尺寸的上、下极限偏差。

2. 表面结构

经过机械加工以后的零件表面，总是要出现宏观和微观的几何形状误差。为了保证零件的使用要求，要根据功能需要对零件的表面结构给出质量的要求。表面结构包括表面粗糙度、表面波纹度、表面纹理和表面几何形状等。因此，恰当地选择零件表面结构参数，对提高零件的工作性能和降低生产成本都具有重要的意义。

表面结构重要参数之一是 R 轮廓，即表面粗糙度，反映的是零件被加工表面上的微观几何形状误差。R 轮廓的参数主要有：Ra（算术平均偏差），Rz（最大高度）。通常选用 Ra。Ra 数值常用 100、50、25、12.5、6.3、3.2、1.6、0.8、0.4、0.2、0.1、0.05、0.025、0.012，单位为 μm，数值越小，表面越光滑，表面质量也越高，加工难度也越大。

工程图中对表面结构的要求可用图形符号表示，完整图形符号及意义如表 14-3 所示。

表 14-3 表面结构的完整图形符号及其意义

符 号	意 义	文字表达
 √	允许任何工艺得到的表面	APA
 √	符号上加一短划，表示指定表面是用去除材料的方法获得。如：车、铣、钻、磨、抛光、腐蚀、点火花加工等	MRR
 √	符号上加一小圆，表示指定表面是用不去除材料方法获得。如：铸、锻、冲压、热轧、冷轧、粉末冶金等，或是用于保持原供应状况的表面	NMR

给出表面结构要求时，应标注其参数代号和说明极限数值，参数一般常标注 R 轮廓，如表 14-4 所示。

表 14-4 表面结构参数代号示例

代号	含义/解释
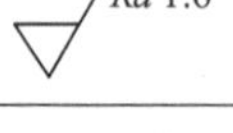 √ $Ra\,1.6$	表示去除材料，单向上限值，R 轮廓，算术平均偏差 $1.6\mu m$
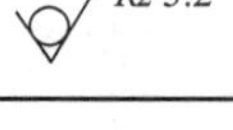 √ $Rz\,3.2$	表示不去除材料，单向上限值，R 轮廓，粗糙度的最大高度 $3.2\mu m$

表面结构要求在图样上的注法，如图 14-4、图 14-5 所示。

标注的基本原则为：在同一图样上，每一表面一般只标注一次；表面结构的注写和读取方向与尺寸的注写和读取方向一致；其位置可标注在轮廓线上，其符号应从材料外指向并接触表面，必要时，也可用带箭头或黑点的指引线引出标注；也可标注在尺寸线、尺寸

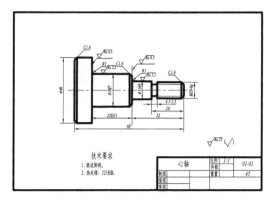

图 14-4 滑轮装置中的心轴零件图

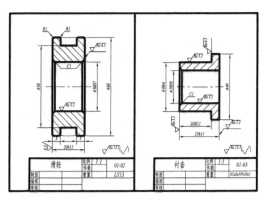

图 14-5 滑轮装置中的其他零件图

界线或轮廓线的延长线上；当零件的多数（包括全部）表面有相同的表面结构要求时，可统一标注在图样的标题栏附近。

3. 其他技术要求

零件图上的技术要求，内容广泛，应根据零件的设计、加工、装配以及等具体要求来确定，当零件的某些制造要求，无法在零件图的图形上用代（符）号进行标注或标注过于繁琐时，则常列入技术要求用文字加以补充说明，一般书写在零件图的下方和右侧空隙处。如图 14-3 所列的技术要求，说明了热处理的要求等。

滑轮装置的其他零件图如图 14-4、图 14-5 所示。

第三节 常用零件的规定画法
[Conventional Representation for Common Parts]

在机器或仪器中，有些大量使用的机件，如螺栓、螺母、螺柱、螺钉、键、销、轴承等，它们的结构和尺寸均已标准化、系列化，这类机件称为标准件。还有些机件，如齿轮、弹簧等，它们的部分参数已标准化、系列化。由于这些零部件的结构和尺寸都已全部或部分标准化、系列化，为了提高绘图效率，对上述零部件的某些结构和形状不必按其真实投影画出，而是根据相应的国家标准所规定的画法、代号和标记进行绘图和标注。

本节将介绍有关标准件、齿轮和弹簧的结构、规定画法和标记。

一、螺纹和螺纹连接 [Threads and Screw Connection]

螺纹是在圆柱或者圆锥表面上沿着螺旋线所形成的、具有相同轴向断面的连续凸起和沟槽，如图 4-6 所示。螺纹在螺钉、螺栓、螺母和丝杠上起连接或传动作用。在回转体外表面上加工形成的螺纹称为外螺纹，在内表面上加工形成的螺纹称为内螺纹。

（一）螺纹的基本要素

（1）牙型。螺纹牙齿的断面形状。根据其形状及用途可分三角形、梯形、矩形、锯齿形等。

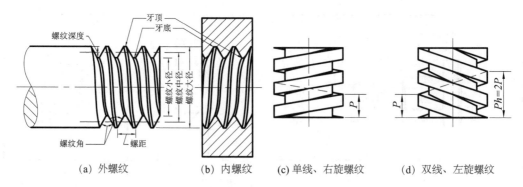

图 14-6　外螺纹，内螺纹、线数、旋向

（2）螺纹大径。螺纹的最大直径，用 D、d 表示（表示螺纹直径时，外螺纹用大写字母，内螺纹用小写字母）。螺纹的公称直径也即螺纹大径，公称直径是代表螺纹尺寸的直径。

（3）螺纹小径。螺纹的最小直径，用 D_1、d_1 表示。

（4）螺距。相邻两牙对应点间的距离，用 P 表示。

（5）线数。同一圆柱上螺纹的条数，用 n 表示。

（6）导程。同一条螺纹上任意一点绕轴线一周后，轴向前进的距离，用 Ph 表示。单线时 $Ph=P$，多线时 $Ph=nP$。

（7）旋向。螺纹旋向有左、右旋之分。顺时针转时旋入的为右旋，逆时针转时旋入的为左旋。右旋螺纹最为常见。左旋螺纹用 LH 表示，右旋不标注。

（二）螺纹及螺纹连接的画法

由于螺纹是采用专用机床和刀具加工，所以无需将螺纹按真实投影画出。国家标准 GB4459.1—1995《机械制图　螺纹及螺纹紧固件表示法》中规定了机械图样中螺纹和螺纹紧固件的画法，其主要内容如下。

1. 外螺纹的规定画法

在平行于螺纹轴线的投影面的视图中，外螺纹牙顶及螺纹终止线用粗实线表示，牙底用细实线表示，螺杆的倒角或倒圆部分也应画出。小径通常画成大径的 0.85 倍。在垂直于螺纹轴线的投影面的视图中，表示牙顶的圆画为粗实线，表示牙底圆的细实线只画约 3/4 圈，此时螺杆上的倒角圆省略不画，如图 14-7（a）、（b）所示。

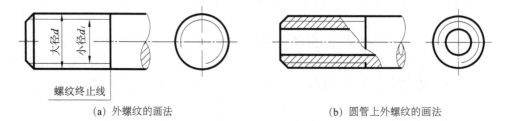

（a）外螺纹的画法　　　　　　　　　（b）圆管上外螺纹的画法

图 14-7　外螺纹的规定画法

2. 内螺纹的规定画法

在剖视图或断面图中，内螺纹牙顶及螺纹终止线用粗实线表示，牙底为细实线；对于不穿通的螺纹，钻孔深度一般应比螺纹深度大 $0.5D$，底部的锥顶角应按 $120°$ 画出，如图 14-8（a）主视图所示。在垂直于螺纹轴线的投影面的视图中，牙顶圆画为粗实线，牙底仍画成约 3/4 圈的细实线，并规定螺纹孔的倒角圆也省略不画，如图 14-8（a）左视图所示。不可见螺纹的所有图线均用虚线绘制，如图 14-8（b）所示。

无论是外螺纹或内螺纹，在剖视图或断面图中的剖面线都必须画到粗实线。

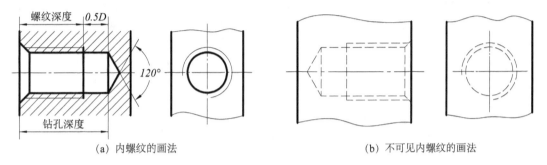

(a) 内螺纹的画法　　　　　　　　(b) 不可见内螺纹的画法

图 14-8　内螺纹的规定画法

3. 螺纹连接的规定画法

如图 14-9 所示，用剖视图表示内、外螺纹的连接时，其旋合部分应按外螺纹的画法绘制，不旋合部分仍按各自的画法表示。必须注意：表示大、小径的粗实线和细实线应分别对齐，而与倒角的大小无关。

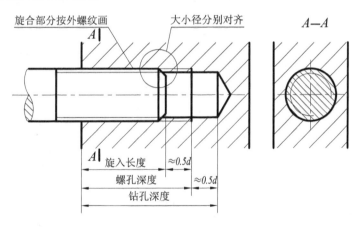

图 14-9　螺纹连接的规定画法

（三）常见螺纹及其标注

对标准螺纹，应注出相应标准所规定的螺纹标记。普通螺纹、梯形螺纹、锯齿形螺纹其标记应直接注在大径的尺寸线上；管螺纹的标记一律注在引出线上，引出线应由大径处引出。标准螺纹的标注示例如表 14-5 所示。

表 14-5 常用标准螺纹的标注示例

标注图例	标记	说 明
（M10 图例）	M10	M 表示螺纹特征代号为粗牙普通螺纹，螺纹公称直径（大径）为 10，右旋
（M10×1-LH 图例）	M10×1—LH	细牙普通螺纹，螺纹大径为 10，螺距为 1，左旋。细牙时须注螺距，LH 表示左旋
（G3/4 图例）	G3/4A	55°非密封的圆柱外管螺纹，G 为螺纹特征代号，即管螺纹。3/4 为尺寸代号（英寸制）

（四）常用螺纹紧固件的画法

螺纹紧固件各部分尺寸可以根据规定标记从相应国家标准中查出，但在绘图时为了提高效率，却大多不必查表而是采用比例画法。所谓比例画法就是将螺纹紧固件各部分的尺寸根据公称直径的不同比例画出的方法。图 14-10 为一些常用螺纹紧固件的比例画法。

常见的螺纹连接形式有：螺栓连接，螺柱连接，螺钉连接等。

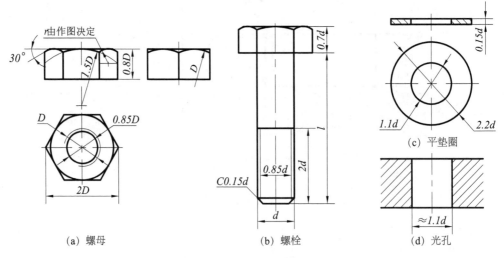

| (a) 螺母 | (b) 螺栓 | (c) 平垫圈 |
| | | (d) 光孔 |

图 14-10 常用螺纹紧固件等的比例画法

在画螺纹紧固件的装配图时，应遵循下面一些基本规定：

（1）两零件的接触表面画一条线，不接触表面画两条线。

（2）在剖视图中，相邻两零件的剖面线方向应相反，或方向相同而间距不等；但同一个零件在不同视图上的剖面线方向和间隔必须一致。

（3）对于紧固件和实心零件，如螺柱、螺栓、螺钉、螺母、垫圈、键、销及轴等，若剖切平面通过它们的轴线时，这些零件均按不剖绘制，仍画外形，需要时，可采用局部剖视。

下面以螺栓连接为例来看螺纹紧固件连接的画法，螺柱连接、螺钉连接与其类似，在此不再举例。

螺栓是用来连接不太厚、能钻成通孔的两个或多个零件。连接时，先将螺栓穿过被连接件的通孔，一般以螺栓的头部抵住被连接件的下端，然后在螺栓上部套上垫圈，垫圈的作用是增加支撑面和防止损伤被连接件的表面，最后旋上螺母拧紧。图 14-11 为螺栓连接的装配画法。

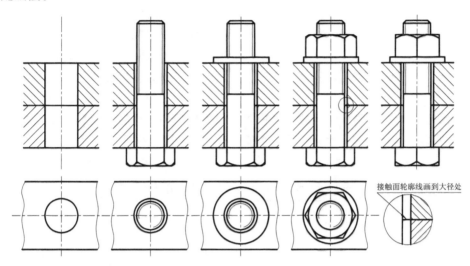

图 14-11　螺栓连接的装配过程及画法

二、齿轮［Gears］

齿轮是机器、仪表中广泛应用的传动零件，常用于传递动力、运动，改变运动方向，改变速度等。

本节仅介绍直齿圆柱齿轮（图 4-12），其中各部分的名称如图 4-13 所示。

图 14-12　圆柱直齿轮

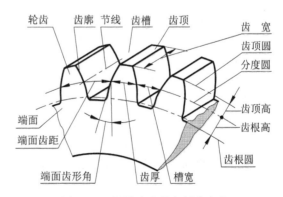

图 14-13　圆柱直齿轮各部分名称

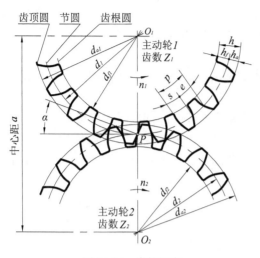

图 14-14　齿轮要素

1. 齿轮各部分的几何要素（图 14-14）

（1）分度圆直径 d。齿轮的传动可假想为这两个圆作无滑动的纯滚动。这两个圆称为齿轮的节圆。对于标准齿轮来说，节圆和分度圆是一致的。对单个齿轮而言，分度圆是设计、制造齿轮时进行各部分尺寸计算的基准圆，也是分齿的圆，所以称为分度圆，其直径用 d 表示。

（2）齿顶圆直径 d_a。齿顶圆柱面与端平面的交线称为齿顶圆，其直径用 d_a 表示。

（3）齿根圆直径 d_f。齿根圆柱面与端平面的交线称为齿根圆，其直径用 d_f 表示。

（4）模数 m。模数 m 是设计、制造齿轮的重要参数。为了提高齿轮的互换性，便于齿轮的设计、加工与修配，减少齿轮刀具的规格品种，提高其系列化和标准化程度，齿轮模数的数值已标准化。齿轮模数的数值可查阅相关国家标准。

齿轮模数 m 及齿数 z 确定后，可按表 14-6 所列公式计算齿轮各几何要素的尺寸。

表 14-6　直齿圆柱齿轮各几何要素的尺寸计算

名　称	代　号	计算公式
齿顶高	h_a	$h_a = m$
齿根高	h_f	$h_f = 1.25m$
齿高	h	$h = 2.25m$
分度圆直径	d	$d = mz$
齿顶圆直径	d_a	$d_a = m(z+2)$
齿根圆直径	d_f	$d_f = m(z-2.5)$

2. 圆柱齿轮的规定画法

（1）单个圆柱齿轮的规定画法，在外形视图中，齿顶圆和齿顶线用粗实线绘制，分度圆和分度线用细点画线绘制，齿根圆和齿根线用细实线绘制，也可省略不画，如图 14-15（a）、（b）所示；在剖视图中，当剖切平面通过齿轮的轴线时，轮齿部分一律按不剖处理，齿顶线和齿根线用粗实线绘制，如图 8-15（c）所示。齿轮的其他结构，按投影画出。

（2）圆柱齿轮啮合的规定画法。两圆柱直齿轮啮合的立体图如图 14-16 所示。在垂直于圆柱齿轮轴线的投影面的视图中，两相啮合齿轮的分度圆必须相切，啮合区内的齿顶圆均用粗实线绘制，齿根圆用细实线绘制，如图 14-17（b）所示，也可省略不画，如图 14-17（c）所示；在通过轴线的剖视图中，在啮合区内，两齿轮的节线重合，用细点画线绘制。设想两齿轮存在前后遮挡关系，将其中一个齿轮的齿顶线用粗实线绘制，另一个齿轮的被遮挡住的部分的齿顶线用细虚线绘制，两齿轮的齿根线均用粗实线绘制，如图 14-17（a）的主视图所示。注意：在剖视图中，由于齿轮的齿顶高与齿根高相差 $0.25m$，所以一个齿轮的齿顶线和另一个齿轮的齿根线之间在啮合区应有 $0.25m$ 的径向间隙。

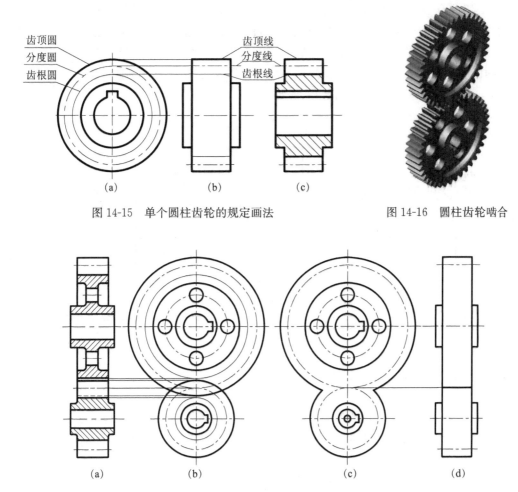

齿顶圆
分度圆
齿根圆

齿顶线
分度线
齿根线

(a)　　　　　(b)　　　　　(c)

图 14-15　单个圆柱齿轮的规定画法

图 14-16　圆柱齿轮啮合

(a)　　　　(b)　　　　(c)　　　　(d)

图 14-17　圆柱齿轮啮合的规定画法

三、键连接 [Keys Connection]

　　键通常用来连接轴和装在轴上的转动零件，如齿轮、带轮等，起传递扭矩的作用。它的一部分安装在轴的键槽内，另一凸出部分则嵌入轮毂槽内，使两个零件一起转动。

　　键是标准件，它的种类很多，常用的键有普通平键、半圆键和钩头楔键等，如图 14-18所示。其中普通平键应用最广。

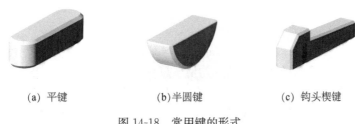

(a) 平键　　　　(b)半圆键　　　　(c) 钩头楔键

图 14-18　常用键的形式

图 14-19（a）表示的是普通平键连接的装配画法。图 14-19（b）、（c）分别表示的是轴、轮毂上的键槽。普通平键的两侧面是工作面，在装配图中，键的两侧面与轮毂、轴的键槽两侧面接触，键的底面与轴的键槽底面接触，画一条线；而键的顶面与轮毂上键槽的底面之间应有间隙，为非接触面，要画两条线。按国家标准的规定，轴和键均按不剖形式画出。为了表示轴上的键槽，采用局部剖视。

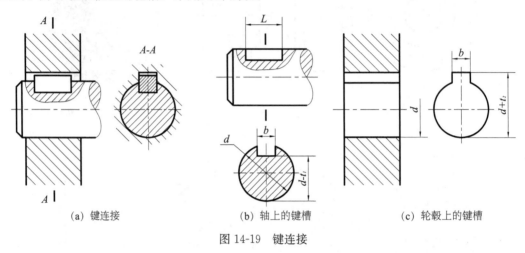

(a) 键连接　　(b) 轴上的键槽　　(c) 轮毂上的键槽

图 14-19　键连接

四、弹簧 [Spring]

弹簧是一种常用零件，它的作用是减震、夹紧、储能、测力等。其特点是当去掉外力后，弹簧能立即恢复原状。常见的弹簧类型如图 14-20 所示。

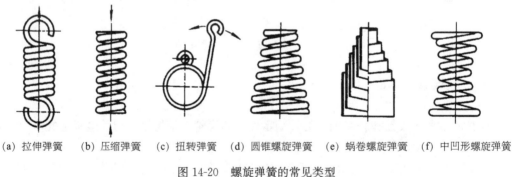

(a) 拉伸弹簧　(b) 压缩弹簧　(c) 扭转弹簧　(d) 圆锥螺旋弹簧　(e) 蜗卷螺旋弹簧　(f) 中凹形螺旋弹簧

图 14-20　螺旋弹簧的常见类型

这里仅介绍圆柱螺旋压缩弹簧，其各部分的名称及画法如图 14-21 所示。

① 线径 d。缠绕弹簧的钢丝直径。

② 弹簧外径 D_2。弹簧的最大直径；

弹簧内径 D_1。弹簧的最小直径，$D_1 = D_2 - 2d$；

弹簧中径 D。弹簧内径和外径的平均值，$D = (D_1 + D_2)/2 = D_1 + d = D_2 - d$。

③ 节距 t，除支承圈外，相邻两圈的轴向距离。

④ 有效圈数 n、支承圈数 n_z 和总圈数 n_1。为了使螺旋压缩弹簧工作时受力均匀，增加弹簧的平稳性，弹簧的两端并紧、磨平。并紧、磨平的各圈仅起支承作用，称为支承圈。图 14-21 所示的弹簧，两端各有 1.25 圈为支承圈，即 $n_z = 2.5$。保持相等节距的圈

数，称为有效圈数。有效圈数与支承圈数之和，称为总圈数，即 $n_1 = n + n_z$。

⑤ 自由高度 H_0。弹簧在不受外力作用时的高度或长度，$H_0 = nt + (n_z - 0.5) d$。

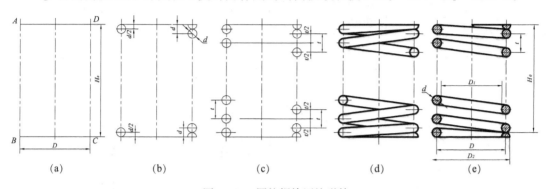

(a)   (b)   (c)   (d)   (e)

图 14-21　圆柱螺旋压缩弹簧

五、滚动轴承 [Rolling Bearings]

滚动轴承是支承旋转轴的标准部件，具有结构紧凑、摩擦力小等优点，在生产中使用比较广泛。轴承的规格、形式很多，都已标准化和系列化了，由专门的工厂生产，需要时可根据要求查阅有关标准选购。

在装配图中，需较详细地表达滚动轴承的主要结构时，可采用规定画法；若只需较简单地表达滚动轴承的主要结构时，可采用特征画法，但同一图样中应采用同一画法。常用滚动轴承的特征画法和规定画法见表 14-7，表中的数据，可根据轴承代号查阅机械设计手册。

表 14-7　常用滚动轴承的特征画法和规定画法

轴承名称代号及 结构形式	查表主 要数据	规定画法	特征画法
深沟球轴承 （GB276—1994） 60000 型	D d B		

轴承名称代号及 结构形式	查表主 要数据	规定画法	特征画法
圆锥滚子轴承 （GB273.1—2003） 30000 型 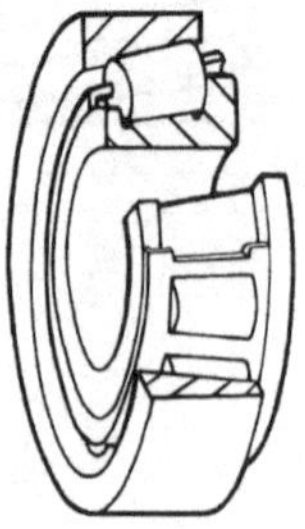	D d B T C	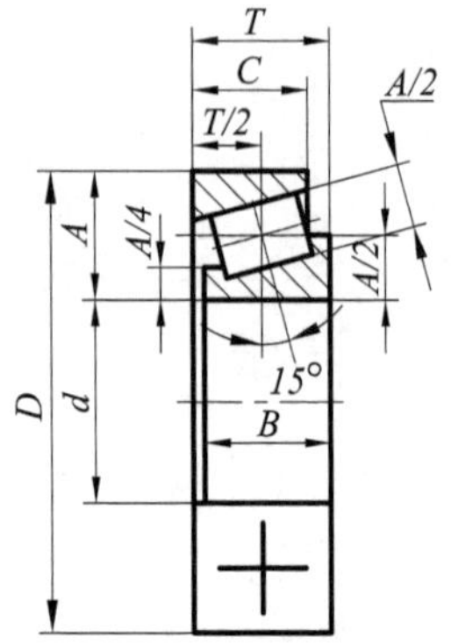	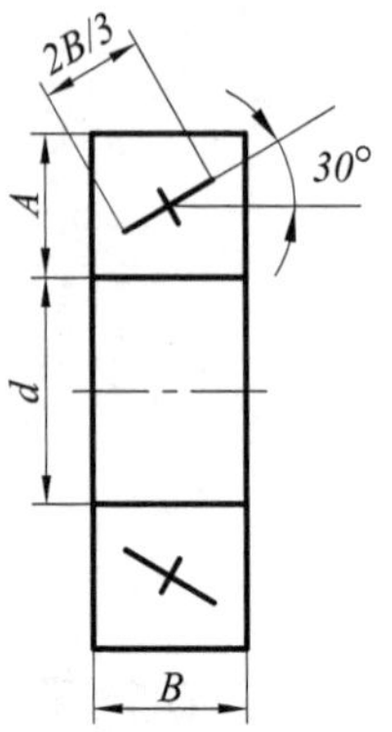

第四节 装 配 图
[Assembly Drawing]

　　装配图是表达机器或部件（装配体）的结构形状、各零件间的装配关系、工作原理、传动关系以及安装上的技术要求等的图样。它是指导机器或部件的装配、安装、检验、使用和维修的主要依据和技术文件。

　　图 14-22 是一张低速滑轮装置的装配图，以它为例，对装配图的内容介绍如下。

一、一组视图 [A Group of Views]

　　装配图由一组视图组成，用以表达各组成零件的相对位置和装配关系，部件（或机器）的工作原理和结构特点。

1. 视图选择

　　装配图的表达重点是机器或部件的装配关系、工作原理和主要零件的结构形状。在装配图中，应选用机器或部件的工作位置或自然位置作为画主视图的位置。一般将最能够充分反映主要零件的相互位置、装配关系和工作原理的视图作为主视图。机器或部件中装配关系密切的一组零件，称为装配干线。为了清楚地表达这些装配关系，常通过装配干线的轴线将部件剖开，画出剖视图作为装配图的主视图。在确定主视图后，还要根据机器或部件的结构形状特征，选用相应的表达方法，通过其他视图表达出主视图未表达清楚的内容。

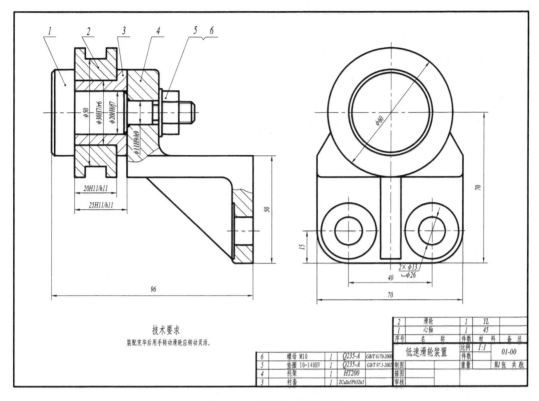

图 14-22　滑轮装置装配图

图 14-23 是一低速滑轮装置的立体图，该装置的工作原理是当传动带成角度传动的时候，起引导传动带的作用。它由装有衬套的滑轮、心轴和托架等零件组成。滑轮和衬套套在心轴上，心轴用螺母、垫圈与托架连接。整个装置通过托架上的两个安装孔用螺栓安装到其他部件上。所以主视图采用其安装位置进行投影，通过心轴轴线的位置进行剖切。这样能把沿心轴轴线方向的装配干线中各零件之间的相互位置和装配关系表达清楚。左视图主要补充表达各零件的相对位置和安装情况。

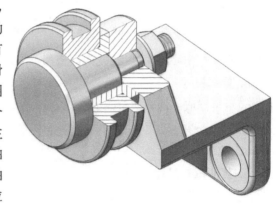

图 14-23　低速滑轮装置

2. 装配图的表达方法

（1）两零件接触表面只画一条轮廓线，不接触表面要画两条线。如图 14-22 所示，滑轮 2 的右端面与衬套 3 上 $\phi40$ 圆柱台阶的左端面的接触表面以及滑轮 2 的 $\phi30$ 的孔与衬套 3 上 $\phi30$ 的外圆柱面的接触面画一条线；而心轴 1 上螺纹退刀槽颈部圆柱与托架 4 的左端面上 $\phi11$ 的孔壁有间隙，故画两条线。

（2）在剖视图中，相邻的两零件的剖面线方向应相反。三个或三个以上零件相邻时，除其中两个零件的剖面线方向不同外，其他零件应采用不同的剖面线间隔或与同方向的剖面线错开。如图 14-22 所示，注意滑轮 2、衬套 3、托架 4 的剖面线。在各视图中，同一零件的剖面线的方向与间隔必须一致。

（3）对于轴、连杆等实心杆以及螺母、螺钉、键、销等标准件，若剖切平面通过其轴线或对称面时，则这些零件均按不剖绘制。如图 14-22 所示，心轴 1、垫圈 5、螺母 6 均按外形绘制。

了解这些表达方法，可以帮助看懂装配图。

二、必要的尺寸 [Necessary Dimensions]

装配图不是制造零件的直接依据。因此，装配图中不需注出零件的全部尺寸，而只需标出一些必要的尺寸。一般情况下，装配图中要标注的尺寸有以下几类。

1. 性能（规格）尺寸

表示机器或部件性能（规格）的尺寸，它在设计时就已经确定，也是设计、了解和选用该机器或部件的依据，如图 14-22 中滑轮的尺寸 $\phi50$、$\phi60$。

2. 装配尺寸

包括保证有关零件间配合性质、相对位置的尺寸、装配时进行加工的有关尺寸等。如图 14-22 中滑轮 2 与衬套 3 的配合尺寸 $\phi30H7/r6$ 和衬套 3 与心轴 1 的配合尺寸 $\phi20H8/f6$ 等，查机械设计手册可知前一个配合是过盈配合，是紧的配合，后一个配合是间隙配合，是松的配合，因为要发生相对转动。

3. 安装尺寸

机器或部件安装到其他设备或基础上时所需的尺寸。如图 14-22 中托架上两个安装孔的大小 $\phi12$ 及中心距 40 以及托架底板尺寸 70×50 等都是与安装有关的尺寸。

4. 外形尺寸

表示机器或部件外形轮廓的大小，即总长、总宽和总高。它为包装、运输和安装过程所占的空间提供了数据。图 14-22 中滑轮装置的总长、总宽、总高分别为 96、70、100（即 $70+60/2$）。

5. 其他重要尺寸

它们是在设计中确定，又不属于上述几类尺寸的一些重要尺寸。

上述五类尺寸之间并不是孤立无关的。实际上有的尺寸往往同时具有多种作用，例如滑轮装置中的尺寸 70，它既是外形尺寸，又与安装有关。此外，一张装配图中有时也并不全部具备上述五类尺寸。

三、技术要求 [Technical Requirements]

装配图上的技术要求是指在设计时，对部件或机器装配、安装、检验和工作运转时所必须达到的指标和某些质量、外观上的要求。这些技术要求可写在图样中的空白处，一般写在右下角或空的地方。

四、零部件序号、明细表和标题栏 [Title Block，No.，Item Block]

1. 零部件序号

为了便于读图，便于图样管理，以及做好生产准备工作，装配图中所有零、部件都必须编写序号，同一装配图中相同的零、部件（即每一种零、部件）只编写一个序号，并在标题栏的上方填写与图中序号一致的明细表。

序号编写的要求和方法应注意如下内容。

（1）序号应注写在视图、尺寸等外面，指引线（细实线）应从零件的可见轮廓内的实体上引出，在引出端应画一小圆点，在另一端画一短横线或圆圈等终端符号，以注写序号，序号的字号比该装配图中所注尺寸数字的字号大一号或两号。

（2）指引线相互不能相交；当它通过有剖面线的区域时，避免与剖面线平行；必要时，指引线可以画成折线，但只允许曲折一次。

（3）对螺纹紧固件或某一装配关系清楚的零件组件时，可以采用公共指引线。

（4）装配图中序号应沿水平或垂直方向按顺时针或逆时针方向顺序排列整齐，并尽可能均匀分布。

2. 明细表

明细表是机器或部件中全部零、部件的详细目录，包含序号、零部件名称、规格、数量、材料备注等内容。

明细表一般放在标题栏的上方，零件序号自下而上从小到大顺序填写，应与图中所编写的零件序号相一致。地方不够时，可移部分表格到标题栏左侧。对于标准件，应将其规定标记填写在零件名称一栏内，有时为了减少明细表的纵向尺寸，也可以将标准件注写在视图上方，在指引线的端部，需要注明标准件名称、代号、标准号等。

3. 标题栏

其内容与零件图的标题栏大致相同。

参 考 文 献

大连理工大学工程画教研室. 2003. 画法几何学. 6 版 [M]. 北京：高等教育出版社.

哈尔滨建筑工程学院基础部制图教研室. 1996. 画法几何与阴影透视（上册）[M]. 北京：中国建筑工业出版社.

何斌，陈锦昌，陈坤炽. 2001. 建筑制图. 4 版 [M]. 北京：高等教育出版社.

何铭新，朗宝敏，陈星铭. 2001. 建筑工程制图 [M]. 北京：高等教育出版社.

何铭新，钱可强. 1997. 机械制图. 4 版 [M]. 北京：高等教育出版社.

乐荷卿. 1996. 建筑透视阴影. 2 版 [M]. 长沙：湖南大学出版社.

石光源，周积义，彭福荫. 1990. 机械制图. 3 版 [M]. 北京：高等教育出版社.

史春珊. 1985. 现代形式构图原理 [M]. 哈尔滨：黑龙江科学技术出版社.

田学哲. 1999. 建筑初步 [M]. 北京：中国建筑工业出版社.

同济大学建筑制图教研室. 1990. 建筑工程制图 [M]. 上海：同济大学出版社.

许松照. 1996. 画法几何与阴影透视（下册）[M]. 北京：中国建筑工业出版社.

许松照. 2006. 画法几何与阴影透视. 3 版（下册）[M]. 北京：中国建筑工业出版社.

张莉芬等. 1986. 建筑图画法 [M]. 北京：中国水利水电出版社.

中国建筑标准设计研究所. 2003. 混凝土结构施工图平面整体表示方法制图规则和构造详图 [M]. 北京：中国建筑标准设计研究所出版.

中国建筑标准设计研究院、中元国际工程设计研究院等. 2004. 民用建筑工程结构施工图设计深度图样 [M]. 北京：中国建筑标准设计研究院出版.

中华人民共和国住房和城乡建设部. 2010. 给水排水制图标准 GB/T50106—2010 [M]. 北京：中国建筑工业出版社.

中华人民共和国住房和城乡建设部. 2010. 建筑结构制图标准 GB/T50105—2010 [M]. 北京：中国建筑工业出版社.

中华人民共和国住房和城乡建设部. 2010. 总图制图标准 GB/T50103—2010 [M]. 北京：中国建筑工业出版社.

中华人民共和国住房和城乡建设部. 2010. 房屋建筑制图统一标准 GB/T50001—2010 [M]. 北京：中国建筑工业出版社.

中华人民共和国住房和城乡建设部. 2010. 建筑制图标准 GB/T50104—2010 [M]. 北京：中国建筑工业出版社.

钟训正，孙钟阳，王文卿. 1999. 建筑制图 [M]. 南京：东南大学出版社.

朱育万，卢传贤. 2005. 画法几何及土木工程制图. 3 版 [M]. 北京：高等教育出版社.

Giesecke，Mitchell，Spencer，Hill，Loving，Dygdon，Novak. 2005. Engineering Graphics (Eighth Edition) [M]. 北京：高等教育出版社.

Guwenkui. 1988. Mechanical Drawing [M]. Shanghai：Tongji University press.

附 录
Appendices

工程图中常用的专业术语
[Commonly Used Terminology in Engineering Drawing]

Chapter 1

工程图学	Engineering graphics	基本规则	Basic rule
画法几何	Descriptive drawing	尺寸线	Dimension line
建筑制图	Architectural drawing	尺寸界线	Extension line
图示法	Graphical representation	尺寸数字	Dimension figure
绘图纸	Drafting paper	箭头	Arrow（Arrowhead）
图纸幅面	Formats	角度尺寸	Angular dimension
图框	Border	半径	Radius
标题拦	Title block	直径	Diameter
装订边	Filing margin	斜线	Oblique line
比例	Scale	坡度	Slope
字体	Lettering	几何作图	Geometric construction
斜体	Italic font	圆弧	Arc
大写字母	Capital letters	圆	Circle
小写字母	Lower-case letters	半圆	Semicircle
数字	Numeral	正多边形	Regular polygon
汉字	Chinese characters	正三角形	Equilateral triangle
线型	Line styles	正五边形	Right pentagon
线段	Line segment	正六角形	Right hexagon
图线	lines	正八角形	Right octagon
粗实线	Continuous thick line	正方形	Square
细实线	Continuous thin line	矩形	Rectangle
虚线	Dashed line	椭圆	Ellipse
单点长画线	Long dashed dotted line	四心圆法	Approximate circular-arc method
双点长画线	Long dashed double dotted line	长轴	Major axis
中心线	Center line	短轴	Minor axis
对称轴	Axis of symmetry	图板	Drawing board
可见轮廓线	Visible outline	丁字尺	T-square
不可见轮廓线	Hidden outline	三角板	Triangles
作图线	Construction line	圆规	Compass
尺寸	Dimension	分规	Dividers

比例尺	Triangular scale	直线	Line
曲线板	Irregular curve	垂直线	Vertical line
绘图铅笔	Pencil	正垂线	V-perpendicular
擦图片	Erasing shield	铅垂线	H-perpendicular
胶带纸	Drafting tape	侧垂线	W-perpendicular
切点	Point of tangency	平行线	Parallel line
外切圆	Excircle	相交线	Intersecting line
内切圆	Inscribed circle	异面线	Non-planar line
		正平线	Frontal line
		水平线	Horizontal line

Chapter 2& 3

表示法	Representation	侧平线	Profile line
坐标体系	Coordinate system	一般位置直线	
坐标值	Coordinates	Oblique line（general-position line)	
坐标轴	Coordinate axes	投影面平行线	
坐标平面	Coordinate plane	Line parallel to the projection plane	
原点	Origin	投影面垂直线	
直角坐标系	Rectangular coordinate system	Line perpendicular to the projection plane	
直角坐标值	Rectangular coordinates	投影面平行面	
直角坐标轴	Rectangular coordinate axes	Plane parallel to the projection plane	
直角坐标面	Rectangular coordinate planes	投影面垂直面	
投影法	Projection method	Plane perpendicular to the projection plane	
投影中心	Projection center	平面	Plane
投影（图）	Projection	水平面	Horizontal plane
投影线	Projection line（projector)	正平面	Frontal plane
投影面	Projection plane	侧平面	Profile plane
投影轴	Projection axes	垂直面	Vertical plane
平行投影法	Parallel projection method	一般位置平面	Oblique Plane（general plane)
中心投影法	Central projection method	迹线	Trace
平行投影法	Parallel projection method	实长	True length
正投影法	Orthogonal projection method	实形	True shape
正投影（图）	Orthogonal projection	判别可见性	Distinguish the visibility
斜投影法	Oblique projection method	重影点	Coincident point
斜投影（图）	Oblique projection	直线性	Linearity
标高投影	Topographical projection	垂直性	Verticality
三面投影图	Three-projection drawing	平行性	Parallelism
多面正投影（图）		类似性	Similar shape
Orthographic representation		积聚性	Accumulation
投影特性	Characteristic of projection	从属性	Affiliation
45°斜线	Oblique line	点在线上	Points on line
正投影面	Front plane（V-plane)	点在面上	Lines in plane
水平投影面	Horizontal plane（H-plane)	几何元素	Geometry elements
侧立投影面	Profile plane（W-plane)	相交	Intersection
点	Point	相交平面	Intersecting plane
端点	End point	立体	Solid

几何体	Geometrical solid
基本体	Elementary unit
平面立体	Polyhedral solid
立方体	Cube
长方体	Cuboid
棱柱	Prism
正四棱柱	Right square prism
正四棱锥	Right square pyramid
正六棱柱	Right hexagonal prism
棱台	Frustum of a pyramid
立体造型	Solid construction
组合体	Combination solid
草图	Sketch
草图技能	Sketching skill
徒手草图	Manual Sketch
测绘	Mapping
分角	Quadrant
第一角投影	First angle projection
第三角投影	Third angle projection

圆锥面（体）	Right-circle cone surface (Right-circle cone)
圆球面（体）	Sphere (spheroid)
圆环	Torus
回转面	Revolution surface
非回转面	Non-revolution surface
直纹曲面	Ruled surface
单叶双曲回转面	One-sheet hyperbolic of revolution
非回转直纹曲面	Non-revolution ruled surface
柱面	Cylindrical surface
锥面	Conical surface
双曲抛物面	Hyperbolic paraboloid
柱状面	Cylindroid
锥状面	Conoid
圆柱正螺旋面	Cylindrical right helicoidal surface
可展曲面	Developable surface
不可展曲面	Non-developable surface

Chapter 4

曲线	Curve
平面曲线	Plane curve
空间曲线	Space curve
曲面	Curved Surface
螺旋线	Helix
左旋螺旋线	Left-handed helix
右旋螺旋线	Right-handed helix
圆柱螺旋线	Cylindrical helix
右手螺旋定则	Right-hand screw rule
回转体	Curved surface of revolution
回转轴	Axis of revolution
母线	Generating circle
母线圆	Generator line
素线	Element
导线	Directrix line
转向轮廓线	Limit element
回转轴线	Axis line
素线法	Element method
赤道圆	Equator circle
轨迹圆	Locus circle
纬线圆法	Circle method
辅助圆	Auxiliary circle
圆柱面（体）	Circle cylindrical surface (Circle cylinder)

Chapter 5

相贯体	Intersecting body
截交线	Intersection line
相贯线	Intersection line
截平面	Intersecting plane
共有点	Common point
特殊点	Special point
表面交线	Intersection of surface
圆锥曲线	Conic
双曲线	Hyperbola
抛物线	Parabola
辅助平面法	Auxiliary plane method

Chapter 6

立面图、标高	Elevation
正立面图	Front elevation
侧立面图	Side elevation
背立面图	Rear elevation
镜像投影	Mirrored projection
形体分析法	Shape analysis method
线面分析法	Analysis method of lines and planes
定形尺寸	Shape dimension

定位尺寸	Location dimension	斜等轴测投影（斜等轴测图）	Cavalier axonometric projection
外形尺寸	External dimension		
总体尺寸	Overall dimension	斜二等轴测投影（斜二测图）	Cabinet axonometric projection
总长	Total length		
总宽	Total width	斜三等轴测投影（斜三测图）	Oblique trimetric projection
总高	Total height		
中心距	Center-to-center space	正面斜轴测图	Frontal oblique axonometric projection
尺寸的布置	Layout of Dimension		
剖切面	Cutting plane	水平斜轴测图	Planometric axonometric projection
剖面区域	Section area		
剖切符号	Cutting symbol		
剖切位置	Cutting position		
图例符号	Graphic symbol		

Chapter 8 & 9

剖面图	Sectional Views
全剖面图	Full sectional Views
半剖面图	Half-sectional Views
局部剖面图	Broken-out sectional Views
阶梯剖面图	Offset sectional Views
旋转剖面图	Aligned sectional Views
分层局部剖面图	
Multilayer broken-out sectional Views	
断面图	Cut
移出断面图	Remove cut
重合断面图	Superposition cut
简化画法	Simplified representation
规定画法	Conventional representation
对称符号	Symmetry sign

民用建筑	Civil architecture
工业建筑	Industrial architecture（building）
农业建筑	Agriculture architecture
国家规范	National regulation
建筑施工图	Construction drawing of building
结构施工图	Structure drawing of building
设备施工图	Equipment construction drawings
设计图	Design drawing
建筑物	building
住宅	Residence
公寓	Apartment
宿舍	Hostel（Living quarter）
房屋的组成	Components of building
基础	Foundation
地基	Subgrade
墙	Wall
柱	Column
梁	Beam
主梁	Main beam
次梁	Secondary beam
楼面	Floor
地面	Ground
门	Door
楼梯	Stair
窗	Window
窗框	Window frame
窗扇	Window sash
窗台	Window sill
窗台板	Sill plate
窗套	Window casing
屋面	Roof
阳台	Balcony

Chapter 7

度量性	Measurability
轴测投影	Axonometric projection
立体图	Pictorial drawing
正轴测投影	Orthogonal axonometric projection
斜轴测投影	Oblique axonometric projection
轴间角	Axes angle
轴向伸缩系数	
Coefficient of axial deformation	
正等轴测投影（正等测图）	
Isometric projection	
正二等轴测投影（正二测图）	
Diametric projection	
正三等轴测投影（正三测图）	
Trimetric projection	

雨篷	Canopy	建筑平面图	Construction plan
盥洗室	Washroom	建筑立面图	Construction elevation
台阶	Footstep	建筑剖面图	Construction section
坡道	Ramp	建筑详图	Construction detail
铝合金门（窗）	Aluminum alloy door（window）	结构类型	Structure plan
高窗	Height-light window（clerestory）	混合结构	Composite structure
花窗	Lattice window	砖木结构	Brick and timber structure
百叶窗	Louver window	钢结构	Steel structure
百叶门	Louver door	木结构	Timber structure
勒脚	Plinth	楼层结构	Floor structure
散水	Apron	结构施工图	Structure drawing
踢脚板（裙脚）	Base board	钢筋混凝土构件	Reinforce concrete member
天花（顶棚）	Ceiling	钢筋	Reinforcing bar
遮阳板	Apron flashing	钢筋直径	Bar diameter
楼梯段	Stair flight	钢筋间距	Spacing of bars
楼梯扶手	Stair rail	钢筋表	Bar list
楼梯栏杆	Railing of stair	分布筋	Distribution steel
楼梯间	Staircase	架立筋	Supplementary reinforcement
楼梯踏步	Stair step	受力筋	Main reinforcement
楼梯斜梁	Stair carriage	构造筋	Structural reinforcement
隔墙	Partition wall	箍筋	Stirrup（hooping）
内墙	Interior wall	箍筋间距	Stirrup spacing
窗间墙	Pier between two windows	箍筋弯钩	Stirrup hook
女儿墙	Parapet wall	延伸率	Percentage of elongation
平开窗	Side-hung window	混凝土保护层	Concrete cover
平开门	Side-hung door	窗洞尺寸	Window opening size
构造柱	Constructional column	过梁	Lintel
图纸目录	List of drawing paper	窗过梁	Window lintel
总说明	Overall explanation	圈梁	Ring beam（waist beam）
总平面图	General arrangement drawing	防潮层	
绝对标高	Absolute elevation	Damp-proof course（moisture barrier）	
相对标高	Relative elevation	基础梁	Foundation beam
方位	Position（direction）	定位轴线	Coordinate grid（line of building）
平面图	Plane	建筑主轴线	Building main axis
立面图	Elevation	建筑布局	Architectural layout
详图	Detail	建筑朝向	Building orientation
构造详图	Construction Detail	指北针	Compass
索引符号和详图符号		风向频率玫瑰图	Wind frequency rose
Index symbols and detail symbols		建筑部件	Building components
图例	Symbols	建筑坐标系	Building coordinate system
常用建筑材料图例		护坡	Slop protection（revetment）
Commonly used building material symbols		挡土墙	Retaining wall
常用建筑构造及配件图例		放样	Location（lay out）
Commonly used building structure and parts symbols		建筑放样	Setting out of building

层高	Fool height	画面	Picture plane
基础开挖	Excavation of foundation	视点	Vision point
独立基础	Column foundation	基面	Ground plane（Basic plane）
条形基础	Strip foundation	基线	Ground line（Basic line）
阶梯基础	Step foundation	视平面	Horizon plane
基础放样	Setting out of foundation	视平线	Horizon line
毛石混凝土基础		中心视线	Direct line of vision
Stone-concrete footing		心点（主点）	Main point
杯口基础	Socket foundation	站点	Station point
大放脚	Spread footing	量点	Measuring Point
预埋件	Embedded steel piece	视锥	Vision cone
预制混凝土构件		视角	Vision angle
Precast concrete member		视圆	Circle of vision
预制空心板	Precast hollow floor unit	视高	Eye level
平面整体表示法			
Explanative plan method			
基础平面图	Foundation plan		

Chapter 12

给水排水施工图

The drawing of building water supply and drainage

楼层结构平面布置图		管道（路、线）	Pipeline
Floor structure layout plan		干管	Main pipe
屋面结构平面布置图		供水干管	Supply main
Roof structure layout plan		供水立管	Supply riser
楼梯平面图	Stair plan	供水总管	General water supply main
		盥洗槽	Lavatory tray
		化粪池	Septic tank

Chapter 10

阴影	Shadow	大便器	Toilet（Water closet）
阴与影	Shade and shadow	冲洗水箱	Washing tank
常用光线	Conventional light Ray	存水弯	Trap
点光源	Point light	雨落管	Downspout
平行光源	Distant light	排污管	Drain pipe
落影	Cost shadow	地漏	Floor drain
承影面	Shadow plane	立式小便器	Full height urinal
阴线	Shadow line	小便器	Urinal
折影点	Refracted shadow point	小便槽	Trough urinal
返回光线法	Reflected ray method	大便器	Water closet
		检查口	Check-hole

Chapter 11

透视投影	Perspective projection	井	Well
灭点	Vanishing	检查井	Inspection well
一点透视	One-point perspective	阀门井	Valve well
两点透视	Two-point perspective	截止阀	Stop valve
三点透视	Three-point perspective	进水管	Service pipe
鸟瞰透视	Bird's eye perspective		

排出管	Building drain	螺纹	Thread
淋浴器	Shower	螺纹牙型	Thread tooth profile
球阀	Ball valve	三角形螺纹	Triangular thread
闸阀	Gate valve	矩形螺纹	Square thread
三通	Single junction	外螺纹	External thread
四通	Cross	内螺纹	Internal thread
水表	Water meter	非标准螺纹	Nonstandard screw
水表井	Water meter well	特殊螺纹	Special screw
弯头	Elbow	公称直径	Nominal diameter
水塔	Water tower	螺纹大径	Major diameter
室内给（排）水系统		螺纹小径	Minor diameter
Interior water supply (drainage) system		螺纹中径	Pitch diameter
室外给水管网	Water supply network	牙底	Root
室外排水管网	Sewerage network	牙顶	Crest
浴盆（缸）	Bath tub	螺距	Pitch
洗涤盆	Wash sink	导程	Lead
洗脸盆	Lavatory basin	旋向	Revolving direction
生活污水	Household wastewater	螺纹角	Thread angle
卫生器具	Sanitary (plumbing) fixture	右旋螺纹	Right-hand thread
		左旋螺纹	Left-hand thread

Chapter 13

		线数	Number of starts
标高投影	Topographical Projection	单线螺纹	Single-start thread
等高线	Contour	双线螺纹	Double-start thread
等高线平距	Horizontal distance of contour	多线螺纹	Multiple-start thread
等坡面	Uniform slope	标准螺纹	Standard thread
地面标高	Ground elevation	粗牙普通螺纹	Coarse pitch thread
最大斜度线	Grade line	细牙普通螺纹	Fine pitch thread
		普通（公制）螺纹	
		General (meter) thread	

Chapter 14

		管螺纹	Pipe thread
机械图	Mechanical drawing	螺栓	Bolt
零件图	Part drawing	六角头螺栓	Hexagon head bolt
主视图	Front view	螺母	Nut
俯视图	Top view	六角螺母	Hex nut
左视图	Left side view	垫圈	Washer or spacer
右视图	Right side view	平垫圈	Bright washer
仰视图	Bottom view	螺纹紧固件	Screw fasteners
后视图	Rear view	螺栓连接	Bolt joint
基本视图	Principle view	齿轮	Gear
技术要求	Engineering requirement	圆柱直齿轮	Spur gear
表面粗糙度	Surface roughness	模数	Module
尺寸公差	Size tolerance		

齿数	Number of teeth	键	Key
分度圆直径	Pitch circle diameter	普通平键	Parallel Key
齿顶圆	Addendum circle	弹簧	Spring
齿根圆	dedendum circle	轴承	Bearing
齿顶高	Addendum	滚动轴承	Rolling bearing
齿根高	dedendum	装配图	Assembly drawing
齿高	Total depth	明细栏	Item block